東南アジア地域研究入門

1 環境

山本信人［監修］　井上 真［編著］

慶應義塾大学出版会

シリーズ刊行にあたって

　東南アジア地域研究はどこからきて、どこへ行くのか。
　東南アジア地域研究がアメリカで産声をあげ、70年あまりの時が経った。日本でも1960年代から、東南アジア地域研究専門の研究機関が創設され、大学での研究・教育の一環として制度化されたため、半世紀以上の歴史をもつ（末廣 2006b）。当初は学際的な研究領域として、国際関係論と並ぶ形で地域研究は脚光を浴びた。いまや東南アジア地域研究は研究領域としての市民権を獲得している。
　ところが、東南アジア地域研究は確立された学問領域（ディシプリン）かと問われると、いささか心もとない。むしろ東南アジア地域研究の独自の理論体系は見当たらないし、東南アジア地域研究としての普遍的な理論体系は存在しない。では東南アジア地域研究とは何か。
　東南アジア地域研究は学際的であるということもあるが、まさにそれが東南アジア地域研究の特徴であり、それの抱える課題でもある。というのも、学際的というからには、社会科学、人文科学、自然科学などの、既存の学問領域を統合するという感覚が生まれる。ところが、19世紀ヨーロッパの知識人とは異なり、21世紀の今日、一人の研究者が複数の学問領域に通じていることは多くない。したがって東南アジア地域研究は、特定の学問領域に通じた研究者が個人で取り組み、そのうえで共同研究を組織化して英知を集めることで発展してきた。
　研究者は特定の学問領域を習得し、その理論や方法論を駆使しながら「東南アジア地域」に対峙する。東南アジア地域研究が学問領域ではないために、東南アジア地域を題材として、そこにある特徴や課題を掘り起こして、理解し分析し解釈する。そのために東南アジア地域研究は、時代ごとにあるいは課題ごとに変容を遂げてきている。そこから東南アジア地域研究的な研究の作法や課題設定も生まれてきた。

図1

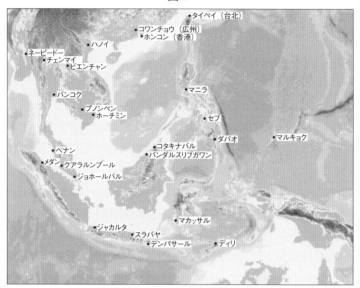

出所：国土地理院ウェブサイトのデータを一部修正
http://maps.gsi.go.jp/index.html#5/9.644077/107.797852/&base=std&ls=std&disp=1&vs=c1j0l0u0f0

　本シリーズの問題意識は、東南アジア地域研究の軌跡をたどりながら、東南アジア地域研究の現状とゆくえについて考えたい、というものである。

二つの地図

　そもそも東南アジア地域研究が何を研究対象にしているか。素直に考えると、東南アジアとは何かを考える研究である。では研究対象である東南アジア地域とは何か。この問いに対する答えは明確であるようで、その実一様ではない。というのも、東南アジア地域という実態は目にみえるものではなく、認識上の産物だからである。

　いや、そんなことはない、東南アジア地域は存在するではないか、あるいは東南アジア地域に存在する国家もある、というような反論は考えられる。たしかに地図上には東南アジアと括られる地域は存在する。ところが、少し考えていただきたい。地図を取り出してみて、その括られた地域に「東南ア

図2

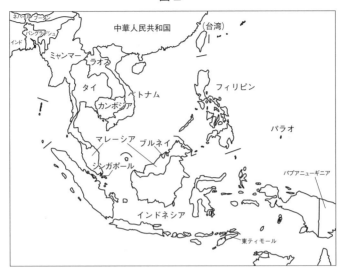

ジア」という名称が明示されていない場合、どれほどの人がその地図上の一部を東南アジア地域として認識するであろうか。

　そこで東南アジアと地図との関係を考えてみよう。ここでは二つの地図を比較してみたい。

　一つは東南アジアの衛星地図である（図1）。その中心には海があり、北には大陸部があり、東から南にかけては島嶼部が広がる。大陸部と島嶼部とを問わず、陸地には緑地が多い。どこを切り取ってみても山岳地帯があり、むしろ平野部の面積は少ないようにもみえる。細かくみていくと、ヒマラヤ造山帯につながる山脈がタイやミャンマー、あるいはベトナムにある。島嶼部はそれとなく連なっているようにも映る。ところが、この地図をみていても、どこからどこまでがいわゆる東南アジア地域なのかを正確に捉えることは至難の業である。

　もう一つの地図は、普段私たちが見慣れているであろう地図である（図2）。そこには国境線が引かれており、その近くには国名が明記されている。2017年時点での東南アジア地域には11個の国民国家が存在することを知っていると、それらの国ぐにを地図上で確認し、東南アジアという枠組みを思い

描くことができる。ちなみに、11個の国民国家とは50音順に並べてみると、インドネシア、カンボジア、シンガポール、タイ、東ティモール、フィリピン、ブルネイ、ベトナム、マレーシア、ミャンマー、ラオスである。しかし注視する必要があるのは、この11カ国が歴史的につねに東南アジア地域に存在していたわけではないという事実である。11番目の国民国家が東南アジア地域に誕生したのは2002年のことであった。それがこの地域で最も新しい独立国家である東ティモールである。先に2017年時点でと記したのには意味がある。それは、今後東南アジア地域で国家の増加あるいは消滅が発生する可能性を否定することはできないからである。ということは、現存の国民国家の盛衰によって東南アジア地域は伸縮することにもなる。

このように二つの地図を比較してみると、東南アジア地域は地図上に存在するものの、私たちは東南アジア地域を自明のごとく地図上に明示することは困難であると気づくであろう。衛星写真からみえてくる東南アジア地域の地理からは、東南アジアの周辺や内部自体の連なる様子がわかる。それに対し、国境線が明示されている地図では、11個に分かれている東南アジア地域を認識することができる。すなわち東南アジア地域とは、見方によって連なるように映ることもあれば、分断されているようにみえることもある。

では、東南アジア地域が一律ではないとするならば、先に提示した東南アジア地域とは何なのであろうかという問いは成立するのか。端的にいうと、この点を考えるのが東南アジア地域研究である。

areaとしての地域

そこで考える指標として、英語における地域研究という表現についてひもといてみたい。英語で地域研究とはArea Studiesと表現する。日本語は地域研究なので、それを英語に直訳するとRegional Studiesとなると思う方がいるかもしれない。それは否定できないが、学問領域としての地域研究はArea Studiesであり、Regional Studiesとはならない。

なぜArea Studiesなのか。この点はregionと比較してみるとわかりやすい。regionは地方、地域、地区、範囲という意味がある。areaにもregionと類似の

意味があるが、それに加えて視座、特別な機能という意味を併せもつ。これを言い換えてみると、regionは全体のなかの一部であるのに対し、areaは全体を措定しないでそれのみで自律する概念である。regionは明確な境界や領域を有する。たとえば、日本で九州は日本という領域のなかの一地方（region）である。これに対して、areaは特定の意図や意識をもったまとまりである。たとえば、学問領域はarea of studyと表現する。

　ところが、一般的に目につきやすくわかりやすいのは、全体の部分であるregionとしての地域である。この点は国際政治学や政治学、社会学の領域で顕著である。それは地域主義研究および地域機構研究という学問領域が存在するからである。前者の地域主義はregionalism、後者の地域機構はregional organizationと英語表記する。さらに地域主義研究は二つに分かれる。一つは、国際機構の一部としての地域機構研究の延長にある。たとえば、東南アジア諸国連合（ASEAN）にみられるような東南アジア諸国がまとまろうとする動向を、国際政治経済における東南アジアの地域主義として捉える。もう一つは、既存の国民国家に異議申し立てをする国家内地域あるいは越境的な地域の権利主張運動についての研究である。東南アジアの文脈だと、タイ深南部のマレー・イスラーム地域における分離独立運動、インドネシア最東端に位置するパプアでの分離独立運動が含まれる。この場合の地域とは、一方で東南アジアというまとまりであり、他方で国民国家のなかあるいは越境する人びとのまとまりということになる。

　全体のなかの部分としての地域（region）は自律する地域（area）とは異なる。同時に、areaとしての地域はregionとしての地域を内包する。このように整理してみると、逆説的に響くかもしれないが、地域研究とは地域ありきの学問ではないということになる。何をもって地域（area）とするかは、問題設定のあり方や視座・切り口によってつくられるからである。

　したがって、東南アジア地域と表現するとき、何らかの視座や意図が東南アジアということばのなかに込められている。areaとしての地域は空間、時間、事象、認識のいずれにもなりうる。そのため東南アジアなる地域は固定されていないという表現が可能になるし、東南アジア地域が変容する主体となりうることをも含意する。また、東南アジアは周囲や環境から孤立した閉

じた空間ではなく、東南アジア地域と表現することで開かれた空間・主体ともなる。そのために、一般には東南アジア地域研究とは他者理解という認識があるかもしれないが、時には自分を含めた他者理解、それをとおした自己理解につながることもある（末廣 2006a）。そこが東南アジア地域研究の魅力であり魔力である（地域の捉え方については、山影 1994; 高谷 2010が参考になる）。

本シリーズのねらい

　『東南アジア地域研究入門』と銘打った本シリーズは、環境、社会、政治という三巻構成である。いうまでもなく、これら三つで東南アジア地域研究の全体像を示せるとは思っていない。しかし、これら三つが東南アジア地域と東南アジア地域研究を複眼的に理解するためには必要不可欠な視点であると考えている。

　日本の東南アジア地域研究は世界的な水準を誇っている。その一端は1990年代初頭からいくつか刊行されている東南アジア地域研究に関するシリーズものにみることができる。代表的なものをあげると、1980年代末時点での集大成が『講座東南アジア学』（矢野編集代表 1990-1992）と『講座現代の地域研究』（矢野編 1993-1994）であり、20世紀末における東南アジア史の到達点の一つが『岩波講座東南アジア史』（池端ほか編 2001-2003）である。ところがこれらの東南アジア研究シリーズには決定的な共通点があった。いずれの場合も当時の日本での東南アジア研究の到達点を提示すること、あるいは執筆者の考える研究の最前線を紹介することに主眼が置かれていたために、東南アジア地域研究の研究史あるいは学説史という観点が欠如していたことである。

　そこで本シリーズでは、これまでとは異なる視点から東南アジア地域研究を紹介する。すなわち、東南アジア地域研究の見取り図の提示である。いかなる研究も、現実の政治・社会・経済状況やその構造、学問領域での時々の支配的なあるいは流行の理論から自由ではない。特定の時代に生まれた研究は時代的な拘束を受ける。このような当たり前の研究の軌跡を位置づけるこ

とで、現在の研究がいかに現在的であり、先進的あるいは独創的であるかもわかる。

　研究の軌跡を理解することは、その延長線上にある今後の研究の手引きにもなる。編者は環境、社会、政治の領域における研究の第一人者であり、執筆者はそれぞれのテーマにおける最前線の研究者である。限られた紙面ではあるが、主要な研究動向がまとめられており、今後の見通しについてのヒントがちりばめられている。本シリーズを手にすることで、卒業論文のテーマに苦慮している学部専門課程の学生、東南アジア地域研究を極めようと志している大学院生、東南アジア地域研究の現状とゆくえに関心をもつ社会人やメディア関係者には、東南アジア地域研究の糸口をひもといていただきたい。それが本シリーズを企画したねらいである。

山本　信人

引用・参考文献

池端雪浦・石井米雄・石澤良昭・加納啓良・後藤乾一・斎藤照子・桜井由躬雄・末廣昭・山本達郎編（2001-2003）『岩波講座東南アジア史』（全10巻）岩波書店．

末廣昭（2006a）「他者理解としての『学知』と『調査』」同編著『地域研究としてのアジア（岩波講座「帝国」日本の学知　第6巻）』岩波書店，1-20.

末廣昭（2006b）「アジア調査の系譜――満鉄調査部からアジア経済研究所へ」同編著『地域研究としてのアジア（岩波講座「帝国」日本の学知　第6巻）』岩波書店，21-66.

高谷好一（2010）『世界単位論』京都大学学術出版会．

矢野暢編集代表（1990-1992）『講座東南アジア学』（全11巻）弘文堂．

矢野暢編（1993-1994）『講座現代の地域研究』（全4巻）弘文堂．

山影進（1994）「国際社会の地域認識」同『対立と共存の国際理論――国民国家体系のゆくえ』東京大学出版会，273-308.

目　次

シリーズ刊行にあたって　　i

　　　　　　　　　　　　　　　　　　　　　　　　　　　　山本信人

序章　東南アジア「環境」の地域研究──学際性と実践性　　1

　　　　　　　　　　　　　　　　　　　　　　　　　　　　井上　真

　はじめに　1
　Ⅰ　学際的アプローチ──学問分野の「越境」　4
　　1　学際的アプローチの第一歩　5
　　2　学問「作法」の学び方　7
　　3　個人主義的な学際的アプローチ　8
　Ⅱ　実践・政策への関わり──アカデミズムからの越境　9
　　1　現場での実践と政策提言　9
　　2　実践・政策へのさまざまな関わり方　11
　Ⅲ　本書の概要　14
　おわりに　17

第 1 部　生態史で地域を理解する

1 章　東南アジア大陸部の生態史　　23

　　　　　　　　　　　　　　　　　　　　　　　　　　　　柳澤雅之

　はじめに　23
　Ⅰ　東南アジア大陸部の生態環境　23
　　1　地質と地形　24
　　2　降水条件　25
　　3　アジア稲作圏　25
　Ⅱ　生態区分図　26
　　1　大陸山地区　26

2　平原区　27
　　3　デルタ区　28
　　4　その他の生態基盤　29
　　5　東南アジア島嶼部の生態区分概略　29
　　6　生態区分図の作成　30
　Ⅲ　生態史区分　32
　　1　高谷による生態史区分　33
　　2　Boomgaardによる生態史区分　35
　　3　ダニエルスによる生態史区分　36
　おわりに　40

2章　東南アジア島嶼部の生態史　45

　　　　　　　　　　　　　　　　　　　　　　　　　　古澤拓郎

　はじめに　45
　Ⅰ　島ごとに異なる「熱帯」の様相　46
　　1　東南アジア島嶼の気候条件　46
　　2　火山弧と多島海　49
　Ⅱ　島の森林　50
　　1　熱帯常緑雨林　50
　　2　マングローブ林、ヒース林と泥炭湿地林　54
　Ⅲ　半乾燥の島　55
　Ⅳ　ウォーレシア　57
　Ⅴ　多島海世界の姿　60
　　1　海の環境　60
　　2　多様な景観の利用　60
　　3　交易の世界　62
　Ⅵ　環境と気候の変動　63
　　1　環境破壊　63
　　2　気候変動がもたらすもの　63
　おわりに　65

第2部　生業から地域の将来像を描く

3章　人類を支えてきた狩猟採集　71
小泉　都

　はじめに　71
　I　主食による地域と民族の類型　72
　　1　サゴヤシ地域　72
　　2　稲作地域　73
　　3　労働生産性と土地生産性　75
　II　狩猟採集はいかに社会に位置づけられているのか　76
　　1　狩猟採集活動と経済　76
　　2　狩猟採集と環境　78
　　3　野生生物に対する知識　79
　　4　自然観・倫理観　81
　III　狩猟採集はいかなる過去から現在へ至ったのか──ボルネオの歴史　81
　　1　生業　81
　　2　林産物　83
　　3　森林開発　84
　おわりに　85

4章　新たな価値付けが求められる焼畑　91
横山　智

　はじめに　91
　I　焼畑とは何か　92
　　1　焼畑の定義　92
　　2　焼畑の生態　93
　　3　人口圧と焼畑　97
　II　東南アジアの焼畑　99
　　1　輪栽様式と地域区分　99
　　2　変化する東南アジアの焼畑　100

3　焼畑を再評価する試み　102
　Ⅲ　ラオスの焼畑　103
　　1　焼畑民の経済　103
　　2　焼畑休閑地の価値　107
　おわりに　109

5 章　転換期を迎えた水田稲作　113

岡本郁子

　はじめに　113
　Ⅰ　商業的生産の基盤形成——植民地統治の食料基地としての発展　114
　Ⅱ　水田稲作の集約化と商業化——「緑の革命」がもたらしたもの　118
　Ⅲ　変質・縮小する水田稲作の経済的意義　121
　Ⅳ　ミャンマーの水稲作の変化——政府のコメ至上主義のもとで　125
　おわりに　129

6 章　終焉なきフロンティアとしての漁業　133

赤嶺　淳

　はじめに　133
　Ⅰ　アジア大陸とオーストラリア大陸のはざまの多島海　133
　Ⅱ　フロンティアの終焉　137
　Ⅲ　グローバル化時代の漁業管理　140
　　1　ワシントン条約　140
　　2　コーラル・トライアングル・イニシアチブ　143
　Ⅳ　生成されるフロンティア　145
　おわりに——今後の課題　147

第3部 概念・視点で地域を斬り将来への課題を知る

7章 「くくり」と「出入り」の脱国家論
　　　――京都学派とゾミア論の越境対話　155

佐藤　仁

　はじめに――脱国家の国家論　155
　Ⅰ　生態環境に基づく地域の「くくり」　156
　　1　「文明の生態史観」　156
　　2　中尾佐助と照葉樹林文化論　160
　Ⅱ　「くくり」の関係論　162
　　1　川勝平太の「文明の海洋史観」　162
　　2　高谷好一の「世界単位論」　164
　Ⅲ　「出入り」から国家を見る　166
　　1　ゾミア論　166
　　2　スコットと京都学派の共鳴　168
　　3　新たな国家論の可能性　170
　おわりに　172

8章 政策論と権利論が交錯するコモンズ論　177

藤田　渡

　はじめに　177
　Ⅰ　コモンズ研究の展開　178
　Ⅱ　政策論としてのコモンズ　180
　Ⅲ　権利論としてのコモンズ　183
　Ⅳ　政策論と権利論の交錯　185
　Ⅴ　タイでの「コミュニティ林」の展開――政策論と権利論の相克　186
　　1　パーテム国立公園周辺地域での「コミュニティ林」実践　186
　　2　「コミュニティ林法案」をめぐって　189
　おわりに　191

9章　「隠れた物語」を掘り起こすポリティカルエコロジーの視角　195

笹岡正俊

　はじめに――1枚の森林消失の写真から　195
　Ⅰ　森林消失の背後にある農民と企業・国家の非対称的力関係　196
　Ⅱ　アポリティカルエコロジーとポリティカルエコロジー　199
　Ⅲ　ポリティカルエコロジーの研究視点　202
　Ⅳ　グローバル環境ガバナンスのポリティカルエコロジー　206
　おわりに――「小さな民」の視点でグローバル環境ガバナンスを考える　209

10章　「緑」と「茶色」のエコロジー的近代化論
　　　　――資源産業における争点と変革プロセス　215

生方史数

　はじめに　215
　Ⅰ　エコロジー的近代化論と東南アジア　216
　　1　エコロジー的近代化論　216
　　2　エコロジー的近代化論への批判と東南アジア　217
　Ⅱ　東南アジアの紙パルプ産業とエコロジー的近代化　220
　　1　紙パルプ産業における生産の「無塩素化」　222
　　2　パルプ産業における原料調達　224
　　3　「無塩素化」と「原料基盤」――争点間の比較　228
　　4　資源産業と制御可能性　230
　おわりに――エコロジー的近代化の「蹉跌」を超えて　232

コラム　インドネシア中部ジャワにおける
　　　　実証的レジリエンス研究に向けて　237

内藤大輔

　はじめに　237
　Ⅰ　社会・生態システムとレジリエンス　238
　　1　レジリエンスと実証的研究　238
　　2　研究手法　240

Ⅱ　インドネシア、中部ジャワ州、グヌン・キドゥル　240
　　　　1　長乾季への対応　241
　　　　2　地域住民の生業策　241
　　Ⅲ　ムラピ山の事例　244
　　　　1　2010年のムラピ山噴火とその被害　244
　　　　2　KH村での影響　246
　　Ⅳ　レジリエンス研究からの視座　248

　　　　　第4部　現代的トピックから今後の課題を展望する

11章　森林保全のための国際メカニズム
　　　──REDDプラスによる新たな動き　255
　　　　　　　　　　　　　　　　　　　　　　　　　　百村帝彦
　　はじめに　255
　　Ⅰ　REDDプラスとは　257
　　Ⅱ　REDDプラスの動向　259
　　Ⅲ　ラオスにおけるREDDプラス　261
　　Ⅳ　REDDプラスによって新たに起こること　265
　　おわりに──今後のREDDプラス　268

12章　認証制度を通した市場メカニズム　271
　　　　　　　　　　　　　　　　　　　　　　　　　　原田一宏
　　はじめに──今、なぜ認証制度なのか　271
　　　　1　グローバリゼーションとプライベート・ガバナンスの台頭　271
　　　　2　市場と認証制度　272
　　Ⅰ　森林認証制度　273
　　　　1　熱帯林の減少と森林認証制度の台頭　274
　　　　2　FSCの概要　274
　　　　3　コミュニティ林とFSCの認証制度　275

Ⅱ　インドネシアにおけるFSC森林認証制度　277
　　　1　コミュニティ認証林をめぐる動向　278
　　　2　コミュニティ認証林の課題　281
　　Ⅲ　フェアトレード　282
　　　1　フェアトレードが目指すもの　282
　　　2　東南アジアにおけるFLOフェアトレードコーヒーの展開　284
　　　3　FLOフェアトレードコーヒーの地域社会への影響　285
　おわりに　287

13章　農園農業
　　　──マレーシアとインドネシアのゴム農園とアブラヤシ農園　291
　　　　　　　　　　　　　　　　　　　　　　　　　　寺内大左

　はじめに　291
　　Ⅰ　小農ゴム生産の世界　292
　　　1　焼畑地域における小農ゴム生産　292
　　　2　水田・畑作地域における小農ゴム生産　296
　　Ⅱ　アブラヤシ生産の世界　297
　　　1　企業のアブラヤシ生産の世界　297
　　　2　入植者のアブラヤシ生産の世界　299
　　　3　地元住民のアブラヤシ生産の世界　303
　　Ⅲ　今後の地域研究の課題　305
　　　1　農村・農業の発展の方向性　305
　　　2　アブラヤシ産業の新たな展開　307

14章　災害対応の地域研究　313
　　　　　　　　　　　　　　　　　　　　　　　　　　山本博之

　はじめに──社会の流動性と「外助」　313
　　Ⅰ　東南アジアと災害リスク　315
　　　1　地域社会の防災力　315
　　　2　高まるアジアの災害リスク　316

         3　越境する東南アジアの災害対応　317
　Ⅱ　災害対応の地域研究　317
         1　創造的復興──「元に戻す」ではない復興　317
         2　社会的流動性──動く被災者、越境する支援　319
         3　情報と災害文化──防災と言わない防災　319
　Ⅲ　事例研究──スマトラ島沖地震・津波　321
         1　史上最大の援助作戦──津波で内戦が終わった　321
         2　ポスコとレラワン──仮設という方法　322
         3　復興庁と津波博物館──被災・復興の経験を世界に　323
　Ⅳ　災害対応における研究と実践　324
         1　「人道の扉」が開くとき──異分野・異業種の協働　324
         2　地域と世界の橋渡し──参与観察と記録・翻訳　325
         3　私たちにできること──専門性と現地感覚　326
おわりに──災害対応で繋がる世界　327

　索引　332
　執筆者紹介　343

序章

東南アジア「環境」の地域研究
――学際性と実践性

井上　真

はじめに

　みんなすぐに果樹園へ行ってくれ！……それは、1998年2月、インドネシア・東カリマンタン州サマリンダ市近郊にある、かつての調査村を訪れた日の夕方のことだった。1997年以来くすぶり続けていた周辺の森の火が村の果樹園に飛び火したのだ。村人総出で必死に消火を試みたが、バナナの葉や木の枝で火を叩いて消すやり方では効き目がなく、火の勢いは風にあおられて増すばかり。とうとう果樹園全体がものすごい勢いの火に包まれてしまった。私も胸の高鳴りを打ち消すように必死で火を叩いたが、最後は逃げるしかなかった。

　果樹園は諦めざるをえなかったが、村の家屋は何としても火から守らなければならない。急遽、3～4メートルくらいの幅で藪を刈り払って防火帯を作った。私も井戸からバケツで水を運び、防火帯沿いに水をかけた。煙で目が痛いし、呼吸も苦しいが、それどころではない。結局、何とか家屋への延焼を防ぐことができた。しかし、根本的な原因を除去しない限り、また同じような危機がいつ村人たちを襲うかわからない。

　上記の出来事の前年（1997年）には、インドネシアの森林火災を起因とするヘイズ（haze: 煙霧）がシンガポール、マレーシア、ブルネイ、タイ、フィリピンにまで及んだ。その後もカリマンタンやスマトラでは、現在まで毎年5月から10月にかけて森林や農地の火災が発生し、シンガポールやマレーシアにヘイズをもたらしている。これにより、人々は微粒子状物質（PM2.5）などによる大気汚染で健康被害（呼吸器・循環器・目の疾患など）を被ってき

た。火災の発生元であるインドネシアがやっと2015年に「越境煙霧汚染に関するASEAN協定」(2002年成立) を批准したため、これからやっとASEANとしての取り組みが本格化するはずだ。

　インドネシアは、国際協力機構 (JICA) による協力など多くの取り組みを通し、火災の予防、火災場所の感知、消火体制の整備など対策を進めてきている。それでもなお毎年火災が発生するという事実に私たちは向き合う必要がある。そもそも、火災の原因は何なのだろうか。

　火災の原因を考える際に重要な点がいくつかある。まずは、火災が生じている場所がどのような類型の土地に区分されているかである。森林（林地）なのか、農園用地なのか、あるいは移住事業用地なのかなどによって、考えられる原因が変わってくる。次は、誰がどのような目的で火をつけたのかを特定しなければならない。企業による火入れなのか、住民による火入れなのか、あるいは飛び火による火災なのかによって、火の性格が異なる。前2者が意図的なものであり開拓という目的があるのに対して、後者は図らずも火が燃え移ってしまう場合である。ただし、企業による火入れの場合でも、実際に火をつけるのは地域住民である場合が多いようだ。かつては、企業が住民たちに現金を支払って、アブラヤシ農園用地、産業造林（パルプ用材など産業用の大規模一斉造林地）用地、および移住事業用地の火入れを請け負わせた。その後、火入れは明確に禁止されるようになったが、それでも実際には低コストゆえに火が使われてしまうこともあるようだ。ウェブサイト情報や報道では、このような火入れを含め住民による火入れを、いまでもひとくくりにして「焼畑」と呼ぶケースが多い。「焼畑」への無理解も甚だしい。

　ともあれ、このような状況の中でコストをかけて実際に火をつけた犯人を捜し罰したとしても、火災は繰り返し発生するように思う。トカゲのしっぽ切りをするのではなく、国家の経済成長に寄与しているアブラヤシ農園開発など開発のあり方について、抜本的な見直しをするのが解決への糸口を探る唯一の方法ではなかろうか。

　以上、私自身の体験を導入とし、火災・ヘイズ問題へと議論を展開したのは、地域研究に重要な次の3点を示したかったからである。

　第1の点は、フィールドワークの重要性である。私が言うフィールドワー

クとは「広義のフィールドワーク」(井上 2002)のことである。つまり、調べようとする出来事が起きているその現場(フィールド)に身を置いて行う作業(=ワーク)のことである。これは、人類学者が得意とする参与観察を重視する「狭義のフィールドワーク」や、経済学者などが実施する質問票を用いる「サーベイ」などさまざまなタイプを包含する概念である。フィールドワークの先に研究を見据えている場合には、フィールドワークとデスクワークとの往復作業を通して「フィールド研究」(井上 2002)を行うことになる。一方で、実践活動においてもフィールドワークは重要な役割を果たす。すなわち、フィールドワークは、「フィールド研究」のための手段であるとともに、実践活動のための手段でもある(井上 2006)。既述の火災の事例で言えば、村での私の体験は参与観察によるものである。それにより、村の人々の必死の対応、火の恐ろしさ、仲間のありがたさ、繰り返される日常生活の重要性、などを実感した。このような自分自身の体験が研究の原動力となり、また研究を継続させるエネルギーとなる。

　そして、自分の研究にとって環境問題などが起こっている現場(フィールド)が重要であればあるほど、特定の学問分野に拘泥していては現場の実態をよりよく理解できないという事実に気付く。火災の例で言うと、原因となってきた農園開発を理解するためには国家の開発政策を検討する(開発政策学)だけでなく、それに関わっている地元住民の生計や文化を理解し(文化人類学)、人々による土地利用や森林利用の実態を把握し(農業経済学・森林経済学)、周囲の森林や果樹園の回復力などを検討する(農学、生態学)ことも重要となる。対策を考える際にはASEAN協定の問題点を明確にして実効性を高める提案(国際法学)も必要となろう。このように、アカデミズム内部での越境が必然性を帯びてくる。これが第2の点、すなわち「学際的アプローチ」の必然性である。

　さらに、フィールドを重視すればするほど、現場の人々を巡る状況が自分の人生の中で重要性を高め、何らかのアクション(行為)を起こしたくなる。個人的な協力行為のみならず、NGO活動や政府開発援助へと展開するケースもこれにあたる。また、自分が関わっているフィールドと似た状況にある(問題を抱える)他の多くのローカルな現場も視野に入れ、地方自治体や国家

の政策のあり方を考え提案し、さらには政策形成過程に関与する場合もある。火災の例で言うと、火災原因を解明するという研究課題を設定した場合、その答えを見つけて「これで終わり」と研究を実践・政策から分離することが困難となる。むしろ、分離しようとすることは目の前で起こっている現実の問題から逃げることであり人間としての倫理に反することだと思い、関わりを持つようになる。これが第3の点、すなわち「アカデミズムと実践・政策との関わり」の重要性である。

以下、本章では第2の点と第3の点について論じたのち、本書の意図と内容について概説する。

I　学際的アプローチ――学問分野の「越境」

フィールドで問題を見つけた場合に学際的アプローチ（学問分野の「越境」）が必然性を持つとしても、それをどのように実現したらよいのかについては、これまで必ずしも明確に示されてこなかった。[1] そればかりか、まずは特定の分野を深める努力をしないと研究にならないという主張が正しいと思っている人が多いように思う。しかし、このような考えを持つ人は、長年の訓練の結果として専門家が「つくられる」（井上 2009）ものだということに気付いていないようだ。特定分野の専門家としての思考パターンや行動様式がいったん身についてしまうと、そこからなかなか抜け出せない。むしろ、居心地が良いため抜け出そうとせず、その世界での地位を高める方向に流れてゆく。だから、仮に学際的アプローチの必要性に気付いたとしても積極的な行動をとることができない。

やはり、特に環境に関する研究の場合は研究者の卵のうちから既存の枠にとらわれない研究を推進することが重要なのである。そこで、学生による「越境」の基本的考え方について提示しよう。[2] 学生が教育サービスの「商品」である限り、外部で「売れる」ことが必須条件となる。教育組織としては、

---

1) 最近の論考で参考にすべきなのは、地域研究コンソーシアム（2012）である。
2) 以下この節の内容は、井上（2014a）を加筆修正したものである。

自分たちの組織内で評価が高いにもかかわらず外部での評価が低い「商品」の生産は避けるべきであろう。

学生が習得すべきなのが学際的アプローチである限り、その時点において外部でも評価される研究成果の産出を目指した教育をしつつ、長期的には学問として外部で承認されるような領域の拡張を図る、つまり自分なりの「地域研究」の領域を創成することが求められる。[3]

1 学際的アプローチの第一歩

図序－1は理想的な地域研究の領域である。私自身が農学を看板に掲げる教育組織に所属しているので、「農学の各分野」を左上に明記してみた。そして、学問分野X（例えば社会学）、Y（例えば経済学）、Z（例えば人類学）といった農学に関連する学問分野の領域と重複する地域研究の領域（影付きの部分）が想定できる。その中心点（A）は既存のどの学問分野にも属しておらず、学際的なアプローチを必然とする地域研究の領域が新しい学問領域であることを示している。いわば理想像である。

しかし、このような学問領域の創成は、すでに常勤の職を得ていて生活の心配がない大学教員こそが自ら挑戦すべき作業だというのが私の考えである。

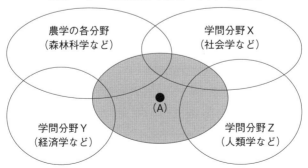

図序－1　地域研究の領域：（1）理想図

出所：井上（2014a）の図1を修正。

3）これは地域研究に限ったことではなく、環境研究や開発研究など学際的アプローチの必然性を有する分野に共通して言えることである。

理想の追求を「若い諸君に期待する」というのは無責任であり、これから職を得なければならない若手研究者や研究者の卵にとっては酷な話である。

　そこで、私は学生たちに対して図序−2に示すコンセプトを提示してきた。つまり、対象が複数の既存学問分野に跨る研究に取り組む場合、研究の中心点を既存学問領域の外に置く理想像を初期段階では追求しないというやり方である。その代わり、現実的な第一歩として自分の研究の中心点が既存の学問領域の端に入る形でテーマと手法を設定するのである。興味の持ち方次第で、例えば農学分野の枠内に中心（▲：b）を置きつつ他の学問分野Yと関わる場合もあれば、農学外の学問分野Xに中心（◎：c）を置いて農学に関連する研究を実施する場合もある。また、農学外の学問分野Zに中心（■：d）を置き、農学を含む他の学問分野とはあまり関連しない研究を第一歩として選ぶこともある。

　私は、この全てを可とした研究指導を実践してきた。このやり方を進めるうえで最も重要なのは、学生自身が学際的アプローチによって自分なりの領域を切り拓き創成する野心を持つことである。そうでない場合は、既存の学問分野の領域の中に自分の研究を閉じ込めることになる。次に、仮に学生が自分なりの研究領域の創成に挑戦する選択をした場合、最初の第一歩として選択した「基盤となる学問領域」をどの方向へ拡張してゆくのか見極め、指導教員として適切なアドバイスをすることである。それにより、仮に最初の投稿論文を図−序2の学問分野X（c）で書いたあと、次の論文を同じXで書

図序−2　地域研究の領域：（2）現実的な第一歩

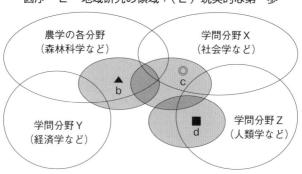

出所：井上（2014a）の図2を修正。

くのか、農学分野（b）あるいはZ（d）へと展開するのか決まってくる。このアドバイスこそが、私にとって教員としての矜持となってきた。

2　学問「作法」の学び方

　もちろん、それぞれの学問分野には学術論文として成立させるのに必要な「作法」がある。自然科学に最も近い手法的特徴を持つ経済学は別にして、社会学・人類学・政治学などの社会科学（特に質的研究）は、ともすると「作法」に関する自然科学者からの誤解を受けやすい。これら社会科学の論文は、明らかに「評論」とは異なるものである。それぞれの分野に「作法」があり、その「作法」を身につけなければ「学術論文」を書くことはできない[4]。

　学術論文を書いて受理されるということは、自分の研究成果がその研究分野で求められる水準に達していることを示している。しかし、いきなりそれを実現するのは至難の業である。したがって、学生が学問分野の「作法」（方法論）を身につけるにあたっては、次のような段階を踏むのが効果的である。

　第1は、大学での講義や独学を通して複数の専門分野の基本的な考え方、問題の立て方、分析や解釈の方法、扱える問題群、などを知る段階である。第2は、自分の興味あるテーマに関する学術論文をたくさん読み込んで、議論の仕方、概念枠組みや理論枠組みの概要、そのような議論をするのに必要なデータとその収集方法、などについて学ぶ段階。第3は、学会などでの議論を聞いて理解できる段階。第4は、その議論に参入できる段階。そして、第5が学術論文を作成し投稿する段階である。まずは、複数の学会に出席して専門的な議論の理解を試み、次に自分も議論に参入し、最後は学術論文を書くことを目指して欲しい。

　要するに、まずは近くの特定分野に足を踏み入れること。しかし、その分野（「作法」）に安住せず、あくまでも第一歩と位置付け、独自の道を切り拓こうとする心意気が重要なのである。

4）　作法（方法論）については井上（2002）を参照。

3　個人主義的な学際的アプローチ

　私がここで示した「地域研究の領域」は、読者の皆さんが思い描くそれとは、おそらく違う。多くの人は、「地域研究の領域」をそれ独自の研究領域として理解しているのではないだろうか。この理解に基づくと、学生が地域研究を志そうと思ったら「地域研究」を看板に掲げる専攻や研究科に入学する必要があるし、教員側は新たに地域研究を看板に掲げる組織を新設し、あるいは新しい学会を組織化する必要に迫られる。しかし、いったん組織を作ると誰でも保守的になりがちである。思考も硬直化しやすい。にもかかわらず、すぐにまた次の「改革」作業を要請される。

　幸い、現時点ですでに全国にいくつか「地域研究」の組織があり、学会もある。そして、そのような組織に所属していない教員や学生たちの中にも、地域研究を実際に実施している人はたくさん存在する。どの大学にいても、どの組織にいても、地域研究を学び、深めることはできる。逆に、地域研究を看板に掲げる組織にいるからといって良い研究ができる保証はない。重要なのは個人の熱意と努力なのである。

　単刀直入に言うと、私の言う「地域研究の領域」はきわめて個人的な知的営為を指している。図序－1の中心（A）を持つような学会や組織を作るのではなく、個々の研究者が図序－2の▲：b、◎：c、■：dを中心とするような「地域研究の領域」を創成するのである。しかも、その中心点やカバーする範囲は経験を重ねるとともに移り変わり広がってゆく。そして、最終的にはそれらの領域の総体として、図序－1の（A）を中心とする自分なりの領域ができあがる。[5]

　既存の組織や学会に安住せず、自由な発想と柔軟な思考を維持するという自立した個々の研究者が作り上げる自分なりの世界（しかも流動的な領域）が「地域研究の領域」の基盤となるのである。そして、その世界は創作者だけに閉じているのではなく、常に開いていて、他と連携する。この連携によって重なった部分の全体を俯瞰すると、それが「地域研究の領域」の全体

---

[5]　これが「ハイブリッド・アプローチ」（井上 1999; 井上 2002）であり、いわゆる「一人学際」の具体的な姿である。

像であり、それ自体も時に応じて変形する。

　大学の教育や研究への世論が、自由な発想と柔軟な思考を阻害する傾向にあるいまだからこそ、ここで述べたような個人主義的な「地域研究の領域」の作り方が重要な意味を持つのである。

II　実践・政策への関わり──アカデミズムからの越境

　以下に示す拙稿（井上 2002, 254-255）からの引用を読んでいただきたい。「環境学」という用語を「地域研究」に代えても趣旨は変わらない。

　「研究過程への住民参加は専門家としての研究者の位置づけを大きく変革することになり、相当な覚悟が必要とされる。専門家と非専門家との垣根が大幅に低くなるからである。つまり、研究への住民参加は、現在のアカデミズムのあり方を変革する契機となり、同時に環境学に関わっている者の研究者としてのアイデンティティーを喪失させる事態へと展開することも予想される。しかし、フィールド研究という営みが環境問題の克服に少しでも役に立つべきであるとするならば、人々（地域住民や市民）のための、人々による研究がもっと市民権を得るべきであろう。環境学におけるフィールド研究をおこなうハイブリッド研究者は、地域の人々と共に歩むファシリテーターとして位置づけされるのかも知れない。このように、環境学としてのフィールド研究は、現在のアカデミズムに変革を迫るという意味で実に革新的な営みであり、かつ研究者の存在意義を根本的に問うきわどさをも兼ね備えている。環境学としてのフィールド研究は、それ故に学問的にも大いなる価値と魅力を持つものなのである。」

1　現場での実践と政策提言

　私はこのような問題意識に従って、1990年代後半から2000年代前半にかけて、東カリマンタンの研究対象地の村人たちに寄り添う形で行動しつつ研究を進める「参加型アクションリサーチ」を試みた（井上 2004；井上編 2006）。しかし、日本に本職を持っているため、いつも短期間しか現地に滞在できない。したがって、私自身が参加型アクションリサーチを満足にできるはずは

なく、現地の研究者仲間に代わって行ってもらう方法をとった（井上 2014b）。
　その際、「開かれた地元主義」に基づいてグローバリゼーションの中で最善の方策を探る「グローカル」なアプローチ（井上編 2003, 8-9）を採用した。そして、地域に密着したフィールド研究をもとにして国際法を活用しながら国家政策の改善を提案するという戦略をとった。まずは、フィールドワークによって村人の生計実態を把握し、それに基づく提言を地方自治体の政策に組み込み、国家がそれを意識せざるをえない状況を導く。一方で、フィールド研究の成果を国際交渉の場に直接インプットする。これにより、国際条約を批准した国家は、地域の生計実態を無視できなくなる。こうした、国家に上下両方から圧力をかけるやり方をのちに「国家の挟み撃ち戦略」（井上 2014c）と呼ぶことにした。これは、外部者が主権国家の政策に影響を与えることがきわめて困難であること、および研究者が自分の研究成果に基づいて論文の最後の所で政策的含意（policy implication）を明記しても実際の政策にはほとんど活かされないこと、から必然的に導き出された戦略であった。
　この戦略のもとで何を具体的に実践したのか。[6]地方分権化の初期段階にあった当時、国家の権限は州（インドネシア語で *Propinsi*）を飛び越えて県（同 *Kabupaten*）に大幅に移譲されていた。そこで、まずは村の人々が何を問題に感じていて、どのようにすれば解決できると考えているのかを整理し、研究者による分析結果を加えて村人たちとの議論を通してフィードバックし、研究成果を改訂するという方法を取った。そして、このようないわば参加型アクションリサーチの結果を、県条例の素案作成のワーキンググループに反映させた。具体的には、このワーキンググループのメンバーだった現地の大学スタッフを通して、原案で提示された3つの森林管理モデル（慣習林、村落林、住民・企業協力型森林管理）に対して、個人の裁量を発揮できるモデルとして私有林の追加を提案したのである。この修正案はそのまま最終案に盛り込まれ、県議会で可決され2003年にコミュニティ林業実施条例として施行された（井上 2004, 133-135）。しかし、この条例は中央政府レベルで物議を

---

[6]　具体的に実践したことの説明は井上（2014c）に基づく記述である。

醸した。地方分権を早く進めたい内務省がこの条例に好意的だったのに対し、中央と県との縦の関係を重視する林業省は批判的だったのである。

　一方で、生物多様性条約などの国際条約では、住民の権利尊重や参加促進がかなり重要な原則として明記されている。そこで、この事実と我々自身のフィールド研究に基づく地域の実態を合わせて発言内容を準備した。そして、メンバーの一人が国連NGOステータスを獲得した団体の一員として気候変動枠組み条約や生物多様性条約の会議に参加し、直接的な効果を狙ってインターベンション（発言）を行った。また、間接的ではあるが、このような国際会議の機会を利用してサイドイベントも主催した。このように、合法的ルートを通し国家に対して上下から間接的な圧力をかけることを試みた。

　結局、県林業局、それを支持する内務省と、反対の立場の林業省との政治的な綱引きの結果、先進的だったこの条例は親条例である森林条例とともに2009年に廃止されてしまったが、「国家の挟み撃ち戦略」はかなり有効だという感触を得ることができた。

2　実践・政策へのさまざまな関わり方[7]

　次に、異なるレベルを繋ぐ主体としての研究者の立ち位置、すなわち実践・政策への距離の取り方について検討しよう。この議論については環境社会学での議論が一歩先んじている。

　まずは「被害者の立場」に立った研究である。代表的なのは、岩波書店発行の季刊誌『環境と公害』の編集同人による公害研究（宇井 1968; 庄司・宮本 1975; 宮本 1981; 原田 1989; 戒能 1994）や飯島編（1993）による研究であろう。私が東カリマンタンに3年間滞在した1980年代後半は、まだ強権的なスハルト時代であり、政府の支持を得ている強大な木材企業と泣き寝入りを強いられている先住民の人々という構図が目の前にあった。したがって、環境問題や開発問題を研究するに際して、「被害者の立場」に立つことに何ら違和感を持たなかった。むしろ、そうすべきだと考えていた。社会的なパワーが一方向に働いた結果生じた環境「問題」に対して「中立」的な立場はその

7）　この節の記述は井上（2014c）に基づくものである。

非対称な関係を黙認するに等しい。したがって、厳密な意味での中立性をフィールドワークに求めるべきではない。これが「中立性の落とし穴」（井上 2002, 246-248）である。

このスタンスと連続しているのが「居住者の生活の立場」、すなわち居住者の「生活保全」が環境を保護するうえで最も大切であると判断する立場である（古川 1999, 145; 鳥越 1997, 11）。したがって、居住者が「生活破壊」の選択をする場合は、居住者とは対立することになる。熱帯地域でも、目に見える形で企業と住民の間の問題が生じていないケースでは、そこに生活している人々の生計や論理を理解する必要がある。つまり、「地域住民の（生活の）立場」に立って取り組む必要がある。熱帯地域で1970年代後半から試みられ、いまや森林政策の主流として位置づけられるに至ったコミュニティ林業などの参加型森林管理（井上編 2003）は、いわば「生活環境主義」（鳥越編 1989）による政策実践の森林地域バージョンと言える。

これらの立場に立つ研究は地域の実践活動に参加しながら情報収集するわけだが、これを逆から見ると「研究過程への住民参加」（井上 2002, 248-252）となる。この考えを進めると、もっと積極的に被害者や生活者による住民運動を「担う」研究者（小野 2006）となる。

一方で、これらのスタンスに対する批判的な意見もある。その典型は「研究者が特定のアクターに肩入れする（「肩入れしている」と見られる）ことによって、対立する他の個人や社会集団に対する調査がしにくくなる可能性があり、それは、問題の全体連関を把握することを目指す環境社会学の調査では、致命傷になりかねない。」（三上 2005, 128）という主張に見られる。アクター間の社会的なパワーの差がかけ離れていることで被害や問題が生じているケースに対してこのような立場には同意できない。しかし、アクター間の社会的なパワーが同程度かあまり大きくないケースに対しては妥当な意見であろう。このようなケースにおいては、三上（2009, 277）が述べるように、円卓会議など相互作用の場をつくり出すコーディネーターないしはファシリテーターとしての役割を果たすことが研究者に期待されよう。

以上のような被害者・生活者・地域住民といったアクターの立場に立つ研究者も、特定のアクターには肩入れせず熟議のための場を作る組織者として

の研究者も、ともに環境実践に「内在的な役割」(脇田 2009, 19) を引き受けているると言える[8]。これを突き詰めたのが、地域に定住することで自らが利害関係者として地域の問題に深く関わる主体となる「レジデント型研究者」あるいは「レジデント型研究機関」(佐藤哲 2009) に所属する研究者である。

　これらに対峙するものとして、実践の場からは距離を置き、その外部から批判者としてのスタンスを堅持し、「外在的な役割」(脇田 2009, 19) を果たす研究者像も想定できる。「科学が判断を助け、技術がその判断を実現可能にする手段を提供し、ガバナンスがその判断を大間違いのないものにしてくれるとしても、判断の良さそのものや「違ったあり方」を探求する必要性は消滅しない。判断そのもののあり方、データになる前の経験の取り上げられ方を追求する学問もまた必要である。」(佐藤仁 2009, 50) という一歩引いたスタンスも地域研究や環境研究でその重要性を失っていない。

　以上のような環境社会学における議論で無意識のうちに前提とされているのは、地元住民を初めとするローカルな現場に登場するアクターを対象とする実践であり、ローカルな現場レベルへの介入である。しかし、実践・政策への関わりはそれだけではない。国家の行政計画への関与などもっと別のレベルでの関与も可能である。

　結局、さまざまな学問分野なりの実践・政策への関わり方や距離感を参照しながら、地域研究を志す一人一人がフィールドの人々との相互関係を深める中で自分なりのスタンスを確立してゆくしかない。

　私自身は、後付けではあるが「黒子」として現場での実践や政策に関わってきたと言える (井上 2014c)。主演俳優や助演俳優のような役割を演じることができる研究者は積極的に挑戦すればよい。しかし、国際交渉の場で、国家政策の形成過程で、地方自治体の条例案作成過程で、そしてローカルな現場での実践で、ロビイスト、組織者、運動家のように際立つ役割を果たせる研究者はそう多くないはずだ。同じ人であってもできるときもあればできないときもある。実践活動への参加が至上命令になってしまってはいけないと

---

8) 井上編 (2006) は、若手研究者が自らの経験に基づき異なるスタンスから内在的役割について論じたものと言える。

思う。実践への関わり方（距離の取り方）は、各々の状況（職場環境、健康状態、家族周期）に応じたしなやかな対応により、自ずと決まってくるものだろう。あまり無理して関わろうと力むことはなかろう。ならば、表舞台で熱演するアクターたちを陰で支え、時には動かすような「黒子」としてできることがあるのではないか。すでに述べた「国家の挟み撃ち戦略」による私自身の試みは、チームとして見ると主演とはいかないまでも、たしかに助演俳優のような役割を果たした。しかし、私自身は、実践や関わりの対象者から見ると、直接姿を現すことがない「黒子」の役割を果たしてきたと思っている。

III　本書の概要

　多様な生態系を含む東南アジアの生態環境と人間社会の関係は変容しつつある。その実態を理解するためには、西洋社会の近代化プロセスをモデルとする単線的な発展経路で説明するよりも、人間（主体）と自然生態系（環境）との相互作用による地域固有の発展として捉える方が適切であろう。これが東南アジアの「環境」に関する地域研究の基本的スタンスである。そして、そのような地域研究を実施するためには、上記の「学際的なアプローチ」と「実践・政策への関わり」が不可欠なのである。

　本巻は、このような認識に基づき4部構成をとった。第1部では、東南アジアにおける人間と自然生態系の関係の歴史、すなわち「生態史」（eco-history）を概観した。一般に広義の「環境史」は生物圏だけではなく水圏・地圏・大気圏などを含み、またグローバルなスケールをも対象とする。一方、本書で言う「生態史」は主にローカルなスケールの生物圏を対象とする人間と自然生態系の相互関係の歴史である。この生態史は東南アジアの将来像を構想する際の基盤として位置づけられる。第2部では、人間と自然生態系の関係を直接示す「生業」（subsistence）に着目し、主な生業形態から地域の将来像を検討した。ただし、多くの民族集団は中心的な生業を基盤としながらも、他の生業を組み合わせて自然生態系と共生してきた。そこで、複数の生業の組み合わせを指す「生業複合」（subsistence complex）の考え方を取り入れ、

主な生業に付随する他の生業についても配慮しつつ記述してもらった。第3部では、近年の研究で議論されてきた重要な概念・視点に着目し、既存研究の論点を整理したうえで、その概念・視点を切り口として見えてくる地域像に迫り、将来の課題を抽出した。第4部では、東南アジア地域の将来のあり方に影響を与える現代的なトピックを取り上げ、その背景、現状、対策、課題を整理した。以下では、各章の執筆者が提示している今後の課題を紹介する。

第1部「生態史で地域を理解する」

1章「東南アジア大陸部の生態史」(柳澤雅之)：環境問題が人類にとってきわめて重要になっているいま、グローバル化を視野に入れた生態史研究がますますその必要性を増す。

2章「東南アジア島嶼部の生態史」(古澤拓郎)：地べたを這いずり回るフィールドワークだけではなく、人工衛星の画像解析など各種技術を統合しながら、過去・現在・未来を包括的に理解することが、今後の地域研究に求められている。

第2部「生業から地域の将来像を描く」

3章「人類を支えてきた狩猟採集」(小泉都)：今後の地域研究者に求められるのは、住民と行政や企業との橋渡し、あるいは開発と保全のバランスとれた提案など、応用的な研究に取り組む姿勢である。

4章「新たな価値付けが求められる焼畑」(横山智)：現実には消滅に向かいつつある焼畑の研究は、単に「かつての農業形態は自然と調和していた」という懐古主義的な考え方ではなく、現代農業と比べても決して引けを取らないという視点から論じる必要がある。

5章「転換期を迎えた水田稲作」(岡本郁子)：水稲稲作の位置づけは縮小しつつあるが、コメは重要な食糧であるという事実にも目を向けつつ、水稲作を誰がいかに担っていくのかという政策課題への挑戦が求められている。

6章「終焉なきフロンティアとしての漁業」(赤嶺淳)：海を生業活動の基盤としながら、時と場合によって漁民、航海民、商人、海賊などと化してき

たポリビアン（多様な生き方をする人々）であった人々の資源観あるいは環境観を科学者が理解し「生態系アプローチ」に反映させることが重要である。

第3部「概念・視点で地域を斬り将来への課題を知る」

7章：「「くくり」と「出入り」の脱国家論——京都学派とゾミア論の越境対話」（佐藤仁）：京都学派の伝統には競争ではなく共存の発想が底流にあり、単線的な発展段階論ではなく平行進化の思想が発想の根本に横たわっている。そして、そのような相対主義的な傾向が、健全な意味において「政策的な示唆」から距離を置くスタンスを醸成したが、現場への関与を拒むことは現状の肯定に等しく、タイミング良く必要な政策提言を行っていくべきであろう。

8章「政策論と権利論が交錯するコモンズ論」（藤田渡）：統合的な生態環境の安全性というコモンズを守ってゆくためには、政府、NGO、地域住民の協働による「協治」がこれまで以上に鍵となる。ただ、そこでは、「環境統治性」の問題に注意を払い、地域に暮らす人々が、自らの経験に立脚した知識と外来の知識の中から何が必要か、自ら選び取りながら生活世界を構築してゆかなければならない。

9章「「隠れた物語」を掘り起こすポリティカルエコロジーの視角」（笹岡正俊）：力のあるアクターの言説実践によって構築される「現実」とは異なる、現場の名もなき人々の語りにより浮かび上がる、当事者が経験する開発や紛争解決の姿がある。このような「隠れた物語」を丹念に掘り起こすことにより今後のグローバル環境ガバナンスのあり方を照射するような研究が求められる。

10章「「緑」と「茶色」のエコロジー的近代化論——資源産業における争点と変革プロセス」（生方史数）：エコロジー的近代化言説の描く未来は楽観的すぎると言わざるをえないが、今後この言説が示唆するような近代化のプロセスが地域で進行していく可能性は高い。その場合に重要なことは、このプロセスが何に貢献し、どこに弱点を抱えがちなのかを十分に理解することである。また、そのような理解をふまえ、変革方法自体を変革していく再帰的なプロセスが必要になるだろう。

コラム「インドネシア中部ジャワにおける実証的レジリエンス研究に向け

て」(内藤大輔)：攪乱を緩和し、同じ機能、構造、同一性およびフィードバックを保持できるシステムの能力を意味するレジリエンスの実証研究は地域研究としても重要である。

第4部「現代的トピックから今後の課題を展望する」

11章「森林保全のための国際メカニズム──REDDプラスによる新たな動き」(百村帝彦)：炭素のみならず社会・文化的な価値も含めた総合的な森林の価値を検討し、それに基づいてREDDプラス事業を設計し、その実効性を監視するシステムを構築することが不可欠である。

12章「認証制度を通した市場メカニズム」(原田一宏)：認証制度は伝統的な市場とグローバル化する市場のはざまで、刻々と変化するグローバル市場に変革をもたらす制度であるが、それを通じて地域社会が認証制度とどのように関わっていくのか注視していく必要がある。

13章「農園農業──マレーシアとインドネシアのゴム農園とアブラヤシ農園」(寺内大左)：都市化、過疎化、農村−都市の関わりも視野に入れたうえで、小農アブラヤシ生産のローカリゼーション、内発的なアブラヤシ農園開発の可能性、アブラヤシ産業の複雑化の実態およびパーム油認証制度の影響を明らかにすることで農村・農業の発展を検討する必要がある。

14章「災害対応の地域研究」(山本博之)：21世紀の「災害の時代」に「外助」(災害対応への総動員)を通じた連携によってどのような世界が作られていくのか、私たちが参与観察を通じて取り組んでいく課題である。

おわりに

本書の執筆者15名は、「環境」を扱う東南アジア地域研究の活性化に貢献しており、みな個性的で脂がのった旬の研究者たちである。そのような人たちが執筆を快諾し、また編者のコメントに応じて原稿を加筆・修正し脱稿してくれたのは幸運であった。この本は、東南アジア地域研究に興味を持ち始めている学生たちにとって間違いなく道標となるであろう。ここでは屋上屋を架すことはしないので、読者の皆さんには各章の論考を味わって欲しい。

最後に、東南アジアのことを研究するエネルギーと時間を、多くの問題を抱える日本の研究に振り向けるべきだという意見に対して一言述べておきたい。自分のこと（日本の問題）を解決できないまま、他人（東南アジアの問題）のお節介をやくなという潜在的な批判は、一見もっともなように思える。しかし、私はこのような言説に同意するわけにはいかない。この理屈を個人レベルに置き換えてみると、他人のことに関わることができるのは、自分の問題を完璧に解決できる人、つまり何の問題も抱えていない人だけになってしまう。実際にそのような人はいないであろう。となると、全ての人に自分の国のことだけ、自分の県のことだけ、自分の集落のことだけ、自分の家族のことだけ、そして究極には自分のことだけを考えなさいと勧めることになってしまう。まさか、現代社会の病理現象でもある「アトム化」（他人と関わりを結べない孤独な個人が増加傾向にあること）を賞賛しているわけではあるまい……。

　こうした意見を持っている方々は、ボランティアという行為がこの世に必要ではないとでも思っているのだろうか。ボランティアについては、さまざまな学問的な定義が存在する。しかし、ここではエチオピアとベトナムでNGOプロジェクトスタッフとして農村開発に長い間携わった経験を持つ方の言葉を引用したい。「ボランティア活動は一方的な行為ではなく、お互いに持っているものを提供してお互いに欠けているものを補い合うという資源の交換・分かち合いによる互恵的な行為であると言えるだろう。それゆえボランティアとは他者への奉仕ではなく、有償あるいは無償に関係なく、自分を活かすことが社会への貢献ともなるような自発的な行為である。」（伊藤・伊藤 2003, 21）。

　長年の経験に裏付けされた、実に深みのあるボランティアへの理解ではないだろうか。ボランティア活動を通して自分自身が磨かれ、成長してゆくのである。まず自分のことをやってから他人のことを考えるのではなく、自分のことと他人のことを同時に考え、行動するのである。そういう人がたくさんいる社会は、きっと安心感が持てる暮らしやすい社会であろう。他人へのいたわりの感じられない自己責任論が横行する、ぎらぎらした弱肉強食の競争社会と、どちらが私たちにとって、そして私たちの子供世代にとって、より

よい社会であろうか（井上 2006）。

「ボランティア」という言葉を「地域研究」に、「自分／他人」を「日本／東南アジア諸国」に換えて読み直して欲しい。地域研究は、偏狭なナショナリズムの勃興を防止し、よりよい世界をつくるための知的営為でもあるのだ。

引用・参考文献
飯島伸子編（1993）『環境社会学』有斐閣．
伊藤達男・伊藤幸子（2003）『参加型農村開発とNGOプロジェクト──村づくり国際協力の実践から』明石書店．
井上真（1999）「地域研究の方法序説──メタファーとしての総合格闘技」『エコソフィア』No.3, 昭和堂, 62-70．
井上真（2002）「越境するフィールド研究の可能性」石弘之編『環境学の技法』東京大学出版会, 215-257．
井上真（2004）『コモンズの思想を求めて──カリマンタンの森で考える』岩波書店．
井上真（2006）「フィールドワークを語り伝える」井上真編『躍動するフィールドワーク──研究と実践をつなぐ』世界思想社, 1-21．
井上真（2009）「私的な経験の昇華──過去から未来へ」荒木徹也・井上真編『フィールドワークからの国際協力』昭和堂, 244-265．
井上真（2014a）「個人主義的な「新しい学問」の姿──自立と連携でつくる」『SEEDer（シーダー）』No.11, 昭和堂, 54-57．
井上真（2014b）「巻頭言──学問の再生と創成：ガラパゴス化の回避」『JAMS News（日本マレーシア学会　会報）』第57号, 2-6．(http://jams92.org/NLindex02.html#NL57)
井上真（2014c）「黒子の環境社会学──地域実践, 国家政策, 国際条約をつなぐ」『環境社会学研究』20, 17-36．
井上真編（2003）『アジアにおける森林の消失と保全』中央法規．
井上真編（2006）『躍動するフィールドワーク──研究と実践をつなぐ』世界思想社．
宇井純（1968）『公害の政治学』三省堂新書．
小野有五（2006）「シレトコ世界自然遺産へのアイヌ民族の参画と研究者の役割──先住民族ガヴァナンスからみた世界遺産」『環境社会学研究』12, 41-56．
戒能通孝（1994）『公害とは何か』実教出版．
佐藤仁（2009）「環境問題と知のガバナンス──経験の無力化と暗黙知の回復」『環境社会学研究』15, 39-53．
佐藤哲（2009）「知識から智慧へ──土着的知識と科学的知識をつなぐレジデント型研究機関」鬼頭秀一・福永真弓編『環境倫理学』東京大学出版会, 211-226．
庄司光・宮本憲一（1975）『日本の公害』岩波新書．
地域研究コンソーシアム（2012）『地域研究』12(2), 昭和堂．
鳥越皓之（1997）『環境社会学の理論と実践──生活環境主義の立場から』有斐閣．
鳥越皓之編（1989）『環境問題の社会理論──生活環境主義の立場から』御茶の水書房．

原田正純（1989）『水俣が映す世界』日本評論社.
古川彰（1999）「環境の社会史研究の視座と方法」舩橋晴俊・古川彰編『環境社会学入門
　　――環境問題研究の理論と技法』文化書房博文社，125-152.
三上直之（2005）「環境社会学における参加型調査の可能性――三番瀬「評価ワーク
　　ショップ」の事例から」『環境社会学研究』11，117-130.
三上直之（2009）『地域環境の再生と円卓会議――東京湾三番瀬を事例として』日本評論
　　社.
宮本憲一（1981）『日本の環境問題――その政治経済学的考察』有斐閣選書.
脇田健一（2009）「「環境ガバナンスの社会学」の可能性――環境制御システム論の生活環
　　境主義の狭間から考える」『環境社会学研究』15，5-24.

第 1 部
生態史で地域を理解する

1章

東南アジア大陸部の生態史

柳澤雅之

はじめに

　本章の目的は、東南アジア大陸部における生態史に関連する研究を地理的・歴史的に俯瞰し可能な限り東南アジア大陸部生態史を描くと同時に、それに関する研究の課題と展望を示すことにある。

　本章で言う生態史とは、動植物や地質・地形の変化といった自然環境の歴史ではなく、人と自然の関係の歴史である。生態史の研究には、環境歴史学の成果はもとより、森林産物の交易や農耕技術の伝播、生業とその変化に関する研究、国や王権による制度と暮らしに関する研究など、生態環境を利用する人々の、暮らしに関するすべての研究の成果が含まれる。

I 東南アジア大陸部の生態環境

　一般に生態環境とは、人間が手を加えていない、そもそもの地形や気象、植生、土壌など、自然科学分野の研究対象であり、したがって生態区分図とは、それらを総合的に区分した図であると見なされるかもしれない。しかし、生態史的観点から言えば、生態環境とは、人と自然の相互作用の歴史の上に形成された環境であり、人による影響が反映されていると考えられる。日本のように、数千年にわたって自然を改変し、土地に歴史が刻み込まれている地域はもちろんのこと、東南アジアのような、自然が豊富に見える地域であっても、人の影響は直接的・間接的に見られる。

　東南アジア大陸部の生態環境を考えるときに、地質構造に由来する地形と、

気象条件、とりわけ降水条件が特に重要である。

1　地質と地形

　東南アジア大陸部はユーラシア大陸の内陸から続く陸塊であり、古生代以降の造山運動により、中部ベトナムのタイグエン高原、東北タイのコラート平原、カンボジア平原が形成された（古川 1990）。さらに中生代の造山運動ではインドシナ半島の脊梁山脈であるアンナン山脈（チュオンソン山脈）、ラオス高原、北タイ・シャン高原やカチンヒルなどが形成された。

　その後、新生代第三紀になると、インド亜大陸がユーラシア大陸に衝突した（4,000万年前）。それに伴うアルプス造山運動により、インドシナ半島が東方に押し出され、アラカン山脈が隆起すると同時に、ヒマラヤ東端を起点にして放射状に山地が形成された。起点に近いミャンマー北部山地のカカボラジ山（5,881m）を筆頭に、ベトナムのファンシーパン山（3,143m）、ラオスのプービア（ビア山、2,819m）、タイのドイインタノン山（2,565m）など、東南アジア大陸部の山地のほとんどが1,000〜3,000m級となる。山地の形成により、山地間を流れていた河川がほぼ現在のような流路をとるようになった。エーヤーワディ河、サルウィン河、メコン河に加え中国の長江は、ミャンマー最北部のあたりでは東西わずか100kmほどの間に源流が流れ、さらに少し南東に紅河（ホン河）の源流が流れるなど、東南アジア大陸部の大河川の源流はヒマラヤ東端を起点とするようになった。また、山地形成によりいくつかの河川の流路が変更された。その一例を挙げると、タイのチャオプラヤ・デルタは、河川の規模に比べると平原部分が広大で、元来、サルウィン河によって形成されていた平原だと考えられている（古川 1990）。以上の変化により、東南アジア大陸部の地質構造および大地形構造は、ほぼ現在の形に決定された。大地形は大きく、山地部と平原部とに区分することが可能である。

　ただし第四紀になると、山間を流れる大河の河口に土砂が堆積し、広大なデルタが形成された。東南アジア大陸部の東部から西部にかけて、ベトナム北部の紅河デルタ（ホン河デルタ）、南部のメコンデルタ、タイのチャオプラヤ・デルタ、ミャンマーのエーヤーワディ・デルタである。これらのデルタ

は、地形形成史から見ると新しい存在であり、大地形区分からは平原部に属するが、人間の利用という点から見ると、他の地域に比べてユニークな生業体系が構築されてきたため、生態史的観点からは1つの生態区分として取り上げることができる。

2　降水条件

　地質と地形に加え、東南アジア大陸部の生態環境を理解するために、気象条件、特にモンスーンに由来する降水条件を理解する必要がある。

　地球上に到達した太陽エネルギーは、異なる地表面あるいは海洋面により、温度差が生じる（安成 1990）。この温度差を補償する大気の流れが大気大循環である。世界の温度差（冷熱源分布）を見ると、北半球における夏季に東南アジア大陸部からアッサム地方にかけて巨大な熱源域があり、周りの海洋から大気が流れ込む。これが南西モンスーンである。一方、冬季にはニューギニア東部に熱源が移動し、アジアの大陸部に冷源が現れ、この冷源から熱源への大気の移動が北西（北東）方向のモンスーンとなる。熱帯域でもとりわけ強い熱源がこれらの地域に存在することが、地球上でアジア太平洋地域にのみ強大なモンスーンが存在する理由となっている。

　冷熱源分布によって発生した南西および北西（北東）のいずれのモンスーンも、海洋上を通過するときに大量の湿った空気の塊となり、陸地上に降水をもたらす。南西モンスーンの場合、インド洋からの湿った空気が東南アジア大陸部のほぼ全域に降水をもたらし、雨季が形成される。逆に、北西（北東）モンスーンでは、ユーラシア大陸東部の大陸を経た風は乾燥し、冬季に雨が降らない。このことが、明瞭な雨季と乾季を形成するメカニズムである。ただし、インドシナ半島の東端に突き出たベトナム中南部沿岸地域は、北西（北東）モンスーンが南シナ海を経て到達するため、冬季に降水がある。

3　アジア稲作圏

　世界の生態環境の中で、東南アジアから東アジアにかけての地域は稲作が卓越することが1つの特徴である（福井 1987）。生態環境から見れば、これらの地域、中でも東南アジア大陸部は、アルプス造山運動によって形成され

図1-1　東南アジアの生態区分図

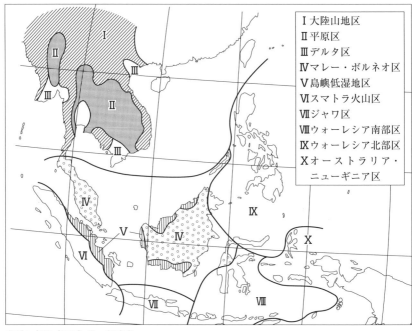

I　大陸山地区
II　平原区
III　デルタ区
IV　マレー・ボルネオ区
V　島嶼低湿地区
VI　スマトラ火山区
VII　ジャワ区
VIII　ウォーレシア南部区
IX　ウォーレシア北部区
X　オーストラリア・
　　ニューギニア区

出所：古川（1990）を一部改変。

た地形と夏季のモンスーンによる降水がもたらされる地域に重なる。アジア稲作圏は、地形的特徴と降水パターンという生態的基盤の上に、人間によって稲作が選択された結果、形成されたきわめて人為的な空間である。

II　生態区分図

　東南アジア大陸部の生態的基盤を全体的に理解するには地形とモンスーンが重要であった。それらの組み合わせにより、古川は、東南アジア大陸部を、大陸山地区、平原区、デルタ区の3つに区分した（図1-1）。

1　大陸山地区

　先述したように、ヒマラヤ東端を起点として放射状に、東南アジア大陸部

の主要な山地が形成された。河川は山を削り、盆地や河谷平野などの平地を山地空間の中に作り出す。中国雲南省からベトナム北部山地、ラオス北部、タイ北部、ミャンマーのシャン高原は、盆地の密度が高いことで知られる。そして、開拓された盆地は隣接する盆地や、盆地周辺の傾斜地を利用する他の少数民族とも緩やかに連合し、盆地国家が形成された（加藤 2000）。

また山地斜面では、水稲作が導入されるはるか以前から、オカボや雑穀類、イモ類が焼畑などで栽培されていたと推定されている（佐々木 1970）。ラオスでは現在も焼畑栽培が重要な生業体系の一部を占めている。

2　平原区

ミャンマー中央平原、東北タイ、カンボジア平原などの平原区は、緩やかな起伏を伴う平坦な地形が卓越することに加え、いずれも相対的な乾燥地であることが特徴的である。山地区と異なり、広大な集水域を持たず、かつ、山間盆地や河谷平野のような低平地を持たない地形では、豊富な水を集めることができない。また、南西モンスーンによって運ばれる雨はいずれも囲まれる山地によって遮られ、年間降水量がビルマ中央平原の766mm（マンダレー）、中部タイの1,188mm（ナコンサワン）、カンボジアの1,281mm（シエムレアップ）と、山地区やデルタ区に比べて相対的に少ない（応地 1997）。さらに、雨季の開始時期は一定せず、年間降水量の変動も大きい。そのため、平原区では、天水に依存した不安定な農業が卓越する地域となっている。

平原区の不安定な農業に基盤を置いた社会を対象にして、農業生産性の不安定さの長期変動を推定し、食糧生産量の変化と人口増加や人の移住に伴う食糧需要とのバランスを明らかにした研究に『ドンデーン村——東北タイの農業生態』がある（福井 1988）。この研究は、食糧・人口バランスに加え、ハーナーディーと呼ばれる、東北タイのラオ人社会に特有な移住形態にまで議論が及び、平原区における不安定な生態環境に基盤を置いた社会を対象にした学際研究の書としてすぐれている。[1]

平原区の相対的乾燥地はまた、都市的空間が建設されたことが歴史的に知られている。ミャンマー中央平原のパガンでは9 〜 13世紀の間に巨大な宗教都市が建設された。東北タイでは紀元前3 〜 2世紀に塩と鉄が盛んに生

産されたことを示す遺跡群が発掘されている。カンボジア平原では、9世紀以降、クメール王朝が建設されたことが知られている。相対的乾燥地の平原に巨大都市が建設されたことの因果関係は不明だが、技術や制度、思想の伝播と生態環境の関係を考えるうえで興味深い。

3　デルタ区

　東南アジア大陸部のデルタ区には、紅河デルタ、メコンデルタ（いずれもベトナム）、チャオプラヤ・デルタ（タイ）、エーヤーワディ・デルタ（ミャンマー）が含まれる。デルタ区は、地質構造の形成史から見れば新しい地形に属するが、その独特な生態環境と人による利用の歴史に特徴がある。すなわち、人が大規模に開拓する以前のデルタは、雨季の数メートルにも及ぶ洪水と、河川流量が極端に少なく雨も降らない乾季の乾燥とにより、ほとんど人が住むことは不可能な地であった。しかし、紅河デルタを除く3つのデルタでは、18世紀以降、食糧需要の高まりを背景として、当時の植民地政府あるいは王権によって運河や水路の掘削が進められると同時に、特に低地では掘削した土を水路沿いに盛り土することにより人の居住空間を形成し移住者のための便宜を図るなど、水稲生産のための大規模開拓が進展した。

　デルタの生態環境と生業との関係をはじめて構造的に明らかにしたのが『熱帯デルタの農業発展──メナム・デルタの研究』である（高谷 1982）。高谷は、地形・土壌・水条件・植生・水利工事・稲作の6つの要因を重ね合わせ、最終的に図1−2のようなデルタの模式図を作成した。図によればデルタは、氾濫原・古デルタ・新デルタ・海岸部の4つから構成される。一見、水田が卓越し低平で均一な空間に見えるデルタであるが、実は異なる微地形の上にさまざまな生業体系が構築されている様子を高谷は総合的に明らかにした。デルタは現在、それぞれの国の穀倉地帯となっている。なお、紅河デルタは古くからの潮汐灌漑の導入や冬季に栽培可能な非感光性品種の導入な

---

1 ）『ドンデーン村──東北タイの農業生態』は後述する『熱帯デルタの農業発展──メナム・デルタの研究』とともに、生態環境と社会の関係を扱った日本における初期の地域研究の書として代表的な研究である。地域研究方法論の観点からも示唆を得るところが多い（柳澤 2012）。

図1−2　チャオプラヤ・デルタの模式図

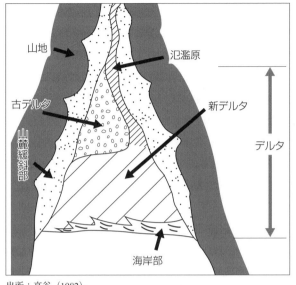

出所：高谷（1982）。

ど、開拓の歴史が古い（桜井 1979）。

4　その他の生態基盤

　東南アジア大陸部は地形とモンスーンによって生態区分図の作成が可能であったが、生態環境にはこれら以外にも、気温や湿度、風向などの気候条件のほか、土壌や植生など、重要な条件が存在する。それらの条件は、東南アジア島嶼部において生態環境の重要な指標となり、東南アジア大陸部の生態区分においてはより下位の生態区分の作成を可能にする。

5　東南アジア島嶼部の生態区分概略

　図1−1に即して述べれば、東南アジア島嶼部の区分は、火山島と非火山島、モンスーンの影響が明瞭でなくなる東南アジア島嶼部東部、島嶼部の形成に関連する生物地理的分布によって7つの区分がなされている。

火山は、火山岩や火山灰などの噴火物がミネラルや微量要素などをもたらし、肥沃な土壌が生成される。また島嶼部に屹立する3,000メートルにも及ぶ火山には、島周辺の海上で大量の湿気を含んだ雲がぶつかり、1年を通して、豊富な水が供給される。これらの水は火山中腹から麓にかけて豊富な湧き水となって現れ、水田農業だけでなく、人々の暮らしに欠かせない生活用水となる。Ⅵスマトラ火山区やⅦジャワ区に属する火山島がその代表であり、大変恵まれた生態環境を形成している。

一方、非火山は、地質的にはユーラシア大陸の延長上にあり、古くからの安定した地塊である。火山のような噴火物はなく風化が進行し、土壌の肥沃度は一般的に低い。マレー半島からボルネオ島の起伏地形がこれに相当する（Ⅳマレー・ボルネオ区）。

火山島と非火山島の河口下流域には広大な低湿地帯が広がっている。東南アジア大陸部では大河の河口部はデルタが形成されていたのに対し、島嶼部では低湿地帯が卓越する。前者が河川の堆積物によって形成されたのに対し、後者はスンダ陸棚の沈水に由来するため、堆積物も粘土よりもむしろ植物遺体が卓越し、水門環境によって広大な泥炭湿地が形成される（Ⅴ島嶼低湿地区）。人間による大規模な土地利用が第二次大戦後まで進まなかった東南アジア最後のフロンティアである。

インドネシア東部の3つの区分は、乾燥時期の長いサバンナ気候と島嶼部形成史を反映した生物地理的分布に由来する。セレベス海、マカッサル海峡、マルク海、フローレス海などの海域は、生物学者ウォーレスが発見した生物地理的分布であるウォーレス線より東の地域を指し、よりサバンナ的乾燥条件下にあるⅧウォーレシア南部区と、より湿潤なフィリピン全域を含むⅨウォーレシア北部区とに分けられる。これらのさらに東にはオーストラリア大陸部の生物地理区につながるⅩオーストラリア・ニューギニア区が設定される。

6 生態区分図の作成

東南アジア大陸部の生態環境の大枠を理解するために、本章では東南アジア全体を10、大陸部を3つに区分する生態区分図を紹介した。ただし、生態

環境の要素を細分すれば、植生や土壌などに基づきさらなる下位分類が可能である。

　ともあれ、このような生態区分図を地域研究のために作成・利用する際に留意すべき点が 2 点ある。1 つ目は、条件ごとの重みづけの判断に現地調査（現地理解）が不可欠なこと、もう 1 つはズームインとズームアウトの往来の必要性である。

　現在では、衛星画像の解像度が向上すると同時に、解析技術の向上も著しい。したがって、当然、生態環境のそれぞれの条件についてさらに精緻な情報（主題図）を重ね合わせることにより、生態区分の細分化は可能である。しかし、多数の精緻な主題図を重ね合わせることで、より正確な生態区分図が完成できるというわけではない。主題図は、現地を何らかの主題によって切り取った図である。現地の地域社会は、さまざまな主題が有機的に関連しあった 1 つの世界を構成しており、この世界を、主題ごとにばらばらにしたのち、それらの主題を再び集めなおしてあわせてみても、有機的なつながりを持った 1 つの世界を構成することはできない（柳澤 2016）。東南アジア大陸部全体を対象とした広域の地理的かつ長期の歴史的理解のための生態区分図では、特に地形と降水条件が重要であった。生態環境に関する多数の条件の中で地域の生態区分にどの条件が重要であるのかを知るには、現地調査が不可欠である。現地調査により、生態環境の条件の中で、何が現地における人と自然の関係を規定しているのかを判断し、条件ごとに重みづけをしながら生態区分図を作成する必要がある。

　生態区分図を利用・作成する場合に留意すべきもう 1 点は、ズームインとズームアウトの往来の必要性である。生態区分図には大区分図とその下位分類が存在することからわかるとおり、1 つの大区分をズームインしていくことによって下位分類を作成することが可能である。例えば大陸山地区は山がちな地域の区分であるが、実際には、その中に盆地や河谷平野が存在するし、ベトナムやラオスの山地部のように石灰岩に由来する土壌が卓越する地域も含まれる。さらにズームインすることで、よりミクロな生態区分図の作成も可能であろう。大構造の中に小構造が含まれる入れ子状態になっており、個別具体的な調査地の事例を大構造の中に位置づけるにはズームインとズーム

アウトが欠かせない。かつて地図は入手しにくい、あるいは、入手できたとしても得られる種類や縮尺は限定されていた。しかし現在、インターネットを介してオープンアクセス可能なデジタル地図を現地調査時でも簡便に利用できるようになった。鳥の目と虫の目の両方の視点を持った生態区分図を作成することにより、地域社会の生態環境をより広域の中に位置づけて考えることができる。

Ⅲ　生態史区分

　生態区分図は、基盤としての生態環境を地理的に区分したものであった。次に、歴史的な区分、すなわち、生態史区分を考える。

　生態史の記述の開始は人と自然が関係を持った時点に遡る。人を「人類」だとすれば、生態史の開始はおよそ600万年前に遡るし、その場合、道具や火の使用、攻撃性（能動性）の獲得と狩猟採集、言語の使用と技術普及など、生物としての人間が持つ能力がまず議論されるであろう。しかし本章では、地域ごとの生態環境に応じた地域性を獲得したと考えられる時期に絞って生態史を考える。具体的には、農耕が開始されたおよそ1万年前から現代までの期間を対象とする。農耕開始前までに人類は、社会の基礎単位の形成や、集住化、資源利用技術の向上と伝播、交易の必要性増大、栽培作物の利用促進（半栽培）を準備し、地域ごとの資源の分布や周辺からの技術・制度の取り込みによって、東南アジア大陸部に独自の地域性を獲得していったと考えられる。

　東南アジア大陸部の歴史を生態史的観点から全体的に捉えようという研究は、日本語・英語いずれの文献でも多くない。大陸部と島嶼部に分けてみると、島嶼部のほうに研究の蓄積がある（Boomgaard 2007）。しかも、東南アジアにおける多様な稲作の実態とその伝播に関する研究のように、史料に残る記録をフィールドワークに基づいて検証したような研究については、日本語文献による研究蓄積が優れている。以下では、東南アジア大陸部に関する生態史の大区分として、高谷・Boomgaard・ダニエルスによる3つの区分を取り上げ、時代ごとの生態史的変化について検討する。

1　高谷による生態史区分

　高谷好一は、人口希薄な東南アジアにおいて、生態環境が開拓される空間の拡がりを指標に、13世紀まで、14〜19世紀前半、19世紀後半以降の3つの時期を設定した（高谷 1991）。

二次林の出現期：13世紀まで

　中国とインドの間にあり、森や海の産物が豊富な東南アジアは、すでに紀元前後からさまざまな交易品が取引されていた。沈香や香辛料、樹脂、犀角など、多数の森林産物が史料に残されている。現在の山の民の活動から類推すると、沈香や樹脂、果実のように、特定の樹種から生み出される産物については一本一本の木に慣習的な所有権が設定され、ラタンや果樹など、比較的生育期間の短い植物は人々によって集落の近くなどに積極的に植えられることもあったであろう。森林産物が取引される中で、森林は、手つかずの森林から、人が手を加えた人工的な森林に変貌していったと考えられる。

　森林の二次林化は、焼畑の場合、さらに明瞭である。東南アジアの大陸山地区の山地斜面は、水稲が導入されるおよそ2,000年前より以前からおそらく焼畑によりオカボや雑穀などの栽培がすでに行われていた（佐々木 1970）。焼畑によって伐開された森林は長期の休閑期間中に二次林化し、次回の焼畑によって制御しやすい（伐開しやすい）森林になっているばかりか、二次林内に果樹、薬用樹、薪炭材など、有用樹を導入することで、より人為的な植生に変化する。現在のラオスの焼畑二次林も豊富な有用樹・作物栽培が特徴的である。このように、東南アジア全体において二次林化が進行した時期を高谷は13世紀までだと推定した。

　二次林の出現は、平原区においてはさらに時代を遡ることもある。東北タイは塩と鉄の製造がすでに紀元前から確認され、製造のために周辺の樹木はほぼ伐採されたと考えられる。パガンのあるミャンマー中央平原やアンコール王朝のカンボジア平原はいずれも乾燥地にあり、保水力の低い砂質土場が卓越するため、いったん伐開された森林は回復せず、疎林の状態が継続するようになった。

大陸山地区の低平地の開発：14～19世紀前半

　中国からの人の南下が著しく増加した13世紀以降、多くの盆地や河谷平野が開拓された。北タイのチェンマイやチェンライなどの大きい盆地ではタイ系民族の王権と結びついた組織的な農業開拓が行われたことがよく知られている。生態環境から見た場合、人による介入の程度が小さい状態では、これらの山間低平地は雨季に鉄砲水が発生したり、湛水状態が続いたりする一方、乾季には河川の水量が少なくなり、いずれの時期も人々の暮らしにとって不適地であったと考えられる。また、マラリアが猖獗をきわめる不健康地であったとも推定される。したがって、低平地全体にわたり灌漑水路を掘り農地を整備するような大規模な開拓、すなわち工学的適応が行われない場合、山間低平地は居住にも農業生産にも適さない空間であった。

　工学的適応とは、山間盆地のように、谷間の渓流から灌漑水路を引き、井堰建設や圃場整備などの土木工事によって生態環境を人為的に改変することを意味する（石井 1975）。一方、洪水が頻発するあるいは洪水による湛水が深いような場所では、土木工事による水の制御は不可能である。その場合、農民は洪水の水位の変化に合わせて作物を栽培する。すなわち、土木工事によって生態環境を人為的に改変するのではなく、作物の生育段階や品種の特性を活かして、生態環境を利用するのである。これを農学的適応と呼ぶ。東南アジア大陸部山地区の盆地や河谷平野などの低平地の開発は工学的適応によって組織的に行われたと考えられている[2]。

近代空間の創出：19世紀後半以降

　19世紀になり、植民地政府や王権による大規模開拓が進展し、それまでほぼ未開拓であったデルタに、輸出用換金作物栽培を前提とした近代的・商業的農業空間が創出された。ベトナムのメコンデルタではフランス植民地政府により水路が縦横に掘削され、水路の両側に盛り上げられた高みを人々は居住空間および道路網として利用した。タイのチャオプラヤ・デルタではタイ

---

[2] 農学的適応と工学的適応の概要や、タイ国における歴史上の位置づけ、田中耕司による用語に対する批判と新しい用語の提案については、田中（1988）を参照。

王室による開拓が進むと同時に中華系商人による投機的開拓が急速に進んだ。ミャンマーのエーヤーワディ・デルタではイギリス植民地政府による水路の建設が進み、特に、デルタ下流部での開拓が進行した。開拓の歴史が古いベトナム紅河デルタでは、19世紀以降、堤防の延長や水路網の改善などフランス植民地政府による開拓が進んだが、より劇的な変化は、第二次大戦後のソ連による援助を受けた大規模改修であり、これにより現代に至る大規模ポンプ場の建設と圃場整備が進展した。

　以上、高谷による生態史区分を概観したが、図1－1に示した3つの区分に対応していることがわかる。すなわち、平原区と大陸山地区の山地斜面部が13世紀までに二次林化され、大陸山地区の低平地が14～18世紀に開拓された。そして19世紀以降、残されたデルタ区が開拓された。生態区分図に対応していることからもわかるとおり、高谷の生態史区分は、生態環境をもとにした区分図だと言うこともできる。

2　Boomgaardによる生態史区分

　高谷と異なり、利用する人間側の視点から生態史区分を行ったのがボーンカート（P. Boomgaard）であり、東南アジアの生態史は、AD500年から1400年、1400年から1870年、1870年から現在の3つの時代に区分された（Boomgaard 2007）。

　500～1400年は、新石器革命や鉄器時代を経て国家が形成された初期の段階に相当する。土地利用が国家の存在を支えるものとして明瞭化した。

　1400～1870年は、人口が増加し、農業生産量が増加した時期である。世界的な交易の興隆に対応し、東南アジアの生態環境から得られる産物の交易が盛んとなった。この時代の人口・農業・交易が、地域ごとのその後の発展径路を規定した。

　1870年～現在は、環境政策と環境に対する考え方が、より生態史の理解にとって重要となる時代である。

　Boomgaardは、国家権力の開始や人口・交易、政策など、人間側の制度や言説を中心に時代区分を行った。

3　ダニエルスによる生態史区分

　東南アジア大陸部を対象とした生態史区分に、クリスチャン・ダニエルス（C. Daniels）による区分がある（ダニエルス 2008）。ダニエルスは、特に雲南からラオス、タイ東北部にかけての地域に議論を限定し、14～19世紀、19世紀末～1949年、1950年代～1980年代、1980年代～現代の4つの時代に区分した。

王朝と民間による開発の時代：14～19世紀

　中国の人口爆発に対応して多くの人々が東南アジア大陸山地部に移住するようになった14世紀に始まり、植民地宗主国・王権による開発が活発化する19世紀までの期間は、移住、市場経済の浸透と山地開発、住民による環境保全措置の導入、交易路の確立によって特徴づけられる時代だという。18世紀後半から19世紀前半は中国からの移民が特に急増した時期であり、大陸山地部が開発され市場経済が浸透した。開発の中には、移住者による農地の拡大だけでなく、鉱山の開発や、鉱山労働者の食糧を賄うための農地の拡大も含まれる（岡田 2011）。山地での乱開発は土砂崩れや洪水を引き起こし、災害問題が社会化するようになった。そのため、水源の保護や樹木伐採禁止、焼畑の制限など、住民自身の発意による環境保全措置が導入されるようになったことが、特に雲南省各地に残された碑文から確認される。また、チベットや中国内地、東南アジア大陸山地部を結ぶ交易ルートが活発化すると同時に、1つの山の低地と高地の間での取引も盛んになり、その結果、さまざまな定期市が開催されるようになった。

交通網の整備と雲南の開発：19世紀末～1949年

　それまでの牛や馬によるキャラバンに代わり、19世紀末になると、雲南を起点として東西方向に鉄道網と道路網の整備が進んだ。東方向では、1910年の滇越鉄道の開通により、雲南とハノイ（ハイフォン）が鉄道によって結ばれた。西方向では、1938～45年の抗日戦争期、雲南からビルマを経由する道路網の建設が進められた。いずれも中華民国政府の重要な物資流通ルートであるが、当時の雲南は中華民国の政治体制のもとで半独立状態であったため、さまざまな建設政策をとることができたという。雲南から海に通ずるこ

れらのルートはいずれも、雲南経済のこの時期の急激な発展を支える重要なインフラ整備となった（石島 2004）。

社会主義化と政府主導の開発：1950年代～1980年代

　ダニエルスによれば、社会主義を標榜する中華人民共和国が1949年に、ラオス人民民主共和国が1975年に誕生し、社会主義の公有制（国有と集団所有）が実施されたが、両国では市場経済が十分に機能せず、国際市場から隔離された時代だった。この時期、特に雲南では、中国史上初めて国家が村落まで統制できる時代となったものの、人口爆発や森林面積の減少、土壌流出、水系の汚染など深刻な環境問題も引き起こされた。また、シプソンパンナーにおけるゴムやお茶の国営農場など、国営企業による開発が進んだ時代であった。

　しかし、地域社会全体の生態史的変化という視点から見た場合、雲南・ラオスを含む東南アジア大陸部全体にこの時期、社会主義や政府主導の開発を越えた、より大きな共通の変化が見て取れる。第1点は、この地域に国境線が確定されたことである。国境を挟んで異なる景観が現れた。そして第2点目は、慣習的土地利用から近代的土地利用への転換である。

　第二次大戦後、タイを除き、東南アジア大陸部の国民国家が相次いで独立を果たした。ベトナムは1945年に独立を宣言し、1975年に南北統一を実現して、ベトナム社会主義共和国を樹立した。ミャンマーでは、1948年にビルマ連邦が成立した。

　かつて、東南アジア大陸部では、利用されていた土地の境界は必ずしも明確ではなかった。このことは、農地や林地だけでなく、国全体にもあてはまり、国境線そのものが必ずしも明瞭ではなかった（トンチャイ 2003）。しかし、特に20世紀半ば以降、東南アジア大陸部の国々が独立し国民国家を形成する過程で国境線が確定された。

　国境地域はそもそも、それぞれの国の中で少数派に属する民族の人たちが居住する辺境の地であった。各国の独立以降、国境線が引かれたが、辺境に住む少数民族の帰属意識が必ずしも反映されたわけではなく、しばしば、少数民族の世界を分断する形で国境線が引かれた。ただし、中央政府の政治経

済的影響が辺境に及ばないうちは国境線がただちに少数民族の生活を分断したわけではなかった。長大な国境線を管理することで国境線が明瞭になったというよりも、むしろ、各国の道路や通信のインフラ整備が進み、中央政府の政策が地方に浸透するようになると、国境線が意識されるようになった（柳澤 2014）。その結果、農村開発や環境保護政策、民族政策を含む国ごとの政治的・社会的変化を反映した生態環境利用が行われるようになり、生態環境の景観が国境線を挟んで異なるようになった（Sturgeon 2005）。

東南アジア大陸部の20世紀後半に起きたもう1つの重要な生態史的変化は、慣習的土地利用から近代的土地利用への転換であった。かつて、菜園や水田、常畑を除き、二次林や草地は、コミュニティの共有財産であったり、オープンアクセスであったりした。もちろん、慣習的な利用のための制度があり、例えば、植えられた果樹は植えた人のものだが、薪は誰でも利用可能であるといったふうに、生態環境を資源として利用する場合の地域ごとの知恵（在来知識）が蓄積されてきた。しかし、20世紀後半以降の国家の介入は、慣習的土地利用を廃止し、地図上に区画を明瞭にした土地利用図が作成され、それをもとにした生態環境の維持管理が行われるようになった。この過程で、生態環境資源をめぐる実に多くの問題が発生した。大きくまとめると、資源利用のための慣習的規範と近代的法律の対立、個人の裁量と国家の管理の対立、ローカルな利用とグローバルな言説の対立などである。20世紀後半の生態環境をめぐるチャレンジは、ローカルな生態環境（特にその資源）が、全面的にグローバルな政治経済システムにリンクするようになった人類史上最初の経験である。

市場経済化：1980年代〜現代

ダニエルスによれば、生態環境が大きく変化したのはこの時期である。その理由は、人口増加や換金作物の導入、交易ルートの拡大、政策に加えて、外部に対する依存度が増大したためである。例えば水稲作の場合、改良品種や化学肥料、耕耘機の導入、燃料などはすべて農村の外からもたらされ、国際価格変動の影響を農民は直接受けることになった。グローバル経済が農村の隅々まで浸透するようになり、換金作物だけでなく、自家消費用の作物栽

培さえもグローバル経済の動向に影響されるようになった。タイでは共産ゲリラの脅威がほぼなくなった80年代以降、さまざまな王室プログラムの導入もあり、山地開発が進んだ。中国では70年代後半から市場経済政策が導入され、経済改革が進展した。中国沿岸部と、少し遅れて雲南の急激な経済発展は、東南アジア大陸部に著しい影響をもたらしている。ベトナム・ラオスでも80年代後半から政策が変更になり、特にベトナムでは90年代以降、高度経済成長を続けている。ミャンマーも民主化を進め、経済成長に向かいつつある。

ダニエルスの生態史区分の特徴

　先述した高谷とBoomgaardの区分に比べて、ダニエルスの時代区分の特徴として次の2点を指摘できる。第1点は、雲南を中心とする現在の中国南部の歴史的経緯が中心となっている点である。したがって、雲南の変化の指標となった中国における人口爆発や交易路の整備、国による開発が重視された生態史区分となっている。もう1点は、近年になるほど時代区分の幅が短くなるという点である。

　東南アジア大陸部の生態史的変化において、雲南を含む中国南部の影響はきわめて大きい。例えば、14世紀以降の中国南部からの人の移住によって、特に大陸山地区はかつてないレベルで人口圧が高まり、開発が進んだ。18世紀以降の人口増大も同様である。また、中国やヨーロッパとの交易が東南アジアの歴史の形成にきわめて重要であるが、交易がもたらす地域社会へのインパクトという点から言えば、東南アジア大陸部のほうが島嶼部に比べてその直接的影響は相対的に少なく、むしろ陸路を通じた交易や域内での交易ルートの整備・開発の影響が大きく、そのため中国の動向は東南アジア大陸部の生態史に大きなインパクトを持った。

　さらに、市場経済の導入が進んだ1980年代以降、中国は経済大国となっただけでなく、地域的にもグローバルにも政治大国へと変化し、直接間接を問わず、東南アジア大陸部の生態史に著しい影響を及ぼしてきたし、そのことは現在も変わらない。近現代における東南アジア大陸部生態史を考える際に、中国南部に起源する歴史的経緯を十分に踏まえる必要がある。

ダニエルスの生態史区分のもう1つの特徴は、近年になるほど時代区分の幅が短くなる点である。特に、19世紀以降はタイムスパンが短く、その結果、高谷とBoomgaardの生態史区分に比べて、時代区分に短期と長期が入り混じっている印象を受ける。

　しかし、近年になるほど変化が大きいのも事実である。近年に至る急激な人口増加は18世紀以降に起き、それと軌を一にして、森林面積が急激に減少してきた。地域社会へのグローバルな市場経済的メカニズムが浸透するスピードも、島嶼部に比して大陸部では急激であった。

　特に、1990年代後半以降の変化は80年代以降の変化に比してさらに急激である。携帯電話やインターネットなど通信技術の革新や中国の政治経済的大国化による道路網の整備、1992年のリオサミット以降顕著になった環境保護運動の進展など、80年代までの開発の時代とは一線を画した新たな変化が起きている。それにより、例えば、ベトナムや中国ではこれまで減少し続けてきた森林面積が、1990年代以降、増加傾向を示すようになるなど、新しい変化が生まれてきている（Meyfroidt and Lambin 2008）。1990年代から現代までを新たな生態史区分として設定することが十分可能である。

おわりに

　本章では、東南アジア大陸部を対象とした地理的区分と歴史的区分とに焦点を当てながら、生態史に関する研究をレビューしてきた。地理的な生態区分では、東南アジア大陸部を3つに区分した理由を示し、また、生態区分図を作成・利用する際の留意点について述べた。歴史的な生態史区分では、視点の異なる3人の研究者による生態史区分を紹介した。すなわち、高谷が生態環境と密接に関連していたのに対し、Boomgaardは人の活動に焦点が置かれていた。また、ダニエルスの分類からは中国のインパクトの大きさを知ることができた。いずれの生態区分の場合も、大区分の中に小区分を設定することが可能であり、むしろ、そうした詳細な研究が蓄積されることで、大区分の妥当性もさらに検討しなおすことが可能になると考えられる。環境問題は人類にとってきわめて重要な研究課題であり、生態史研究はますます必要

とされるであろう。本章で述べたとおり、生態環境は近年になるほど、大きな変化にさらされている。急激な変化を見逃さないと同時に、長期の変化を常に意識しておくことが、その成立や修復に時間のかかる生態環境の研究には不可欠である。

　最後に、紙幅の関係で詳しく述べることができなかった点であり、かつ、今後の課題でもある点について補足しておく。それは、長期気候変動研究、グローバル世界における生態史研究、東南アジア史との接合の3点である。

　まず、長期気候変動研究である。地球温暖化問題に代表される気候変動の研究は生態史研究にとっても重要な研究分野である。将来の予測はもとより、温暖化が進行した場合の対処法を、生態史を振り返ることで考えることができる。

　最終氷期ののち、世界的な温暖化が進み、およそ1万3,000年前から海水面が上昇したことが知られている。スンダ陸棚では72mもの上昇が起き、それ以降も、6,000年前に2 〜 3 mの海進と、その後の小規模な海進・海退が繰り返された（古川 1992）。また、地球レベルの気候変動はエルニーニョやラニーニャとも連動しており、インドネシアの17世紀はエルニーニョが周期的に起きていたことを示した報告もある（Boomgaard 2001）。これらは局地的な干ばつや洪水のリスクを高め、地域社会に甚大な被害を与えることがある。

　また、気候変動に及ぼす人為的なインパクトの研究も進んでいる。例えば、1700 〜 1850年の150年間、すなわち、産業革命以前の人間による森林伐採がアジアのモンスーンに影響を与えたことが報告されている（Takata et al. 2009）。人と自然の関係はまさに相互作用であり、長期気候変動研究の成果を踏まえた生態史研究が望まれる。

　課題の第2点目は、グローバル世界における生態史研究である。本章でも触れたとおり、グローバル化はますます進展している。その中で、生態環境の資源のあり方は、一国の政治・経済・社会・文化・生態環境を詳しく知るだけでは理解できなくなってきている。1つの例が、森林である。東南アジアの森林面積は20世紀後半に急激に減少した。フィリピンやマレーシア、インドネシアの森林で伐採された材木の多くが日本に輸出され、この間、日本の森林面積は維持された。一国の森林のあり方は、グローバルなシステムの

中で決定される度合いが強まっている。このことは現在の東南アジア大陸部でも同様である。ベトナムの森林面積は増加傾向にあるが、一方で、ラオスやカンボジアからの輸入(密輸を含む)も増加している。特に近年における生態史を考える場合、資源の動きをグローバルに捉える必要がある。

　課題の第3点目は、東南アジア史研究との接合である。本章では生態史に基づいた時代区分を紹介した。一方、東南アジア史研究の分野でも、さまざまな歴史的時代区分が提案されている。例えば、『岩波講座　東南アジア史』(Ⅰ～Ⅸ、別巻)は近年の最もまとまった東南アジア史の総括である。このシリーズの第1巻に収められた東南アジア史の時代区分によれば、東南アジア史は、第1期(基層的な歴史圏の形成、前1千年紀～後10世紀)、第2期(広域歴史圏の形成、11～14世紀)、第3期(商業的歴史圏の形成、15～17世紀)、第4期(18～19世紀はじめ)に区分される(桜井 2001)。もちろんこの時代区分は学界の定説というよりはむしろ試論の段階であり、批判を含めた検討がなされている。しかし、歴史研究の分野における時代区分と生態史における時代区分とを接合し、両者にとって有用な示唆が得られるような意見交換が可能になることが理想であろう。そのことは、歴史の中に生態環境の重要性を位置づけなおすことにつながる。生態環境がもともと豊かであったが急速な劣化に直面している東南アジアの生態史研究から、歴史における生態環境の役割を再考することは、地球規模で進行する環境問題や、自然と人との新しい関係を見つめなおす重要なきっかけになると考えられる。

引用・参考文献

石井米雄編(1975)『タイ国――ひとつの稲作社会』創文社.
石島紀之(2004)『雲南と近代中国――「周辺」の視点から』青木書店.
ウィニッチャクン, トンチャイ著、石井米雄訳(2003)『地図がつくったタイ――国民国家誕生の歴史』明石書店(原著はThongchai Winchai (1994) *Siam Mapped: A History of the Geo-Body of a Nation*, University of Hawai'i Press).
応地利明(1997)「平原の風土　概説」『事典東南アジア――風土・生態・環境』京都大学東南アジア研究センター編, 弘文堂.
岡田雅志(2011)『18-19世紀ベトナム・タイバック地域ターイ(Thai)族社会の史的研究』大阪大学文学研究科博士論文.

加藤久美子（2000）『盆地世界の国家論――雲南、シプソンパンナーのタイ族史』京都大学学術出版会.
桜井由躬雄（1979）「雛田問題の整理――古代紅河デルタ開拓試論」『東南アジア研究』17(1)，京都大学東南アジア研究センター.
桜井由躬雄（2001）「総説　東南アジアの原史――歴史圏の誕生」『岩波講座　東南アジア史1――原史東南アジア世界』岩波書店.
佐々木高明（1970）『熱帯の焼畑――その文化地理学的比較研究』古今書院.
高谷好一（1982）『熱帯デルタの農業発展――メナム・デルタの研究』創文社.
高谷好一（1991）「東南アジア史のなかの生態」石井米夫編『講座東南アジア学4　東南アジアの歴史』弘文堂.
田中耕司（1988）「稲作技術発展の論理――アジア稲作の比較技術論に向けて」『農業史年報』第2号，関西農業史研究会編集.
ダニエルス，クリスチャン責任編集（2008）『論集モンスーンアジアの生態史――地域と地球をつなぐ　第2巻　地域の生態史』弘文堂.
福井捷朗（1987）「エコロジーと技術――適応のかたち」『稲のアジア史1　アジア稲作文化の生態基盤――技術とエコロジー』小学館.
福井捷朗（1988）『ドンデーン村――東北タイの農業生態』創文社.
古川久雄（1990）「大陸と多島海」高谷好一編『講座東南アジア学2　東南アジアの自然』弘文堂.
古川久雄（1992）『インドネシアの低湿地』勁草書房.
安成哲三（1990）「熱帯とモンスーン」高谷好一編『講座東南アジア学2　東南アジアの自然』弘文堂.
柳澤雅之（2012）「自然科学分野の地域研究――地域情報の限定性を克服するために」『地域研究』12(2)，昭和堂，116-130.
柳澤雅之（2014）「ベトナムと中国の国境域」落合雪野編『国境と少数民族』めこん.
柳澤雅之（2016）「地域情報学の読み解き――発見のツールとしての時空間表示とテキスト分析」『地域研究』17.

Boomgaard, Peter (2001) "Crisis Mortality in Seventeenth Century Indonesia," Ts'ui-jug Liu, James Lee, Davis. S. Reher, Osamu Saito and Wang Feng eds., *Asian Population History*, Oxford: Oxford University Press, 191-220.
Boomgaard, Peter (2007) *Southeast Asia: An Environmental History*, ABC-CLIO.
Meyfroidt, Patrick and Lambin F. Eric (2008) "Forest Transition in Vietnam and its Environmental Impacts," *Global Change Biology* 14(6), 1319-1336.
Sturgeon, Janet C. (2005) *Border Landscapes: The Politics of Akha Land Use in China and Thailand*, University of Washington Press.
Takata, Kumiko, Kazuyuki Saito and Tetsuzo Yasunari (2009) "Changes in the Asian Monsoon Climate during 1700–1850 Induced by Preindustrial Cultivation," *Proceedings of the National Academy of Sciences of the United States of America (PNAS)* 106(24).

2章

東南アジア島嶼部の生態史

古澤拓郎

はじめに

　2015年10月のある日、インドネシア西部のスマトラ島では、一部の住民が樹木に火をつけていた。森林を焼き土地を切り開き、そこに高収益のプランテーションを作るためだといわれる。このような火入れは後を絶たず、気象条件によっては大規模な火災を引き起こし、この島に特徴的な土壌である泥炭に燃え移ると、人間による鎮火は難しい。その煙は東に向かい、人口稠密なジャワ島に及び、首都ジャカルタの大気汚染の一因となる。

　ジャワ島には巨大都市が点在するが、都市の外には火山島特有の水田景観が広がる。観光地として有名なジャワ東のバリ島やロンボク島も水田が広がる火山島であるが、近年のロンボク島のリンジャニ火山の噴火に見られるように、この地域では今でも、活発な火山活動が続く。

　さらに東のスンバ島では、自給的な畑作農耕を営む人々が、長く厳しい乾季を終え、備蓄した食料が枯渇しつつある中、雨季の到来を待っていた。しかし、例年ならとっくに降る時期になっても、まだ雨が来ない。その東サブ島は、降雨量がさらに少なく、より厳しい乾季だが、乾燥に強いオウギヤシ（パルミラヤシ）が主食・保存食となる花序液を出してくれる。さらに東のマルク諸島やニューギニア島は再び湿潤な地域であり、半自生・半栽培のサゴヤシの幹からとれるデンプンが主食だ。そこより東、ソロモン諸島のニュージョージア島では、巨木を抱える豊かな熱帯雨林と青いサンゴ礁の海に挟まれた集落で、人々がいつものように農耕と漁労・採集の準備をしていた。

　このように東南アジア島嶼部は、インドネシアからニューギニア島にかけ

て東西に長く、また北はフィリピンまで南北両半球にまたがり、さまざまな気候帯や植物相・動物相・土壌条件が含まれている。海で隔てられているため、島ごとの固有性が高い。ある1日をとっても、その生態環境に立脚した人々の生活、農林水産業、社会と文化、経済開発、災害、そして気候変動の影響はさまざまである。この章では、このような多様性の成り立ちを、自然科学の視点から紹介する。そこから何らか1つの結論に収斂させるわけではなく、多様な連続体としてのこの地域をいかに理解するか、を示すことを目的とする。

　地域の理解には、何より現地に行くことが大切だが、先行文献や統計資料、さらには各種データベース、航空写真・人工衛星画像によっても情報を得ることができる。また、ソーシャルメディア（SNS）を通じて、現地の人々が発信する情報を得ることもできる。ここでは、代表的な島・環境・社会を取り上げるにとどめるが、異なる地域・テーマでも作図できるよう各種の情報源を紹介する。

I　島ごとに異なる「熱帯」の様相

1　東南アジア島嶼の気候条件

　まず地域の生態環境の土台となる気候条件についてまとめる。図2-1は、ケッペンの気候区分によりこの地域の気候を分類したものである。この区分は、気候変動により変化しつつもあるが、図は近年の観測データを用いた1975-2000年時点の気候区分である（Rubel and Kottek 2010）。研究機関のサイトからシェープファイル（Shapefile）形式でダウンロードしたものを、Quantum GIS（QGIS）という無料GISソフトにて編集した。

　低地のほぼすべては、年間で最も寒い月の平均気温が18℃以上であり、熱帯（A）に区分される。また降水量は、年間を通して湿潤である地域（f）、冬に乾燥する地域（夏に最多雨月があり、最多雨月の降水量は最少雨月の降水量の10倍より多い）（w）、その両者の中間（m）の3種類に分かれる。この気温と降水量の区分を組み合わせると、常時湿潤・常緑の「熱帯雨林気候（Af）」、短い乾季がある「熱帯モンスーン気候（Am）」、乾季が長く厳しい「サバナ

図2-1 1975-2000年時点のケッペン気候区分

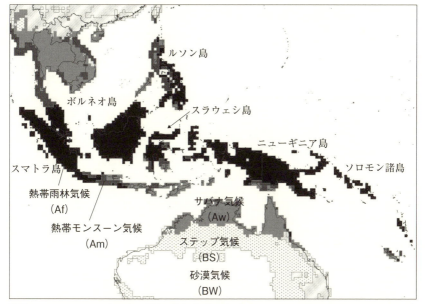

出所：Rubel and Kottek（2010）で用いられたデータ（http://koeppen-geiger.vu-wien.ac.at/shifts.htm）（2016年5月31日最終アクセス）をもとに筆者作成。

気候（Aw）」となる。熱帯雨林気候や熱帯モンスーン気候では、いわゆる密林が成立しうるが、サバナ気候では木はまばらで疎林しかできない。熱帯モンスーン気候やサバナ気候では、夏に雨季（最多雨月）が来るが、時期は北半球か南半球かで半年ほどずれる。

　続いて各地の気温・降水量から見てみよう。地域の生態環境を理解するために気温・降水量は重要な情報である。現地でデータ入手に苦労することもあるが、日本の気象庁からも世界各国のたくさんの地点での観測値を公開してくれている。図2-2は、関心ある5地点の平年値データをCSV（カンマ区切り）形式ファイルとしてダウンロードしたものを、雨温図に編集したものである。公開されている値は、1981～2010年の観測値による平均値であり、地上月気候値気象通報（CLIMAT報）（1982年6月以降）データおよびGHCN（Global Historical Climatology Network）データが用いられている。ただし、データ取得が不十分な場合には公開されていないため、現地気象当局などのデー

図2-2 東南アジア島嶼部の雨温図の比較

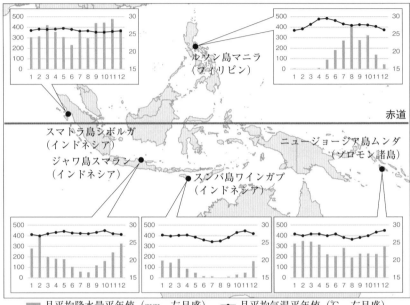

　月平均降水量平年値（mm、左目盛）　　—●—　月平均気温平年値（℃、右目盛）

出所：日本の気象庁が公開している、世界の地点別平年値（http://www.data.jma.go.jp/gmd/cpd/monitor/normal/index.html）（2016年5月31日最終アクセス）より筆者作成（ムンダの平均気温のみ現地気象当局の観測値より作成）。

タを自ら探す必要がある。

　さて赤道に近いスマトラ島シボルガは熱帯雨林気候であり、年間を通して気温の変化が少なく、また降水量も年間を通して多い。降水量が400mmを超える月が4カ月もあり、年間降水量は4,324mmにもなる。北半球のフィリピンのマニラは熱帯モンスーン気候で、8月をピークとした雨季があり、12月頃から5月頃は乾季である（年間降水量1,788mm）。一方、南半球のスマランではモンスーンの雨季のピークが12月から2月頃にあり、8月頃は乾季である（同2,303mm）。ソロモン諸島のムンダは、緯度はスマランとそれほど変わらないが、季節的な変化は少なく、熱帯雨林気候である（同3,232mm）。スンバ島のワインガプはサバナ気候で乾季が長く厳しいが、おまけに雨季であってもせいぜい100mmを超える雨しか降らない（同902mm）。年によって

は降水が少なく、気候区分でいう熱帯ではなくむしろ乾燥の、ステップ気候（BS）に近い場合もある。

このように島の間で気候が大きく異なるが、さらに同じ島の中でも気候が異なる場合も

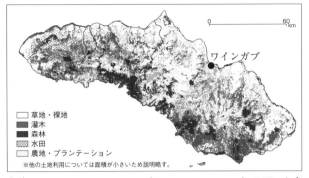

図2－3　サバナ気候のスンバ島の土地利用図

出所：Indonesian Geospatial Portal（http://portal.ina-sdi.or.id）のデータを編集して筆者作成。

ある。これは湿った風が海から島に吹いてくると、それが山に当たって上昇気流となり、上空で温度が下がると雨になるのに対し、その山を越えたところでは乾燥しきった空気が吹き降りるためである（京都大学東南アジア研究センター編 1997）。この風下側は、雨蔭（rain shadow）となり、雨が降らない。

島の環境を見るためには土地被覆図や土地利用図が便利である。土地被覆とは森林、草原、土壌など物理的に覆っているものを指し、土地利用とは農地、居住地などの用途を指すが、両方を合わせて土地被覆・土地利用図とされることもある。図2－3は、インドネシア政府が無料（要事前登録）で提供している土地被覆・土地利用図シェープファイルを編集したものである。ワインガプ周辺など島の北東は降水が少ないため森林がほとんどなく、水田や農地も少ないが、西部・南部では降水が多いため緑に恵まれていることがわかる。土地被覆・土地利用は後述する人工衛星画像によってもわかる。

2　火山弧と多島海

この地域の地理的特質を表す「火山弧と多島海」という言葉がある（京都大学東南アジア研究センター編 1997; 高谷 1985）。火山弧とは、日本列島もそうであるが、火山・火山島が連鎖して、弧状に並んだ地形のことである。東南アジア島嶼部は、大きなプレートとして太平洋プレート、ユーラシアプレート、そしてインド・オーストラリアプレートがぶつかるところであり、

図2-4　リンジャニ山周辺の水田

出所：インドネシア・ロンボク島にて筆者撮影。

今ある大きな島々はこのプレートの境界上に並んでいる。地震や火山噴火が常に起こりうる危険な地域である。

　東南アジアの火山島は、かつての火山活動によって各種の元素を含んだ溶岩が表面を覆い、今でも色の黒い肥沃な土壌がある。また標高3,000mを超える火山のある島、いわゆる「高い島」では、毎日のように山頂に降る雨が、標高の低いところで湧き水として出てくる。これは水田農業に最適な島であり、インドネシアのジャワ島、バリ島、ロンボク島などが挙げられる（図2-4）。

　水田による景観としては、フィリピンのルソン島北部コルディリェーラ山地の棚田群はとりわけ大規模で有名であり、ユネスコの世界文化遺産に登録されている。民族名をとってイフガオの棚田と呼ばれることもある。谷底の比較的なだらかなところから、山腹の傾斜の急なところまでが棚田になる。これは山頂から急斜面を流れ下る水を棚田で受け止めることで水勢を弱めて、山肌の浸食を防ぐ役目も負ってきた（京都大学東南アジア研究センター編 1997）。

　多島海とは、土地の沈降や隆起によって、多数の島が浮かぶ海域を指す。火山島に加えて、隆起サンゴの島や環礁などのいわゆる「低い島」も含めた海であり、海岸部（汀線部）に生きる人々の生活世界や交易の世界である。

II　島の森林

1　熱帯常緑雨林

　島嶼環境の特徴として、まず熱帯雨林の世界を紹介したい。熱帯雨林は、植物だけでなくさまざまな種類の動物が生息しており、古くから種の多様性の宝庫、遺伝資源の宝庫と言われてきた。ただし、熱帯雨林といっても、1

つではない。気温・降水量に加え、地面の水分、土壌、標高によっても区分される。表2−1は森林生態学者ホイットモア（T. C. Whitmore）による区分である（Whitmore 1990＝1993）。

表で「③低地常緑雨林」が、1年を通して熱帯多雨で熱帯特有の土壌に形成されるもので、多くの樹種が一緒に生えており、すべての植物群落の中でも最も豊かなものとされる。最上層部には樹高45mを超えるような、とびぬ

表2−1　熱帯林の群系

気候	地面の水分		土壌	標高	森林群系
季節的に乾燥	年間を通して著しく不足				①モンスーン林
	年間を通してやや不足				②多雨林：半常緑雨林
常に湿潤（非常に湿潤）	陸域（地面が水に浸かっていない）		成帯性土壌（この気候帯に一致する土壌）	低地	③多雨林：低地常緑雨林
				山地：(750) 1,200-1,500 m	④多雨林：下部山地雨林
				山地：1,500-3,000 m	⑤多雨林：上部山地雨林
				山地：3,000 mから樹木限界	⑥多雨林：亜高山林
			ポドゾル化した砂	ほとんど低地	⑦多雨林：ヒース林
			石灰岩	ほとんど低地	⑧多雨林：石灰岩上の森林
			超塩基性岩	ほとんど低地	⑨多雨林：超塩基性岩上の森林
	水面が高い（常時または周期的に地面が水に浸かる）	海岸の海水			⑩多雨林：海岸植生
					⑪多雨林：マングローブ林
					⑫多雨林：汽水林
		内陸の淡水	貧栄養の泥炭		⑬多雨林：泥炭湿地林
			富栄養の土壌	永久に湿潤	⑭多雨林：淡水湿地林
				周期的に湿潤	⑮多雨林：淡水周期湿地林

出所：Whitmore 1990＝1993をもとに筆者作成。

図2−5　熱帯雨林植物の特徴

注：左は、樹木（*Canarium decumanum*）の板根。右は、熱帯の木本性つる植物（*Uncaria appendiculata*）を切り、そこから出てくる樹液を飲む様子。
出所：左は、インドネシア・ボゴール植物園にて筆者撮影、右は、ソロモン諸島ニュージョージア島にて筆者撮影。

けて大きい超高木層があり、その下の24-36mほどのところが主要高木層、その下には丈の低い陰樹がある（Whitmore 1990 = 1993）。特定の優占種によって群落が作られることは稀であり、さまざまな樹種が林冠を形成しうる。熱帯雨林の植物には、日本の樹木ではほとんど見られない特徴がある。例えば板根（図2−5左）や幹生花・枝生花などであり、付着性ツル植物・木本性ツル植物（図2−5右）が豊富に見られる。

　東南アジアで低地常緑雨林を特徴づけるのは、フタバガキ科の大木であり、*Dipterocarps*属、*Shorea*属など、多数の種を含む。ただし、この地域で東に向かうほどフタバガキ科樹木の種数・個体数ともに減り、ソロモン諸島においてはフタバガキ科植物の存在しない低地常緑雨林となる。東南アジア島嶼部は、生物地理区ではアジア大陸から続いてきた東洋区と、オーストラリア大陸から続くオーストラリア区の境界があり、植物についてはマレシア植物区画区という呼び方もある。図2−6は先行研究と地球規模生物多様性情報機構（Global Biodiversity Information Facility）データベースの情報をもとに、いくつかの植物の分布域を比較したものである。フタバガキ科に属する植物（a）は西に原産の中心があるようだが、(b)のフトモモ科*Eucalyptus*（ユーカリ）属はオーストラリア区のものである。

　低地常緑雨林では動物の多様性も豊富だが、島嶼部では希少種が多いことも特徴である。オランウータンはボルネオ島とスマトラ島だけに生息するが、

今では保護が必要な状況にある。熱帯雨林では非常に多くの動物が生息しているが、高い林冠の下で、地上から、高低さまざまな層の樹上ですみわけをしている。さらに昼行性、夜行性のすみわけもある。ボルネオでは、日中の樹上はオランウータン、カニクイザル、ミューラーテナガザルなどに、夜はマレーヒヨケザル、スローロリスなどに使われる例が見られる。昼も夜も樹上で活動するジャコウネコもいる（Whitmore 1990＝1993; 安間 1991）。島によって動物相は異なるが、野生ブタは多くの島で共通しており、ほかの動物とともに狩猟の対象となってきた。

図2−6　植物分布域の比較
(a) フタバガキ科のうち代表的な3属

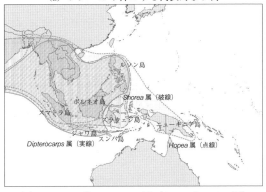

(b) フトモモ科 *Eucalyptus* 属（オーストラリア区）

出所：(a)はWhitmore（1981）を、(b)はCentre for Plant Biodiversity Research（2006）をもとに、Global Biodiversity Information Facilityデータベース（http://www.gbif.org/species）も参照して筆者作成。

表2−1にあるように、標高が上がると山地雨林に変化していく。低地常緑雨林は林冠が高い（25〜45m）が、④下部山地雨林、⑤上部山地雨林と標高が上がっていくにつれ、林冠の高さは15〜33m、1.5〜18mというふうに劇的に低くなる。樹木のうちで板根や羽状複葉が減り、付着性ツル植物も減っていく一方、蘚苔類・藻類のような維管束を持たない着生植物が増える（Whitmore 1990＝1993）。

熱帯雨林の土壌は、ラテライトと呼ばれる赤土であるが、微生物による分

解が早く、また降水により溶脱するため、養分は薄い。熱帯雨林の多くでは、人々の伝統的生業として移動耕作あるいは焼畑と呼ばれる農耕が行われてきた。これは樹木を切り倒して燃やすことで、樹木の無機養分を放出し、作物のための土壌養分とするものである。数年耕作して表土の養分がなくなると、放棄され、そこは自然の遷移で二次林となり、森林へと戻っていくが、この森林は住民にとっては休耕林であり、数年〜数十年ののち再び切り開かれて耕作されることもある。もともとは痩せた土壌であるため、休耕期間を短縮する、広い面積を一度に開くなどすると、森林に回復できず、人口増加や商業化などによっては破壊的農耕になることもある（井上 1995）。降水が多い地域では、大規模な火入れをしないが、むしろ雨による土壌養分流出や燃焼による有機物減少を食い止めることにもなる。

2　マングローブ林、ヒース林と泥炭湿地林

　低地常緑雨林以外にも、さまざまな森林群系がある。表2−1で「⑪マングローブ林」は、熱帯の低地でも河口や海岸で潮汐の受ける干潮帯の汽水域に生育する森林植生の総称である。塩分濃度が日内変動する汽水に生育することができる植物は限られており、ヒルギ科、ハマザクロ科、クマツヅラ科の種などである。種の構成は、同じ島内においても、場所によって異なることがある（京都大学東南アジア研究センター編 1997）。水棲生物も涵養し、生物多様性が高い。住民によって、樹木が日常生活や薪炭材として用いられるほか、魚付き林として漁労・採集の場になるなどするが、近年では養殖池や工業用地に転用されて減少している。

　同表の「⑦ヒース林」はポドゾル化した砂、つまり白い砂地状にできる森林である。粘土をほとんど含まず、保水性が低く、養分に乏しい。ヒース林は低地多雨林に比べるとやや林冠が低く、種数が少ないとされるが、それでもブルネイにあるデジマノキ（*Agathis dammara*）の純林には樹高45mに達するものもある。用材、合板、家具材などとして価値が高い。モクマオウ属（*Casuarina*）樹木が優占する場合もある（小林 1988）。

　「⑬泥炭湿地林」とは、泥炭という特異な生育地に形成された森林群系である。泥炭湿地とは河川沿いなどで湿地になった場所で、死んだ樹木が分解

されずに蓄積されて泥炭となる。過去から現在まで、河川の沈泥が徐々に上に堆積されてきたため、泥炭湿地林には堆積の中心部があり、そこは海抜高が高く泥炭が深い。そこから同心円状に異なる植生が広がっていくの

図2-7　上空から見た乾季のスンバ島東部の回廊林

出所：筆者撮影。

であり、ドーム状という言葉で表される。ドームの中心部では疎林であるが、外側のほうでは樹高50mに達する樹木もある。泥炭湿地林は、場所により植生が異なるが、ボルネオ島の例ではフタバガキ科のアラン（*Shorea albida*）で樹高45m、胸高直径100cmを超えるものが優占する場所もあり、それは材積もよく、伐採利用できる（小林 1988; Whitmore 1990＝1993）。スマトラ島には世界有数の泥炭湿地が広がってきたが、アランではない別の*Shorea*属樹種が優占する場所もある（Momose and Shimamura 2002）。泥炭湿地は、長らく農業に利用できないと考えられたため、森林バイオマスを維持しながら利用する林業用地としての利用が期待されたが、近年ではプランテーションなどへの転用が問題となっている。

Ⅲ　半乾燥の島

サバナ気候（図2-1）は、インドネシアの小スンダ列島の東部地域（スンバ島、ティモール島など）に広がる。スンバ島東部（図2-2、2-3）では、谷間など水分が高いところにだけ森林が発達し、それ以外の地域には森林が形成されない、回廊林（gallery forest）の景観となる（図2-7）。人工衛星画像から植生を見ても、この景観はわかりやすい。図2-8では、無料で提供されているLandsat 8画像で、乾季と雨季を比較しており、雨季にはやや植

図2-8　スンバ島北東部の乾季と雨季

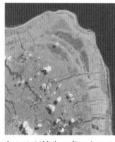

注：Landsat 8画像。色の濃いところが植生の多いところであり、乾季（左2015年11月4日）から雨季（右2016年4月28日）にかけて増加している。

生が広がることがわかる。

ミャンマーなど東南アジア大陸部のサバナ気候にはフタバガキ科*Dipterocarpus alatus*が優占する乾燥フタバガキ林があるが、ここには存在しない（京都大学東南アジア研究センター編 1997）。希少な森林の優占種にはムラサキ科の*Ehretia laevis*、トウダイグサ科の*Mallotus philippensis*が挙げられ、サバナ種はアカネ科の*Timonius timon*、クワ科*Ficus*の一種、ムクロジ科のセイロンオーク（*Schleichera oleosa*）などがある（Kiyono et al. 2007）。現在はほとんど見られないが、かつてはビャクダン（*Santalum album*）の産地でもあった。このうち、例えばセイロンオークはインド周辺原産のアジア的（東洋区的）特徴だが、ビャクダンや*Timonius timon*のようにオーストラリア・太平洋的特徴も混ざる。乾燥林が大陸部と、小スンダ列島で大きく異なるのは、両者の間の赤道付近に常緑熱帯雨林が広がっていて、乾燥性植物が侵入しにくいためである。

人々は天体や自然観察に基づく在来暦法で季節変化を把握し、限られた雨季を最大限効果的に利用した農耕を行ってきた。例えば乾季の終わりが近づくと、大地を棒や鋤鍬で掘り起こしておき、初雨がその土を砕いたところにトウモロコシを植える。トウモロコシは外来であり、それ以前は雑穀を植えていたと考えられている（京都大学東南アジア研究センター編 1997）。また、乾燥に強いオウギヤシ（*Borassus flabellifer*）は、大きな手入れなしに育ち、人間に花序液をもたらす。同様な花序液を出すサトウヤシ（*Arenga* spp.）もフローレス島などの島で利用される。図2-9はDransfield et al.（2008）で示された分布域であるが、*Borassus*属のヤシはユーラシア大陸、アフリカ大陸までの広域で、ただし乾燥地域にのみ分布するヤシであり、人為的に拡散したと考えられる。一方、*Arenga*属は乾燥地だけでなく多雨地域にも生息できるが、ほぼ東南アジアだけに分布している。

図2－9　オウギヤシとサトウヤシの分布

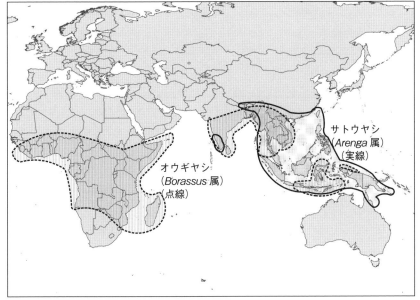

出所：Dransfield et al.（2008）をもとに筆者作成。

Ⅳ　ウォーレシア

　この地域を特徴づけるものとして、ウォーレシアの存在がある（図2－10）。観光地として有名なバリ島と、その東隣にあるロンボク島の間、わずか35kmの距離を境に、生息する動物相に大きな違いがある。そのことを発見したウォーレス（A. Wallace）にちなんでウォーレス線、またはその後に修正したハクスリー（T. Huxley）にちなんだハクスリー線と呼ばれている。氷期には海水面が下がるため、バリ島まではユーラシア大陸と陸続きで陸棲動物の移動が容易であった。しかしウォーレス線より東に行くには、陸棲動物は海を渡らねばならなかったため、ここで動物相が変わる。

　一方、オーストラリア大陸の周辺も氷期には同様に海水面は下がり、ニューギニア島など東側の島々と陸続きで、サフールランドという陸地であった。しかしスラウェシ島やティモール島近辺の島々とはつながったこと

図2-10 ウォーレシアの概観

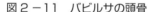

注：ウォーレス線・ハクスリー線とウェーバー線に挟まれた領域がウォーレシアである。

図2-11 バビルサの頭骨

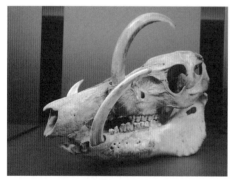

注：大きな牙が特徴である。
出所：東京大学総合研究博物館の展示。

がなく、淡水魚や陸棲動物相が大きく異なる。こちらはウェーバー線と呼ぶ。最後の氷期は、約7万年前に始まり1万5,000年前に終わった。このウォーレス線とウェーバー線に挟まれた地域は独自の動植物相が見られるウォーレシア地域である。

ウォーレシアは、まずその独特の陸棲動物で特徴づけられる。スラウェシ島とその近辺のごく限られた島に生息するバビルサは、大きな牙で知られる（図2-11）。アフリカ大陸の外でイノシシ科の動物と言えば、ほぼ全てイノシシ属であるが、

図2-12 チリメンウロコヤシとサゴヤシの自然分布

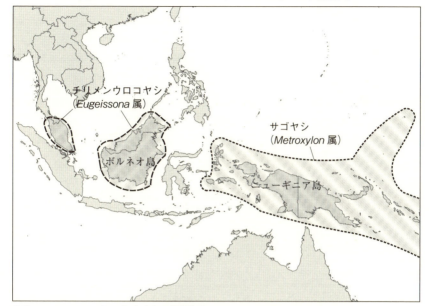

出所：Dransfield et al. (2008) をもとに筆者作成。

バビルサは唯一例外のバビルサ属である。また乾燥した島であるコモド島には世界最大のトカゲ、コモドオオトカゲがいる。

　植物の場合には境界は明瞭ではなくアジア的特徴が強いと言われているが、オーストラリア的特徴もある。例えば図2-6を今一度見ていただくと、*Eucalyptus*属の自然分布はウォーレス線より西に越えないが、ウェーバー線よりは西に広がる。また、いくつかの地域にはヤシの髄からデンプンをとり主食とする社会がある。いずれも利用法は似ているが、ボルネオ島ではチリメンウロコヤシ（*Eugeissona* sp.）が利用され、ハルマヘラ島からニューギニア島ではサゴヤシ（*Metroxylon* spp.）が利用されている。これは図2-12に示すように、これらのヤシの自然分布がウォーレス線、ウェーバー線をそれぞれ越えないことと一致する。このように、同じ生業様式であっても、植物相によって利用できる種が違うこともある。

V 多島海世界の姿

1 海の環境

　海とそこにつながる水域環境は、河川や湖沼、マングローブ域、サンゴ礁域、沿岸域、外洋域と多彩である。ここで沿岸域とは、人々が暮らす海辺の陸地と、その陸地から近くて人間が活動したりして、人間と環境が相互に関わる海域のことを指す。

　カツオやマグロのような広域回遊魚と、ハタやブダイのようなサンゴ礁に固有の沿岸魚では、拡散が大きく異なる（秋道 1995）。イルカ・クジラ類では、例えば大型ヒゲクジラの類は高緯度と低緯度を回遊している。この地域は、このように異なる生態・生息域の生物が交わる海域である。海棲生物の場合は、島ごとの異なりは明瞭ではない。ただし、ロンボク島、スンバ島をはじめとする小スンダ列島の一部では、ある種のゴカイ類の生殖群泳が顕著に見られるが、ウォーレス線より西ではそれは見られないようである。

　漁業では漁獲漁業（内水面・海水面）と養殖漁業（淡水、汽水、海水）のいずれもある。生業としては小規模な漁業に従事する人が大半であり、手漕ぎや帆による、自給を主な目的とする漁労活動から、カヌーに小さなエンジンを搭載した程度の小動力船による市場販売目的のものまである。海岸や河川で歩きながらの釣り・採集もある。また浮き漁礁を用いた漁も各地で見られる。これらは沿岸の域で行われる。一方で大規模漁業としては、トロール漁、はえなわ、巻き網などによる沖合漁業と、遠洋はえなわ・巻き網漁業もあり、遠い外洋で行われることもある（秋道 1995）。

2 多様な景観の利用

　さまざまな地理条件があるが、住民は利用用途に応じて巧みに使い分ける。図 2 - 13は住民の海での活動をGPSで追跡したものである（Furusawa 2012）。サンゴ礁では針と糸を垂らす釣りによって、サンゴに集まるリーフフィッシュを獲るが、別の人は外洋で回遊魚のカツオをトローリングで狙ったり、リーフエッジで大型の沿岸魚を狙ったりする。また女性を中心に、ラグーン内の浅いところで貝を採集したりする。

多島海では、人々が地理条件の異なる2つ以上の島を利用することも珍しくない。図2-14はソロモン諸島の例であるが、ここでは火山島の本島と、そこから沖合にあるサンゴ性の堡礁島で、植物相・動物相や土壌が異なる。住民はその違いを伝統知の中で認識しており、利用方法を変えてきた。例えば半常畑の堡礁島で伝統的な根茎類栽培をしつつ、本島では長期休耕する移動耕作や、小規模プランテーションの導入を行っていた。なお植生調査と利用植物調査の結果、日本の里山のように人が利用して手を加えることで維持される多様性があると同時に、そこにある多様な森林産物を人間が利用して

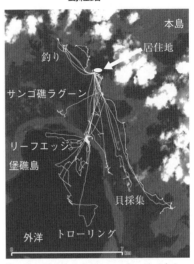

図2-13 住民の海での活動と移動経路

注：海で活動する住民にGPSをつけてもらい追跡した。白線が移動経路。

いる相互作用があった。例えばパイオニア種である*Gmelina moluccana*は二次林や保全林のような人為的改変があったところによく生育するが、この種は

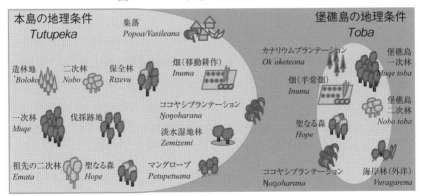

図2-14 本島と堡礁島の地理条件

注：ソロモン諸島ロヴィアナの人々は、集落のある本島部とそこから遠方にある小さな堡礁島では土壌や植生など地理条件が異なるため、それぞれTutupekaとTobaと呼ぶ（Furusawa 2016）。

生活に欠かせないカヌーを作るほぼ唯一の種である（Furusawa 2016）。

3　交易の世界

　海は水産漁業としての利用だけではなく、東アジアや南アジア、中東さらにはアフリカ・ヨーロッパとの交易を可能にしてきた、海のシルクロードの道であった。高価な森林産物を産出する地域には、古くから世界各地から商人が集まるようになっていたが、森林産物がない島でもナマコや貝などの海産資源を産するようになった（高谷 1985）。かなり古くから、商業的な活動が行われてきたのも、この地域の特徴である。

　モルッカ諸島は香辛料諸島として知られてきた。ニクズク科のナツメグ（*Myristica fragrans*）や、クローブすなわちチョウジノキ（*Syzygium aromaticum*）は東部インドネシアが原産地である。古代ローマ帝国の時代からナツメグは交易されており、もとは中国やインドの商人によって取引されていたが、やがてイスラム教徒商人が進出した。そしてヨーロッパの大航海時代が到来し、オランダの支配になっていった。オランダは貿易を独占するために、ほかの島に生えているナツメグを焼き払ったとも言われる。白檀（ビャクダン）や沈香（ジンコウ属）など香木も取引されてきたが、今ではもはや自生種を見ることはまずない。

　スラウェシ島の都市マカッサルは、古くから交易の中心港であった。大航海時代にも「海は万人のものでその航海を妨げるものは何もない」と主張してオランダの独占交易要求にあらがったが、やがて武力に屈服した（羽田 2007）。東インドネシアはナマコの一大産地となっていたが、この都市は干しナマコの集積地でもあった。輸出を担ったのは華人商人であったが、集荷や採取・加工の技術を伝えたのは、航海民であり漁民であるブギス人やマカッサル人であった。マカッサル人は17世紀頃からオーストラリア北岸にまで航海し、ナマコ漁と加工に従事し、現地にも技術を伝えたという（京都大学東南アジア研究センター編 1997）。

Ⅵ 環境と気候の変動

1 環境破壊

　東南アジア島嶼部は地理的条件によって豊かな自然に恵まれてきたし、人々はそれを利用・改変して恩恵を被ってきた。しかし、人間活動が引き起こした問題もある。それは、先進国の需要を支えるために熱帯雨林の樹木が伐採される問題、農地やプランテーションのために森林が伐り開かれる問題、人口増加の中で貧しい農民が違法な伐採や破壊的な農業を行う問題などである。また、サトウキビなど東南アジア原産の商品作物のほか、ラテンアメリカ原産のゴムノキやカカオ、アフリカ原産のコーヒーノキやアブラヤシなどたくさんの外来植物が植民地時代以降に持ち込まれ、在来の生業や植生を置き換えてきた。これらは、この地域のバイオマス（生物量）を減らすとともに、種の絶滅つまり生物多様性の危機も引き起こしかねない。

　人工衛星画像を使うと、今では現地調査できない過去のことを知ることができる。例えば無料で利用できるMODISは2000年から、Landsatシリーズは1970年代から変化を追うことができる。図2－15はシンガポールに近くて工業化が進むバタム島におけるマングローブの植生の濃さをMODISの強化植生指数（EVI）という指標で比較したものである（Furusawa et al. 2014）。熱帯マングローブから作られる炭は、伝統的に輸出用に用いられ、伐採と再生が繰り返されてきたが、人口増加や市場経済化の中で、サイクルが悪化して減少トレンドにある様子がわかる（原田・小林 2012）。

　泥炭湿地がプランテーションに置き換えられるのは、極めて深刻な環境問題であり、植生減少だけでなく、地球温暖化の原因ともなっている（川井・水野・藤田 2012）。近年ではこういった環境問題に対して、森林伐採の制限、国立公園化、地域レベルの海洋保護区の設立など、取り締まりや保全も行われている。しかし、熱帯の土地は商業的価値が高いことも指摘されており、対応は難しい（Fisher et al. 2011）。

2 気候変動がもたらすもの

　国連気候変動に関する政府間パネル（IPCC）の第5次報告書では、21世紀

図2-15　マングローブの植生の濃さの比較（2000-2012年）

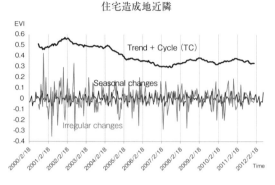

住宅造成地近隣

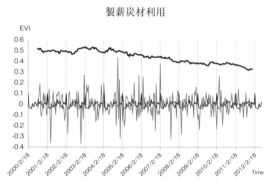

製薪炭材利用

注：製薪炭材利用でも長期トレンドでは減少している。

末の世界気温は、1986〜2005年の平均値に比べて0.3〜4.8℃上昇し、平均海面水位は0.26〜0.82m上昇すると予測される（IPCC 2013＝2014）。これは、この地域にもさまざまな影響をもたらす。大陸棚上にある島でも、一部の環礁島などは水没しつつある（Albert et al. 2016）。ソロモン諸島チョイスル州は、州都がある小サンゴ島タロ島の全住民を、火山島チョイスル島に移住させる計画を2015年に立案したが、これは気候変動によって全島民移住が実施される、世界初の計画になる可能性がある。

　降水量では、世界的には高緯度地域と太平洋の赤道域では増加し、中緯度や亜熱帯の乾燥地域は減少するという。しかし東南アジア島嶼部は複雑なばらつきがあり、例えば赤道域であってもただでさえ降水量が少ないインドネ

シア小スンダ列島などでは降水の減少が予測されているが、インドネシア他地域や、ソロモン諸島北部のような小島嶼地域では世界でも最も深刻な降水量増加が予測されている。2015年は一部の東南アジアでは雨季開始の記録的遅れと少雨に悩まされ、別の地域では逆に豪雨に悩まされるという経過をたどった。今後もこのような変化は続き2100年頃には気候区分の違いも大きくなることが予測される（Rubel an Kottek 2010）。

また海水の酸性化が進行するとも言われており、これが海洋生態系にも深刻な影響を及ぼすとされる（IPCC 2013＝2014）。具体的には海洋生物の生息域、季節的活動、移動パターン、生息数および種の相互作用が変化し、水温の低い海へと移動しているとされ、東南アジアではこれから漁業・水産業への負の影響が大きい可能性も指摘されている。

おわりに

本章では、東南アジア島嶼部の生態環境の成り立ちについて概観した。多様性を理解してもらうために、あえて地域横断的な記載が中心となったが、これらをもとにして各地を縦断的・通時的にも考えて欲しい。つまり各地の生態史は、大陸移動、氷河期といった長期的な変動をもとにして、気候と植物相・動物相のうえで、人間と環境の相互作用の歴史で築かれてきたのである。

ここに示した統計資料、データベースや衛星画像は、他の地域についても利用可能なものであり、この分析から得られる情報も多い。地域研究においてはフィールドワークが欠かせない。ただ、かつてはフィールドワークによってしか得られなかった、何が・いつ・どこで、起こったかという時空間情報は、情報通信技術が向上した現在では、現地当局者や現地の住民からリアルタイムに入手することもできる。筆者はSNSを通じて住民から現地で何が起こっているかの情報をもらい、日本研究者からは衛星画像やデータベース解析結果を現地に送る共時空間的地域研究という新しい試みも始めた。気候変動のように、科学知でも伝統知でも予測不能な事態に際して有効であると考えられる。

本章で示したこの地域の特徴は、境界性、連続性、人類性、不安定性というキーワードからまとめ直すことができる。境界性はウォーレス線、東洋区などさまざまな境界が引かれてきたように、ごく近隣の地域でも海で隔てられて、大きな隔絶が生まれることである。一方、生物はその境界を越えて侵入し、独自進化をしており、個性豊かな連続体を形成しているという連続性がある。その背景には、生物を運び、自然を改変し、かつ利用するという人間の活動もあり、これは有史以前から続いてきた人類性と呼ぶべきものである。そして今では、環境変化、気候変動の影響というリスクにさらされるが、特に熱帯地域は予測不可能なことが多く、長期的な変化や短期的な災害リスクの発生において、不安定性がある。

　こういうことを念頭に置き、フィールドワークと各種技術を統合しながら、過去・現在・未来を包括的に理解することが、東南アジア島嶼部の地域研究の視座になるであろう。

引用・参考文献

秋道智彌（1995）『海洋民族学――海のナチュラリストたち』東京大学出版会.
安間繁樹（1991）『熱帯雨林の動物たち――ボルネオにその生態を追う』築地書館.
井上真（1995）『焼畑と熱帯林――カリマンタンの伝統的焼畑システムの変容』弘文堂.
川井秀一・水野広祐・藤田素子編（2012）『熱帯バイオマス社会の再生――インドネシアの泥炭湿地から』京都大学学術出版会.
京都大学東南アジア研究センター編（1997）『事典　東南アジア――風土・生態・環境』弘文社.
小林繁男（1988）「泥炭湿地林、ヒース林、そしてフタバガキ林――ブルネイの森林と林業」『熱帯林業』11, 17-23.
高谷好一（1985）『東南アジアの自然と土地利用』勁草書房.
羽田正（2007）『東インド会社とアジアの海――興亡の世界史15』講談社.
原田ゆかり・小林繁男（2012）「インドネシア・バタム島におけるマングローブ生態系利用による地域住民の生存基盤の維持」『アジア・アフリカ地域研究』12, 61-78.

Albert, Simon, Javier X. Leon, Alistair R. Grinham, John A. Church, Badin R. Gibbes and Colin D. Woodroffe（2016）"Interaction between Sea-level Rise and Wave Exposure on Reef Island Dynamics in the Solomon Islands," *Environmental Research Letters* 11, 1-9.
Boland, D. J., K. Pinyopusarerk, M. W. McDonald, T. Jovanovic and T. H. Booth（1990）"The Habitat of Acacia Auriculiformis and Probable Factors Associated with its Distribution," *Journal*

of Tropical Forest Science 3 (2), 159-180.
Centre for Plant Biodiversity Research (2006) *EUCLID: Eucalypts of Australia, Third Edition.* (https://www.anbg.gov.au/cpbr/cd-keys/euclid 3 /euclidsample/html/learn.htm) (2016年 5 月 31日最終アクセス)
Dransfield, John, Natalie W. Uhl, Conny B. Asmussen, William J. Baker, Madeline M. Harley and Carl E. Lewis (2008) *Genera Palmarum: The Evolution and Classification of Palms*, Richmond: Royal Botanic Gardens, Kew.
Fisher, Brendan, David P. Edwards, Xingli Giam and David S. Wilcove (2011) "The High Costs of Conserving Southeast Asia's Lowland Rainforests," *Frontiers in Ecology and the Environment* 9 (6), 329-334.
Furusawa, Takuro (2012) "Tracking Fishing Activities of the Roviana Population in the Solomon Islands Using a Portable Global Positioning System (GPS) Unit and a Heart Rate Monitor," *Field Methods* 24 (2), 216-229.
Furusawa, Takuro (2016) *Living with Biodiversity in an Island Ecosystem: Cultural Adaptation in the Solomon Islands*, Singapore: Springer.
Furusawa, Takuro, Yukari Fuchigami, Shigeo Kobayashi and Makoto Yokota (2014) "Evaluation of Mangrove Biomass Changes Due to Different Human Activities in Batam Island, Indonesia Determined Using MODIS EVI and ASTER Data," *People and Culture in Oceania* 29, 35-50.
IPCC (2013) *Climate Change 2013: The Physical Science Basis*, IPCC (= 2014, 気象庁訳『気候変動 2013 自然科学的根拠 概要』気象庁).
Kiyono, Yoshiyuki, Min Zaw Oo, Yasuo Oosumi and Ismail Rachman (2007) "Tree Biomass of Planted Forests in the Tropical Dry Climatic Zone: Values in the Tropical Dry Climatic Zones of the Union of Myanmar and the Eastern Part of Sumba Island in the Republic of Indonesia," *Japan Agricultural Research Quarterly* 41 (4), 315-323.
Momose, Kuniyasu and Shimamura Tetsuya (2002) "Environments and People of Sumatran Peat Swamp Forests I: Distribution and Typology of Vegetation,"『東南アジア研究』40, 74-86.
Rubel, Franz and Markus Kottek (2010) "Observed and Projected Climate Shifts 1901-2100 Depicted by World Maps of the Köppen-Geiger Climate Classification," *Meteorologische Zeitschrift* 19, 135-141.
Whitmore, Timothy C. (1981) "Wallace's Line and Some Other Plants," Timothy C. Whitmore (ed.), *Wallace's Line and Plate Tectonics*, Oxford: Clarendon Press, 70-80.
Whitmore, Timothy C. (1990) *An Introduction to Tropical Rainforests*, Oxford: Clarendon Press (= 1993, 熊崎実・小林繁男監訳『熱帯雨林総論』築地書館).

第2部
生業から地域の将来像を描く

3章
人類を支えてきた狩猟採集

小泉　都

はじめに

　現生人類約20万年の歴史において、狩猟採集はその大半を支えてきた生業形態である。農業のように高密度の人口を支えることはできないが、現代における狩猟採集民の研究からは彼らが余暇の多い余裕のある生活を送っていることが知られている（Sahlins 1972）。しかし、狩猟採集民は豊かであるとしても、その現在の分布は熱帯林・乾燥地・寒冷地に偏っている。東南アジアにおいては、総人口は6億人を超えその5割以上が農村部に存在するにもかかわらず、狩猟採集民の人口は定義にもよるが6万人程度である。熱帯地域の多くの狩猟採集民は小さな集団で移動生活を営み平等主義と呼ばれる社会的特徴をもつことが知られており（Woodburn 1982）、資源の分布とその利用様式に制約を受けた社会的適応であることが示唆される。狩猟採集民による狩猟採集を考える際には、狩猟採集生活の豊かさと同時に限界を論じる必要があるだろう。

　狩猟採集は農耕民によってもさかんにおこなわれている。人口のうえで多数を占める農耕民による狩猟採集を無視していては、狩猟採集を理解したことにはならない。野生動植物の利用はごく日常的な行為であり、農耕社会における狩猟採集の役割はおろそかにできない研究課題である。一方で、農業は不可避に環境の改変を伴う。改変した環境をどのように活用しているのかが、農耕民による狩猟採集をみていくうえでひとつの重要な視点となる。また、村に集住してきた農耕民は、少人数で移動生活をしてきた狩猟採集民よりも複雑な社会組織や儀礼を発達させていることが多い。そのような違いが

狩猟採集に反映されているのかも着目点となりうる。

　ただし、さまざまな集団の狩猟採集と農耕への依存度は連続的なもので、狩猟採集民と農耕民を生業から厳密に定義することは困難である。まず、主食の獲得方法に注目して、各地域で狩猟採集民とされてきた人々の実態を捉えなおしたい。同時に地域や民族の類型を整理しよう。この枠組みに立脚しながら、社会における狩猟採集の位置づけを民族誌的資料から描写する。その後、ボルネオに対象を絞り、狩猟採集を歴史的な視点から検討する。ボルネオの熱帯雨林における狩猟採集と農耕の歴史をたどりながら狩猟採集の動態を理解したい。

I　主食による地域と民族の類型

1　サゴヤシ地域

　東南アジアの大部分は稲作地域であるが、インドネシア東部のマルク諸島やニューギニアでは最近まで稲作はおこなわれていなかった（ほかに乾燥で稲作が不可能な地域もある）。イモ類や樹木作物がおもに栽培されている。そして、この地域はサゴヤシ（広義には澱粉を産するヤシの総称だが、本章では狭義に*Metroxylon sagu* Rottb.の名称とする）の自生地でもある。サゴヤシは標高約0-700 mの湿地で栄養繁殖する木性ヤシで、何年もかけて幹に澱粉を蓄積し、主食として利用される。年間を通して利用可能で、収穫期である開花直前の幹を切り倒して澱粉を含む髄を砕き、水を使って澱粉を洗い出す。作業時間当たりのエネルギー獲得量は約3,160-6,800 kcal／時にもなる（Ellen 1979; Ohtsuka 1985）。栽培も難しくない。自生が困難な地域でさえ、いったん森林を切り開き地下茎から出ている枝を移植すれば、あとは下刈りや蔓切りだけで半永久的に収穫できる（笹岡 2012, 215）。サゴヤシが生育しないニューギニア高地においても、やはり栄養繁殖植物であるイモ類が主食となっている。

　この地域におけるサゴヤシの重要性は、狩猟採集民と農耕民の境界を曖昧にしている。イモ類の農耕を営む人々も野生や半栽培のサゴヤシを主食としているうえに、集団ごとの狩猟採集への依存度は連続的である。ニューギニ

アには野生生物にほとんど純粋に食料を依存する集団が存在するにもかかわらず、世界的には狩猟採集民として認知されていない（Roscoe 2002）。農耕民と狩猟採集民とにはっきり区分できないゆえに、看過されてきたのであろう。ニューギニアでは狩猟採集への依存度が高い集団でも、豊富な水産資源を利用している社会は定住性が高く、農耕社会に匹敵する複雑な文化を発達させているという。

2　稲作地域

　稲作地域では、各地域で狩猟採集民が農耕民から区別されている一方、地域間でみると共通の定義を与えにくい。区別が明確化するのは、稲作暦にしたがって生活する農耕民と、森林から日々に獲得できた資源の状況にあわせて生活する狩猟採集民では行動様式が対照的なためであろう。他方、各地の植生や社会環境の違いから、狩猟採集民の間にも生活戦略に違いが生じる。また20世紀には、彼らを定住させようとする政治的、宗教的努力が続けられてきた。このため、「狩猟採集民」はさまざまな度合で定住化して農業を営んでいるのだが、行動や考え方まで農耕民化した人たちは少ない。このような状況のなか、狩猟採集民とされてきた集団に属する人口はボルネオに約25,000人、フィリピン諸島に約15,000人、マレー半島に約7,000人、スマトラに約5,000人、ラオスとタイ北部の国境周辺など大陸部に数百人となっている（狩猟採集をやめた人々を含む）。

　このうち比較的大きな狩猟採集民人口を抱えるボルネオでは木性ヤシが豊富にみられる。とくに農耕に向かない尾根や急斜面には、栄養繁殖で増えるチリメンウロコヤシ（*Eugeissona utilis* Becc.）が群生する。これが狩猟採集民の主要な澱粉源となってきた（Brosius 1991）。ほかにもクロツグの仲間（*Arenga undulatifolia* Becc.）、クジャクヤシの仲間（*Caryota no* Becc.）など数種類のヤシから澱粉を採集できる。ニューギニアと異なり、ボルネオの農耕民の多くはヤシ澱粉を救荒食と位置づけている。2年から数年に1度ほどの頻度で不定期に訪れる果物の季節には、さまざまな果物も狩猟採集民の主食となる。こちらは農耕民も一般に主食としてではないが好んで食する。ボルネオでは定住化が進む20世紀後半になるまで、狩猟採集民が食料を純粋に野生

生物に依存していたという点で、熱帯林のなかではニューギニアと並び例外的な地域のひとつである。

　マレー半島の狩猟採集民の主要な澱粉源はヤムイモ（*Dioscorea* spp.）である（Kuchikura 1987; Endicott and Bellwood 1991）。ヤムイモは食味や利用性が種によって異なり、有毒で毒抜きが必要な種もある。マレー半島ではヤムイモの成長に季節性はあまりみられず、状況に応じて食味もしくは利用性を重視して種を選択する。採集の効率は、種の分布と塊根のタイプ（土中深く長い塊根を伸ばす、地表近くに大きな塊根をつくるなど）によって大きく異なってくる。採集のための移動と作業に要した時間に対するヤムイモの収量は、熱量換算で平均約900-1,800 kcal／時であったという結果がでている。これはイモ類の栽培や焼畑稲作と同程度の効率である。ほかに、蜂蜜や果物が季節的に重要な食糧となる。ただし、マレー半島の狩猟採集民は林産物の交易や農耕民のために働くことで得られる米なども主食としてきた。1975-76年の調査では、ラタン（つる性のヤシ科植物）の交易から食糧を得ると、時間当たりのカロリー獲得量でヤムイモ採集より1.56倍も効率がよかった（Endicott and Bellwood 1991）。

　フィリピン諸島は西部と東部で植生が異なり、利用できる澱粉源が異なる（Headland 1987）。より季節性の強い西部では、マレー半島と同様に野生のヤムイモが利用されている（Eder 1978）。季節によって利用できる種は異なるが、年間を通して利用できるものが見つかる。毒をもつヤムイモ（*Dioscorea hispida* Dennst.）は、大きくて地中の浅いところにあり簡単に採集できる。移動と採集作業時間を合わせて、平均1,700 kcal／時のエネルギーを得ていたという結果がある。ただし、季節的にこれに代替される種では、平均480 kcal／時にしかならない。蜂蜜も季節的に利用できる。しかし、現金経済の浸透と米への嗜好の高まりから、マニラコーパル（*Agathis dammara* Warb.の樹脂）の交易を通じて購入する米への依存も高まっている。1970年代の調査によると、マニラコーパルの採集に要した時間に対するこの交易から得られた収入は、これで購入できる米の熱量換算で約1,000 kcal／時であった。

　フィリピン東部の森林では、狩猟採集民を支えるのに十分な澱粉源が得られない（Griffin 1984; Headland 1987）。ヤムイモやクズの仲間（*Pueraria* spp.）、

木性ヤシのクジャクヤシの仲間（*Caryota cumingii* Lodd. ex Mart.）など澱粉が採れる野生植物はあるのだが、作業量の割に少量の澱粉しか採れないものばかりで分布密度も高くない。獣肉などの交易から得られる米が重要な主食である。18世紀の記録にも狩猟採集民が交易に依存していることや、小規模な焼畑を自ら開いていることが記されている。この地域の狩猟採集民は広い地域を遊動しているわけではない。各集団は1つの川筋をテリトリーとして、狩猟と漁労のために移動している。

スマトラの狩猟採集民は、複合的な特徴をもつ（Sager 2008）。古くから焼畑を営む一方で、集団内に死者がでたときには数カ月間森林で遊動生活をおこなう。森林での澱粉源はヤムイモで、これが見つからないときのみ木性ヤシのクロツグの仲間（*Arenga* spp.）を利用する。彼らを狩猟採集民と呼べるのかは定義次第だが、ほかの農耕民から区別される森林の人々だと自他ともに認めている。焼畑はイモ類もしくは稲を中心とするもので、森林での活動と組み合わせやすいイモ類の栽培のほうが好まれている。

東南アジア大陸部の狩猟採集民は、20世紀後半まで他民族との接触を極力避け、山地の森林のなかで暮らしていた。現在のラオスとタイ北部の国境付近における1930年代の記録によると、澱粉源としてはヤシの塊茎、野生のタロイモやヤムイモなどを利用しており、遊動しながら狩猟採集に頼った生活をしていたという（ベルナツィーク 1968, 288）。

3　労働生産性と土地生産性

主食ごとに労働生産性（時間当たりのカロリー獲得量）を比較してみよう。ニューギニアにおいて、ヤシ澱粉の採集（3,160 kcal／時）はイモ類の栽培（1,020 kcal／時）に比べて効率がよい（Ohtsuka 1985）。ボルネオにおいても、ヤシ澱粉の採集（3,120-4,690 kcal／時）は焼畑稲作（750-2,400 kcal／時）に比べて労働生産性が高い（Padoch 1985; Strickland 1986）。移動時間を含めたヤムイモの採集効率（480-1,800 kcal／時）は種ごとの掘りやすさや分布によって異なってくるが、平均すると稲作の効率と同程度ということになろう。狩猟採集民がヤムイモを主食とする地域では、林産物の交易が労働に見合うものなら、比較的簡単に交易を通じた農作物の入手につながることが予想される。

では、土地生産性についてはどうだろうか。種多様性の高い熱帯林において、個々の種の生育密度は一般に低い。ただし、主食植物には特定の生育環境では多くみられる種もある。サゴヤシは湿地を好み、チリメンウロコヤシは尾根や急斜面を好む。森林性のヤムイモについても、多くみられるものは川辺や森林内のギャップ（木が倒れるなどして明るくなった場所）を好むものだろう。しかし、その環境以外ではほとんど生育しない。東南アジアの植生がどれだけの人口を養えるか直接的なデータはないが、狩猟採集民の人口密度は概ね1人／km^2より小さく移動性が高い。これに対してイネなどの栽培植物の生育に適した環境は、森林を切り開くことで用意できる。ボルネオの定住化した狩猟採集民による焼畑稲作でさえ精米換算で約300 kg／haを生産している（Koizumi et al. 2012）。年間の米消費量を200 kg／人、休閑期間を15年と長めに仮定しても10人／km^2を養える。休閑を要しない水田なら、この10倍以上の人口を支えられる。

　人口密度が増加した地域で、狩猟採集社会が農耕社会へ移行したとしよう。移動生活から解放されれば人口増加率が上昇するだろう（口蔵 2011）。人口密度が高まれば新しい農地を探すことになる。ここで、狩猟採集民は少人数に分かれて遊動しているうえに、その多くは土地所有の概念を発達させていない。彼らの領域に農耕民が村や農地を拓くことは比較的容易だったと想像できる。逆に狩猟採集民が農耕民を追い出すようなことは考えにくい。周囲に農耕民が増え、利用できる森林面積が減少すれば、農耕民の村から離れた場所へ移動するか、農耕を始めるしかない。この際、元の生業を維持できる前者をまず選択しようとするのではないか。しばしば農耕民と狩猟採集民がすみわけしているようにみえるのは、農耕民にとって都合のよい場所をほとんど彼らが抑えてしまった結果なのかもしれない。

II　狩猟採集はいかに社会に位置づけられているのか

1　狩猟採集活動と経済

　ボルネオの定住化した狩猟採集民西プナンの集落で、各種の生業活動への従事者の割合を4カ月間にわたり毎日記録した調査がある（Puri 2005, 175-

177)。日々の割合は高くないが期間を通して均一な分布を示していたのは狩猟だった。狩猟を目的として出かけてもほかの林産物の採集を組み合わせることができ、獲物がなかったときはヤシの新芽など副食材料を採集する。また、調査中に2カ月半続いた果物の季節には果物も頻繁に採集されていた。一方、稲作作業や交易林産物の採集は特定の期間に集中していた。

マレー半島のやはり定住化した狩猟採集民スマッ・ブリは、しばしば森林に滞在してキャンプ生活を送る。生業活動の平均時間を調査したところ（Kuchikura 1987, table 43）、成人男性は村でも森林キャンプでも同程度の時間を狩猟（65-91分／日）と漁労（34-35分／日）にあてていた。交易林産物の採集はキャンプ生活時に集中していた（151分／日）。成人女性は村では農作業（60分／日）、森林では漁労（24分／日）と食用植物採集（20分／日）を生業活動の中心としていた。

狩猟採集民は定住化して農業にたずさわるようになったとはいえ、十分な収穫をあげていることは少ない。これを補うのが林産物採集である。ボルネオの西プナンには、自給米がなくなると森林でヤシ澱粉の採集をしながら暮らす集団や、林産物交易の収入から米を購入する集団がみられる。後者に属する村の調査では、澱粉食の約3割を購入米に頼っており、現金収入の約5割を林産物採集から得ていた（Koizumi et al. 2012）。

タイ東北部の農村での調査からは、農耕民の生業活動における狩猟採集の割合が示されている（芝原 2002）。水田稲作を営む調査地では自給用や販売用に、牧草・薪炭材・食用植物・茸などの採集、昆虫・魚類・両生類・爬虫類・鳥類・哺乳類などの捕獲をおこなっている。農繁期には農業にもっとも多くの時間をあてていたものの（13.2時間／日／世帯）、狩猟採集の時間も確保されていた（3.2時間／日／世帯）。農閑期には、狩猟採集の時間がさらに長くなっていた（農閑期・雨季5.6時間／日／世帯、農閑期・乾季3.3時間／日／世帯）。

農耕民であっても農業以外で主食を賄えるようになると、狩猟に重点をおくことがある。ボルネオのムル国立公園に近い農耕民ブラワンの村では、焼畑を営みつつも、観光業からの収入で必要な米の大部分を購入している（佐久間 2014）。農繁期かつ観光業の繁忙期にも男性の労働量は狩猟にもっとも

多く割かれていた（労働量の27.6%）。狩猟は男性がもっとも好む活動で、さまざまな楽しみを村人にもたらすという。

　林産物は農耕民の家計を助けることも多い。ラオス北部の山地において焼畑で米を生産しているカムの村での調査によると、世帯収入の3割以上が林産物によるものであり、これは農産物や畜産物から得られる収入よりも大きかった（Ingxay et al. 2015）。また、天候不順の年には農畜産物の生産が激しく落ち込んだが、林産物への影響は大きくなかった。

　林産物の安定性は農作物の不作時に家計を助ける。セラム島山地部の先住民のある村の人々は、現金収入源として出稼ぎで丁子の収穫作業にたずさわる。しかし丁子が不作で出稼ぎができない年もある。丁子からの収入の減少を補う一つの手段が、野生のオウム販売となっている（笹岡 2012, 196-198）。

2　狩猟採集と環境

　熱帯林に暮らす人々はどこになにがあるのかよく観察して記憶している。ボルネオの狩猟採集民西プナンの人たちがヤシ澱粉の採集をするときに、ヤシを探しまわることはない。森林での活動中にどこにどんな成長段階のヤシがあるのか観察しておき、必要になった際に収穫期のヤシのところへ行くのである（鮫島・小泉 2008）。まったく同じことが、マレー半島の狩猟採集民スマッ・ブリのヤムイモ採集についても報告されている（口蔵 1996, 66）。狩猟の場合は広く獲物を探し回るのが基本だが、ミネラル分を含む水がしみだす塩場や餌となる果実が実っている場所など動物に出会う確率が高い場所は意識している。

　狩猟採集民といっても、原生林だけを利用しているとも限らない。マレー半島のスマッ・ブリは、マレー人や中華系伐採労働者が放棄した畑周辺で見つかる栽培種のヤムイモを好んで食べる（Kuchikura 1987, 49; 口蔵 1996, 66-67）。また、森林だけが食料獲得の場ではない。森林地域を流れる川での漁労は、農耕民や狩猟採集民の主要なもしくは副次的な蛋白源を提供してきた。ルソン島の狩猟採集民アグタのように、森林での狩猟や川での漁労にくわえて、海岸での漁労をおこなっている人々もいる（Griffin 1984）。

　野生生物のなかには人が手をくわえた環境を好むものも多い。農耕民はそ

のような生物から有用なものを見出している。ボルネオの農耕民イバンが利用する複数の環境において、彼らにとっての有用植物がどの程度存在するかを調べた研究がある（Kaga et al. 2008）。建材とするものこそ原生林に多いが、食用植物や薪は焼畑二次林に多く、道具に利用される植物は焼畑二次林やゴム園に多かった。明るい場所には食用のシダが繁茂するし、焼畑跡では薪に適する木がよく育つ。意識的あるいは無意識に果樹の種子を運び込むせいか、焼畑二次林には果樹も多くみられる。

　水田が卓越する環境でも野生生物がさかんに利用される。ラオスの農村での調査によると、水田開墾が進み森林がほとんど残っていない村では、水田に点々と木々が立っている（Kosaka et al. 2006a）。開墾時に木を残しておいたものが、開放地でも更新できるものや人が植えたものに置き換わっていきながらこのような景観が維持される。こうした樹木からは、薪・炭・食材・用材・樹脂などの自家用および販売用産物が得られる。水田には有用な野草も多くみられ、女性や子どもが食用のものを採集して市場で販売している（Kosaka et al. 2006b; Kosaka et al. 2013）。

3　野生生物に対する知識

　生物に対する民俗知識研究の世界的な先駆けは、フィリピン、ミンドロ島の焼畑農耕民ハヌノオを対象としたものだった。ハヌノオは栽培種の品種も含め植物を1,625種類に区分しており、うち1,150種類が野生植物だった（Conklin 1954）。ハヌノオ語の1,625の植物名が、ハヌノオによる栽培や保護の有無・用途・生育地・対応する植物種などとともにリストにまとめられている。

　東南アジアの野生種を含む有用植物についての研究は多くあり、そういった研究成果をまとめた「Plant Resources of South-East Asia（東南アジアの植物資源）」というシリーズも発行されている。そのなかで村落を単位としたものでは、ボルネオの農耕民イバンとクラビットを対象としたものがもっとも網羅的な研究だろう（Christensen 2002）。イバンの村とクラビットの村で知られていたそれぞれ686種（うち野生植物577種）と650種（うち野生植物550種）の植物が、現地名や詳しい利用法とともに記述されている（野生植物の種数

は筆者が集計)。農耕民がいかに豊かな植物知識を有しているかがわかる。

　狩猟採集民もこれに引けを取らない。ボルネオの狩猟採集民西プナンの定住村における調査では、1,000以上の野生植物名が記録され、植物種との対応がわかったものでは540種に有用性が認められていた（Koizumi and Momose 2007; 小泉 2013）。ただし、有用植物の知識については先述のイバンやクラビットと異なる部分があった。道具に使う植物が多いこと、精霊との関係を仲介する植物が少ないことが特徴である。単純な物質文化をもつ狩猟採集民が多くの植物を道具に使うというのは意外かもしれないが、たとえば獲物を運ぶ紐として使い捨てにする樹皮のように、簡便な使い方をする植物が多い結果である。精霊との関係においては、農耕民は悪霊から米や人を護るための儀礼を発達させており、その際に植物も利用する。一方、西プナンは儀礼を発達させておらず、精霊との交信にものを介在させることも稀である。

　狩猟採集民と農耕民の違いとして、知識の存在様式も挙げられる。狩猟採集民の集団内では、明らかな分業は男女間にしかみられない。知識の多寡や具体的な知識の相違が個人間でみられるものの、年齢や男女の差以外にはっきりした構造はない。これに対して、農耕民の集団内には薬草に詳しい人、儀礼に詳しい人、染色・織物に詳しい人、狩猟が好きな人などが存在する。個人の知識は限られていても、専門性の発達は集団全体での知識量を大きくするだろう。

　動物についての知識は狩猟との関係で記述されることが多い。狩猟採集民西プナンの狩猟に関する研究では、動物の性質に合わせた狩猟技術が詳細に報告されている（Puri 2005）。知識の分類的側面に着目したものにはセラム島でサゴヤシの採集やイモ類の栽培をおこなうヌアウルの動物知識の研究がある（Ellen 1993）。ここには哺乳類から昆虫まであらゆる動物が含まれており、一種一種が名づけられている場合もあれば、複数種が同じ名前で呼ばれている場合や名前のない動物もあることがわかる。食料として重要な動物に対する知識はとくに豊富になり、特殊な語彙を発達させていることもある。たとえば、ボルネオの狩猟採集民シハンは狩猟対象のヒゲイノシシを成長段階と性別によって異なった名称で呼び分けている（加藤・鮫島 2013）。

4　自然観・倫理観

　自然観は生業活動と深いつながりをもつ。ボルネオの焼畑稲作民イバンの民話では、現地語でクムンティン（ノボタン科 *Melastoma malabathricum* L.）という低木が主役になっている（百瀬 2003, 147）。明るい道端で一年中ピンクのきれいな花を咲かせている植物である。民話によると、クムンティンがある日これからは私が王だ、つねに花と実をならせるのは自分と家来の路傍の植物だけだ、森の植物はあまり実をならせてはいけないと主張した。イネも彼に気に入られているので、できがよくなった。この民話を伝承するイバンにとって原生林は精霊が跋扈する空間であり、原生林に入る際は魔除け植物を頼りにする（百瀬 2003, 144-145）。

　同じボルネオの狩猟採集民は原生林を恐れることはない。しかし、超自然的な存在を信じていないわけでもない。西プナンはすべての動物に魂が宿ると考えており、動物をさいなむと動物の魂がカミにこれを報告し、人間に災いがもたらされるとする（奥野 2011）。一方で獲物がなかった日には、動物に対する定型的なののしりの言葉を発する。動物によってカミに告げ口される心配のないときには、まったく違う行動をとるのである。

　潜在的に利用可能な生物でもタブーによって利用されないことは動物でよくみられる。ボルネオの狩猟採集民シハンは、人間を食べる動物や飼育した動物を食べ物とはみなさない（加藤・鮫島 2013）。また、夢見によって自分に特別な庇護や能力を与えてくれる動物を知るところとなると、その動物を食べることも狩猟することもやめてしまう。動物は食料であると同時に病気をもたらすとも考えられており、体質的に合わないと感じる動物の摂食を控えることもある。

III　狩猟採集はいかなる過去から現在へ至ったのか
——ボルネオの歴史

1　生業

　ここからはボルネオに対象を絞り、この地における狩猟採集の変遷を詳しくみることで現在の位置づけを歴史のなかで捉えたい。そのまえに、20世紀

半ばまでのいわゆる伝統的な状況を説明しておこう。農耕民の集落は河川沿いに点在していた。その河川から離れた領域では、狩猟採集民が遊動生活を営んでいた。ヤシ澱粉や果物を求めて森林でキャンプしながら生活するが、地域ごとに緩やかなまとまりがあり、その集団ごとに特定の農耕民の首長と協定を結んで交易をおこなった。狩猟採集民は林産物を提供し、農耕民から塩・鉄製品・布・装飾品などを受け取っていたとされる。地域を大きく移動し、協定を結ぶ相手を変えることもあった。

　では過去のボルネオはどのようなものであっただろうか。ボルネオにおける最初の人間活動の証拠は、ニア洞窟（マレーシア、サラワク州）から見つかっている（Barker et al. 2007）。この遺跡から46,000-34,000年前頃の生業活動を知ることができる。狩猟動物相は魚類を除く脊椎動物遺存体の破片数の多いものから順に、イノシシ・サル類・カメやスッポン・オオトカゲ・鳥類などだった。シカ類が少なくカメ類が多いなど現在と異なる点もあるが、概ね現在と似た狩猟動物相となっている。植物についてはヤシ澱粉が見つかっている一方で、近過去や現在の狩猟採集民が食用としていないヤムイモやサトイモ科植物の澱粉や柔組織も見つかっている。同地での狩猟動物相は約11,500-8,000年前の中石器時代や約4,000-2,000年前の新石器時代においてもそれほど大きく変化していない（Barker et al. 2011）。植物については、中石器時代の層からやはりヤムイモやタロイモが見つかっている。新石器時代には農耕も始まっていたようだが、約2,000年前頃には狩猟採集に頼った食生活が再度出現している。

　過去の人々がヤムイモを利用していたことは注目に値する。現在のボルネオの熱帯雨林は樹木層が卓越しており、ヤムイモの分布密度は高くない。しかし、過去約5万年間のニア洞窟周辺の植生変化をみると、寒冷期には疎林が出現し、温暖期にも乾燥を示唆する植生が出現している（Hunt et al. 2012）。ヤムイモのような植物もより多く生育していたのだろう。また、森林が形成された時期に、植生が燃やされたあとに出現する草本植物の花粉が繰り返し大量に出土している。食料生産および狩猟動物の誘引を目的として、野焼きをしていたのではないかと考えられている。後者は狩猟動物が森林性のものに偏っているため説得力がないが、半栽培はありうると思われる。しかし、

現在のボルネオの狩猟採集民に野焼きの習慣はなく、焼畑跡にヤムイモが繁茂するようなこともない。最終氷期のあと温暖化が続き、現在のような植生が形成されるなかで、野焼きが野生の食用植物を増やす働きを失ったのかもしれない。

　稲作については、ニア洞窟から出土した約5,000年前の土器に籾殻が含まれており、古い時代に米がボルネオに到達していたことがわかる（Doherty et al. 2000）。沿岸部では10世紀頃から籾殻が広く土器に混ぜ込まれるようになり、稲作の普及が示唆される。内陸部では現在稲作地域として有名なサラワク州のクラビット高原において、過去2,300年間の地層に含まれる花粉や植物珪酸体が分析された（Jones et al. 2013）。約2,200-1,800年前の地層にチリメンウロコヤシの花粉が多く含まれておりこれが栽培されていた可能性をうかがわせる。同時期からイネ科やカヤツリグサ科の花粉も多くなり、焼畑二次林に多いオオバギ属（*Macaranga*）の花粉も含まれている。栽培イネとみられる植物珪酸体もわずかだが見つかっており、焼畑をしていたと考えられる。

　古くから栽培されていたとはいえ、米は主食の一部でしかなかった（Barton 2012）。1950年代や80年代でも米を十分に生産できない農民は少なくなかった。これを補ってきたのが栄養繁殖植物だった（たとえば、佐久間 2015, 47）。イモ類の栽培だけでなく、サゴヤシの栽培やチリメンウロコヤシの管理もめずらしくなかった。ただし、米には特別な価値が与えられてきたとされる。チェーンソーや除草剤などが普及するにつれ稲作の労働が軽減され、あるいは現金収入の増加から米の購入が容易になり、米に不自由しないという理想が現実になったのだろう。

2　林産物

　ここまで生業や食糧に注目してきたが、交易林産物もまたボルネオの社会の形成に主要な役割を果たしてきた。ボルネオの沿岸部には6世紀頃から中国やインドとの交易拠点があった（Broek 1962）。金やダイヤモンドで有名だったほか、中国の文献には樟脳、鼈甲、サイチョウの嘴、サイの角、蜜蠟、ラタン、ツバメの巣などの交易品が登場する。ボルネオ沿岸部の各地にみられた王国はおもに貿易からの利益によって成り立っており、直接支配できな

い内陸部の林産物を内陸部の社会を通していかに獲得するかは重要な課題だった（Sellato 2001）。林産物の狩猟採集には、狩猟採集民と農耕民がともにたずさわっていた（佐久間 2015）。彼らは複数の選択肢のなかから交易相手を選び、他民族を介して、あるいは商人を介して王国とつながってきた。

どの林産物の市場価値が高いか、多く取引されるかはたえず移り変わるということが、19世紀以降の記録から明らかにされている（たとえば、Sellato 2001, 73-84）。資源の枯渇が起こることもあるし、過去200年の傾向としては栽培品や化学合成品への置き換わりもみられる。そのなかで現在でもよく知られている交易林産物としてラタン、沈香、ツバメの巣などがある。ラタンは古くからの交易資源で、ブームや栽培の確立、天然資源の枯渇や輸出規制などを経てきた（Sellato 2001; Meijarrd et al. 2014）。現在でも地域内や国内に安定した需要があり、内陸部では採集したラタンを籠や敷物に加工したものが売買されている。一方、沈香やツバメの巣は採集者たちには利用する習慣がなく、外に出ることで価値が与えられる。貴重品として高値で取引され、地域経済や社会のなかで大きな役割を担っている（金沢 2009; 佐久間 2015）。

多くの林産物は広い熱帯雨林のなかに散在しており、探す手間がかかる。洞窟にかけられるツバメの巣やマメ科の高木にかけられるオオミツバチの巣のように見つけやすいものもあるが採集には危険が伴う（鮫島・小泉 2008; 佐久間 2015, 83, 111）。多くの場合、これらの採集は森林全体からいえばごく一部を取り出す行為にほかならない。ラタンや沈香木（ジンチョウゲ科 *Aquilaria* spp.）では資源の枯渇が懸念されており、サイはボルネオのほとんどの地域で実際に絶滅してしまったが、絶滅に追いやられる生物は一部に限られるだろう。見つけにくい資源が減少すると、探索に対して得られる報酬が見合わなくなるからだ（百瀬 2005）。ただし、市場価値が高いうえに繁殖率が低い種についてはこの限りではない。

3　森林開発

ボルネオの景観は商業伐採により20世紀後半に激変した。比較的大きな木を択伐するのだが、伐採対象直径の基準・搬出方法・伐採サイクルのうえで持続的といえる方法をとっている施業地は少なく、択伐が繰り返される度に

森林が劣化していく。衛星画像からの推定によると、1973年にはボルネオの75.7％が天然林に覆われていたが、2010年までに同36％が伐採を受け、一部が非森林化して2010年には天然林が52.8％にまで減少した（Gaveau et al. 2014）。

　影響を受けるのは択伐された木にとどまらない。その搬出に伴い林床が荒らされ、有用な低木やヤシも減少する。墓所など先住民たちの軌跡は森林内に存在しており、これを荒らすことも問題視されている。しかし、補償金や伐採キャンプでの雇用と引き換えに、また村長たちが懐柔されて伐採が進められていった。それでも一部の集団は伐採に抵抗してきた。なかでも狩猟採集民の東プナンは海外NGOとも協力しながら、自分たちの生活を支える森林を守ろうと今日まで活動を続けている（金沢 2012; 2015）。東プナンのある人は、原生林のことを「なんでも欲しいものを探しにいくと、それが見つかるところ」と筆者に話してくれた。一方、伐採によって内陸部にも道路がはりめぐらされ、都市と行き来しやすくなっただけではなく、これまでアクセスしにくかった場所で焼畑・狩猟・採集がおこないやすくなった（加藤 2011, 81-83）。伐採キャンプで働くことにより現金収入を得た人々は経済的に豊かになった。

　伐採で劣化した森林は、アブラヤシやアカシア・プランテーション、アブラヤシ小農園に転換されつつある。これらは商業伐採以上に景観を一変させ、野生の有用植物が消えてしまう。ただし、動物によってはここから新しい餌資源を得て生育密度を上げている（加藤・鮫島 2013）。さらに、天然林とモザイク状に存在する限りにおいてはさまざまな種が生息できることが明らかになってきた。アブラヤシ農園は新たな狩猟の場ともなっている。新しく生じた環境での動物の行動を観察し、それに合わせた猟法をとっているという。人間はこれまでも自分たちが改変した環境に有用な生物を見出しそれを利用してきたが、現代においてもその営みは続いている。

おわりに

　狩猟採集民と農耕民の区別は過去にはもっと緩やかなものだったかもしれ

ない。ボルネオの例でいうと、非常に古い時代の狩猟採集民は野焼きで食用植物を増やしていた可能性がある。植生の変化や農耕民とのすみわけにより、森林内での狩猟採集に特化していったのだろう。ボルネオの農耕民については稲作が注目されがちだが、歴史的にみると栽培・半栽培・採集を組み合わせて主食を確保してきた。稲の生産が安定するにつれて、稲作民としてのアイデンティティーを強めていったのかもしれない。

　野生植物の採集や半栽培は、ボルネオの例でみる限り狩猟採集民だけでなく農耕民の食生活の無視できない割合を支えてきたと考えられる。しかも、林産物はボルネオの社会を形成し、ひいては海外とつなぐ役割を果たしてきた。しかし、20世紀後半に入り農業生産が安定し、現金収入源が増え、生活の糧を得る場として森林を必要としない状況が整ってきた。とはいえ、伐採二次林やアブラヤシ農園のような新しい環境においても、それに合わせて狩猟採集は続いている。より古い時代にも、焼畑の広がりは大きな環境変化だったと考えられるが、焼畑二次林でも狩猟採集が続けられてきた。

　一方で、商業伐採によって森林が劣化し、プランテーションの増加によって森林が減少していくことを憂慮する声もある。現在まで森林に生活を依存してきた一部の人たちにとっては、原生林こそが必要なものすべてを得られる場所である。変化する環境に適応して新しいチャンスをつかんでいく人々と、これまでの生活を守りたい人々。どちらかの側が一方的に譲歩を強要されることなく、妥協点を見出すことができるだろうか。

　最後に、今後の研究課題を考えたい。ひとつには、地域と協力しながら実施する応用研究の重要性が高まっていくだろう。変化しつつある環境において、いかに住民と行政や企業との橋渡しができるか、開発と保全の適当なバランスを提案できるかなど研究だけでは完結しない問題に取り組んでいかなければならない。基礎研究においては、民族や地域を超えた議論が活発になることを期待する。ともに豊かな狩猟採集文化を有している農耕民と狩猟採集民の研究が出会うところに新しい議論が生まれるのではないか。東南アジアの地域間はもとより、異なる大陸間の比較もおもしろいだろう。アフリカの熱帯林の狩猟採集民はヤムイモ、農耕民はバナナなどを主食としている。ここでの両者の関係は東南アジアと比べていかなるものだろうか。南米で狩

猟採集民とされている集団の多くは、農耕民だった人々が戦乱を逃れるために村や農業を捨てたものだと推測されている。彼らは東南アジアの狩猟採集民とどこが類似していて、どこが違っているのだろうか。広い視点をもつことで、東南アジアがよりはっきり見えてくるだろう。

謝辞　本研究はJSPS科研費15J40145および25300045の助成を受けたものである。

引用・参考文献
奥野克己（2011）「密林の交渉譜——ボルネオ島プナンの人、動物、カミの駆け引き」奥野克己編『人と動物、駆け引きの民族誌』はる書房，25-55．
加藤裕美（2011）「マレーシア・サラワクにおける狩猟採集民社会の変化と持続——シハン人の事例研究」学位論文，京都大学．
加藤裕美・鮫島弘光（2013）「動物をめぐる知——変わりゆく熱帯林の下で」市川昌広・祖田亮次・内藤大輔編『ボルネオの＜里＞の環境学——変貌する熱帯林と先住民の知』昭和堂，127-163．
金沢謙太郎（2009）「熱帯雨林と文化——沈香はどこから来てどこへ行くのか」池谷和信編『地球環境史からの問い——ヒトと自然の共生とは何か』岩波書店，218-231．
金沢謙太郎（2012）『熱帯雨林のポリティカル・エコロジー——先住民・資源・グローバリゼーション』昭和堂．
金沢謙太郎（2015）「平和の森——先住民族プナンのイニシアティブ」宇沢弘文・関良基編『社会的共通資本としての森』東京大学出版会，193-212．
口蔵幸雄（1996）『吹矢と精霊』東京大学出版会．
口蔵幸雄（2011）「Semaq Beri女性の出生力——半島マレーシアの狩猟採集集団の社会・生態学的変化と人口動態」『岐阜大学地域科学部研究報告』28，161-201．
小泉都（2013）「小規模社会で形成される植物知」市川昌広・祖田亮次・内藤大輔編『ボルネオの＜里＞の環境学——変貌する熱帯林と先住民の知』昭和堂，25-53．
佐久間香子（2014）「『生』を満たす活動としての狩猟——ボルネオ内陸部における現在の『森の民』に関する一考察」『地理学論集』89(1)，45-55．
佐久間香子（2015）「中央ボルネオにおける内陸交易拠点の歴史的形成と変化」学位論文，京都大学．
笹岡正俊（2012）『自然保全の環境人類学——インドネシア山村の野生動物利用・管理の民族誌』コモンズ．
鮫島弘光・小泉都（2008）「ボルネオ熱帯雨林を利用するための知識と技——サゴ澱粉とオオミツバチの蜂蜜・蜂の子・蜜蠟採集」秋道智彌・市川昌広編『東南アジアの森に何が起こっているか——熱帯雨林とモンスーン林からの報告』人文書院，127-149．

芝原真紀（2002）「タイ王国東北部農村地帯の生活構造における野生動植物採集の位置づけ——生活時間のアプローチから」『東南アジア研究』40(2), 166-189.
ベルナツィーク著, 大林太良訳（1968）『黄色い葉の精霊——インドシナ山岳民族誌』平凡社.
百瀬邦泰（2003）『熱帯雨林を観る』講談社.
百瀬邦泰（2005）「野生生物はどのような条件下で持続的に利用されているか——豊富な生物知識と生物多様性の効果」『科学』75, 542-546.

Barker, Graeme, Huw Barton, Michael Bird, Patrick Daly, Ipoi Datan, Alan Dykes, Lucy Farr et al. (2007) "The 'Human Revolution' in Lowland Tropical Southeast Asia: The Antiquity and Behavior of Anatomically Modern Humans at Niah Cave (Sarawak, Borneo)," *Journal of Human Evolution* 52, 243-261.
Barker, Graeme, Lindsay Lloyd-Smith, Huw Barton, Franca Cole, Chris Hunt, Philip J. Piper, Ryan Rabett, Victor Paz and Katherine Szabó (2011) "Foraging-Farming Transitions at the Niah Caves, Sarawak, Borneo," *Antiquity* 85, 492-509.
Barton, Huw (2012) "The Reversed Fortunes of Sago and Rice, *Oriza sativa*, in the Rainforests of Sarawak, Borneo," *Quaternary International* 249, 96-104.
Broek, Jan O. M. (1962) "Place Names in 16th and 17th Century Borneo," *Imago Mvndi* 16, 129-148.
Brosius, J. Peter (1991) "Foraging in Tropical Rain Forests: The Case of the Penan of Sarawak, East Malaysia (Borneo)," *Human Ecology* 19(2), 123-150.
Christensen, Hanne (2002) *Ethnobotany of the Iban & the Kelabit*, Kuching: Forest Department Sarawak; Aarhus: NEPCon; Aarhus: University of Aarhus.
Conklin, Harold C. (1954) "The Relation of Hanunóo Culture to the Plant World," PhD dissertation, Yale University.
Doherty, Chris, Paul Beavitt and Edmund Kurui (2000) "Recent Observations of Rice Temper in Pottery from Niah and Other Sites in Sarawak," *Bulletin of the Indo-Pacific Prehistory Association* 20, 147-152.
Eder, James F. (1978) "The Caloric Returns to Food Collecting: Disruption and Change Among the Batak of Philippine Tropical Forest," *Human Ecology* 6(1), 55-69.
Ellen, Roy (1979) "Sago Subsistence and the Trade in Spices: A Provisional Model of Ecological Succession and Imbalance in Moluccan History," Philip Burnham and Roy Ellen eds., *Social and Ecological Systems*, London: Academic Press, 43-74.
Ellen, Roy (1993) *Nuaulu Ethnozoology: A Systematic Inventory*, Canterbury: The Centre for Social Anthropology and Computing.
Endicott, Kirk and Peter Bellwood (1991) "The Possibility of Independent Foraging in the Rain Forest of Peninsular Malaysia," *Human Ecology* 19(2), 151-185.
Gaveau, David L. A., Sean Sloan, Elis Molidena, Husna Yaen, Doug Sheil, Nicola K. Abram, Marc Ancrenaz et al. (2014) "Four Decades of Forest Persistence, Clearance and Logging on Borneo," *PLOS ONE* 9 (7), 1-7.
Griffin, P. Bion (1984) "Forager Resource and Land Use in the Humid Tropics: The Agta of

Northeastern Luzon, the Philippines," Carmel Schrire ed., *Past and Present in Hunter Gatherer Studies*, Orlando: Academic Press.

Headland, Thomas N. (1987) "The Wild Yam Question: How Well Could Independent Hunter-Gatherers Live in a Tropical Rain Forest Ecosystem?" *Human Ecology* 14(4), 463-491.

Hunt, Chris O., David D. Gilbertson and Garry Rushworth (2012) "A 50,000-year Record of Late Pleistocene Tropical Vegetation and Human Impact in Lowland Borneo," *Quaternary Science Reviews* 37, 61-80.

Ingxay, Phanxay, Satoshi Yokoyama and Isao Hirota (2015) "Livelihood Factors and Household Strategies for an Unexpected Climate Event in Upland Northern Laos," *Journal of Mountain Science* 12(2), 483-500.

Jones, Samantha E., Chris Hunt and Paula J. Reimer (2013) "A 2300 yr Record of Sago and Rice Use from the Southern Kelabit Highlands of Sarawak, Malaysian Borneo," *The Holocene* 23, 708-720.

Kaga, Michi, Kuniyasu Momose, Masahiro Ichikawa and Miyako Koizumi (2008) "Importance of a Mosaic of Vegetations to the Iban of Sarawak, Malaysia," Masahiro Ichikawa, Satoshi Yamashita and Toru Nakashizuka eds., *Sustainability and Biodiversity Assessment on Forest Utilization Options*, Kyoto: Research Institute for Humanity and Nature, 396-404.

Koizumi, Miyako, Dollop Mamung and Patrice Levang (2012) "Hunter-Gatherers' Culture, a Major Hindrance to a Settled Agricultural Life: The Case of the Penan Benalui of East Kalimantan," *Forest, Trees and Livelihood* 21(1), 1-15.

Koizumi, Miyako and Kuniyasu Momose (2007) "Penan Benalui Wild-Plant Use, Classification, and Nomenclature," *Current Anthropology* 48(3), 454-459.

Kosaka, Yasuyuki, Shinya Takeda, Souksompong Prixar, Sayana Sithirajvongsa and Khamleck Xaydala (2006a) "Species Composition, Distribution and Management of Trees in Rice Paddy Fields in Central Lao, PDR," *Agroforestry Systems* 67, 1-17.

Kosaka, Yasuyuki, Shinya Takeda, Saysana Sithirajvongsa and Khamleck Xaydala (2006b) "Land-Use Patterns and Plant Use in Lao Villages, Savannakhet Province, Laos," *TROPICS* 15(1), 51-63.

Kosaka, Yasuyuki, Lamphoune Xayvongsa, Anoulom Vilayphone, Houngphet Chanthavong, Shinya Takeda and Makoto Kato (2013) "Wild Edible Herbs in Paddy Fields and Their Sale in a Mixture in Houaphan Province, the Lao People's Democratic Republic," *Economic Botany* 67(4), 335-349.

Kuchikura, Yukio (1987) *Subsistence Ecology Among Semaq Beri Hunter-Gatherers of Peninsular Malaysia*, Hokkaido Behavioral Science Report Series E, No. 1, Sapporo: Hokkaido University.

Meijarrd, Erik, Ramadhani Achdiawan, Meilinda Wan and Andrew Taber (2014) *Rattan: A Decline of a Once-Important Non-Timber Forest Product in Indonesia*, Bogor: Center for International Forestry Research.

Ohtsuka, Ryutaro (1985) "The Oriomo Papuans: Gathering Versus Horticulture in an Ecological Context," V. N. Mishra and Peter Bellwood eds., *Recent Advances in Indo-Pacific Prehistory*, New Delhi: Oxford & IBH, 343-348.

Padoch, Christine (1985) "Labor Efficiency and Intensity of Land Use in Rice Production: An

Example from Kalimantan," *Human Ecology* 13(3), 271-289.
Puri, Rajindra K. (2005) *Deadly Dances in the Bornean Rainforest: Hunting Knowledge of the Penan Benalui*, Leiden: KITLV Press.
Roscoe, Paul (2002) "The Hunters and Gatherers of New Guinea," *Current Anthropology* 43(1), 153-162.
Sager, Steven (2008) "The Sky is our Roof, the Earth our Floor: Orang Rimba Customs and Religion in the *Bukit Duabelas* Region of Jambi, Sumatra," PhD dissertation, The Australian National University.
Sahlins, Marshall (1972) "The Original Affluent Society," *Stone Age Economics*, New York: Aldine de Gruyter, 1-39.
Sellato, Bernard (2001) *Forest, Resources and People in Bulungan: Elements for a History of Settlement, Trade and Social Dynamics in Borneo, 1880-2000*, Bogor: Center for International Forestry Research.
Strickland, Simon S. (1986) "Long Term Development of Kejaman Subsistence: An Ecological Study," *The Sarawak Museum Journal* 36, 117-171.
Woodburn, James (1982) "Egalitarian Societies," *Man* (N.S.) 17, 431-451.

4章

新たな価値付けが求められる焼畑

横山　智

はじめに

　環境保護に対する関心の高まりには、2つの時代があったとされる（沼田 1994, 20-28）。第1の時代は、レイチェル・カーソン（Rachel Louise Carson）が『沈黙の春』で警告した農薬の多量利用に対する警告に端を発したエコロジー運動とそれに応える形でさまざまな環境に関する国際会議が開催された1970年代前後である。続いて1980〜90年にかけて、第2の時代が訪れた。環境の持続性と多様性をキーワードとする国際的な自然保護を目標とした環境保護運動の高まりである。IUCN（国際自然保護連合）、WWF（世界自然保護基金）、国連環境計画（UNEP）などの国際機関が1980年に「世界保全戦略」を提言し、1982年のUNEP管理理事会特別会合では、環境と開発をめぐる論議について先進国と途上国とが共通で取り組む「ナイロビ宣言」が提出された。

　環境問題に焼畑が関係してくるのは、第2の時代からである。この時代に、アメリカ航空宇宙局（NASA）が打ち上げた地球観測衛星Landsat-1号（1972年）とLandsat-2号（1975年）の衛星データによって森林面積が減少していく状況が可視化されるようになったことで、生物学者や生態学者が危機感を募らせた。国際連合食糧農業機関（FAO）から出版された森林資源に関する報告書では、熱帯アジアの2,800万人が7,400万ヘクタールの面積で焼畑を営み、焼畑は伐採に次ぐ2番目の森林破壊の原因と見なされた（FAO/UNEP 1981, 86）。

　世界的に環境保護の気運が高まる中で、森林破壊の要因とされた焼畑は、

これまでどのように論じられてきたのだろうか。また、東南アジアの焼畑民は、どのような変化を迎えているのか。本章では、焼畑研究のレビューに加えて、これまで筆者が調査を実施してきた東南アジア大陸部のラオスの事例を交えて、消滅に向かう焼畑に対してどのような価値付けができるのか考えてみたい。

I 焼畑とは何か

1 焼畑の定義

「焼畑とは、ある土地の現存植生を伐採・焼却等の方法を用いることによって整地し、作物栽培を短期間おこなった後放棄し、自然の遷移によりその土地を回復させる休閑期間をへて再度利用する、循環的な農耕である」（福井 1983, 239）。

これを定義した福井勝義は、イギリスの農業地理学者のデイビッド・グリッグ（David B. Grigg）とフィリピンのハヌノー人の焼畑を調査したハロルド・コンクリン（Harold C. Conklin）が、耕作期間よりも長い休閑期間を持つプロセスが焼畑の特徴であると述べていることに着目し（Conklin 1961; Grigg 1974=1977, 76)、焼畑は伐採・焼却よりも休閑による土地回復を強調すべきだとする。よって上述の定義では、焼畑における樹木の伐採と焼却の部分が「伐採・焼却等」と曖昧にされている。福井（1994, 118-119）は、焼畑を意味する"slash-and-burn cultivation（agriculture）"という英語表現は、焼畑の本質を誤解させるもので、焼畑を専門とする人類学者は決して使わないと述べる。[1]

---

[1] shifting cultivation（agriculture）、slash-and-burn cultivation（agriculture）、swidden（cultivation/agriculture）の3つの英語が日本語では同じく「焼畑」と訳されている。最も一般的に使われているのは、shifting cultivation（agriculture）であるが、「切替畑」とか「移動耕作」と日本語に訳されることもある。「移動耕作」と訳されると、森林が破壊されたら、新たな土地に移動する形態の農業がイメージされてしまう。swidden（cultivation/agriculture）は、焼畑を表す最も的確な英語（北イングランド方言）かもしれないが、焼畑の研究を実施していない人にとって、また非英語圏の国々の人にとっては理解することができない単語である。にもかかわらず、伝統的に営まれてきた焼畑が森林破壊の原因ではないということを前提として、英語で焼畑を論じようとすれば、swiddenを使うのが一般的になりつつある。

たしかに、焼畑のプロセスにおいて、樹木を伐採して火を入れるという側面だけがフォーカスされると、森林破壊の原因と見なされかねない。

あまり知られていないが、伐採したあとに火入れを行わずに、伐採した枝葉などを種子や若芽の上にかぶせて自然のマルチをつくる「スラッシュ・アンド・マルチ・システム（Slash-and-multi system）」と称される在来農法が世界各地に見られる。佐藤（1999; 2011）は、スラッシュ・アンド・マルチ・システムを「焼かない焼畑」と称し、焼畑技術の1つの発展型とする。また中野（1995, 91）もスラッシュ・アンド・マルチ・システムの生態学的意味に関して「年中湿潤な熱帯では切り倒された木や刈られた草の微生物による分解が速いから、湿った植物遺体を苦労して燃やす必要は必ずしもないのであろう」と説明し、本質的には焼畑と同じと位置づける。加えて、1年の間に極度に乾燥する季節を有するアフリカのサバンナのような疎林地域では、樹木そのものを伐採しない焼畑も存在する（福井 1983, 244）。

したがって、火入れするかしないか、伐採するかしないかの問題ではなく、焼畑は、耕作期間よりも長い休閑期間を保つ循環型の農業で、その地域の環境に適応した独自の農法という定義になるであろう。福井勝義による焼畑の定義は、焼畑が森林破壊の原因と見なされることがないように慎重に考慮され、火入れや伐採が強調されないように表現されている。本章でも、焼畑とは耕作と休閑の適切なコンビネーションによって成り立っている農法であるという点を重視して議論を進めていく。

2　焼畑の生態

耕作に対して十分な休閑期間を確保することは焼畑を持続的に営むうえで不可欠であるが、焼畑農地を造成する際に植生に火を入れることにも効用があることは、たとえそれが一部の地域で必然ではないにしろ、焼畑の多くが火入れを伴うプロセスで営まれていることから疑いようのない事実である。

ザンビアのベンバ人は、マメ科ジャケツイバラ亜科の疎林（ミオンボ林）

2）マルチとは土壌表面を被覆して作物を栽培する方法で、地表面からの土壌水分の蒸散を防ぐ乾燥防止、および地表面に太陽光を当てず雑草の発生を抑制する効果などが得られる。

図4-1　焼畑の火入れ

出所：2014年3月19日筆者撮影。

図4-2　火入れ後の焼畑耕地

出所：2014年3月19日筆者撮影。

において、その幹を伐採すると樹木の再生が遅れるので、樹上の枝だけを刈り取り、1カ所に集めて火入れをする「チテメネ・システム（citemene system）」と呼ばれる焼畑を実施している（掛谷・杉山 1987; 杉山 1998）。チテメネ・システムは、作物栽培に適した農地を植物バイオマスの焼却によって作り出しているという点で、火入れのプロセスを重視する焼畑である。

また、焼畑を営む人々にとって、伐採した樹木に火を入れるのは、極めて簡単に農地を造成できるという点で大きなメリットがある。ラオス南部のマンコン人の焼畑調査では、わずか1時間で火入れが終了し（図4-1）、1時間前まで藪に覆われていた土地が見事な農地に変わった（図4-2）。限られた労働力で大面積の農地を容易に造成できるという点において、火入れに勝る方法は存在しない。

そして、生態学的には熱帯のような酸性で植物養分に乏しい赤黄色土の土地では、植生を焼却することによって、①熱が雑草種子や病原菌、害虫を駆除し、②灰はアルカリ性なので土壌酸性を中和し、さらに灰のミネラル分が作物養分となり、そして③窒素のほとんどは大気中に放出されるが、地温上昇により土壌有機物からアンモニアが放出され作物養分となる（Nakano 1978; 田中 2015）。しかし、植生を焼却さえすれば、どこでも作物栽培に適した農地が得られるわけではない。火入れをして、作物を栽培することによって、多くの養分が失われるので、長期休閑を保ち植生を十分に回復させなけ

図4-3 焼畑における休閑期間と土地生産力・雑草排除作用

(a) 安定な焼畑

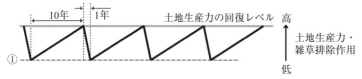

(b) 準安定な焼畑

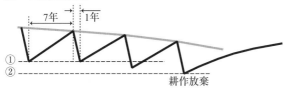

(c) 悪循環な焼畑

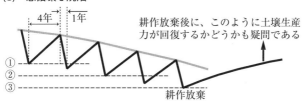

① 短期（1年間）の作付けで土地生産力が低下するレベル
② これ以上生産力を収奪すると簡単には回復を望めない限界的レベル
③ 投入に見合うだけの産出もあげえない極限レベル

出所：Ruthenberg（1971, 45-48）、久馬（1984; 1991）をもとに筆者作成。

れば、火入れの効果は得られない。

耕作と休閑のコンビネーションに関しては、多くの研究者によって科学的な検証がなされているが、本章では、Ruthenberg（1971, 45-48）および久馬（1984; 1991）の研究を参考にして筆者が作成した図4-3を使って説明する。ここでは、図4-3（a）に示すような土地生産力を低下させない「安定な焼畑」の休閑期間を東南アジア大陸部の陸稲栽培を事例として10年、そして耕作期間を1年としている。そして、長期休閑により植生を回復させることで土壌に作物栽培に必要な養分を供給できると仮定する。

しかし、人口増加などの理由で、休閑期間が7年に短縮された場合、図4

−3（b）のように植生の回復が十分でない状態で次の焼畑サイクルを迎える。この状態で火入れをしても、植生の焼却と作物栽培によって失われた養分量を供給できない。このサイクルを繰り返すと、徐々に作物の収量が低下し、簡単には土地生産力の回復を望めない限界的レベル②に達する。こうなると、その土地を長期間放棄して植生を回復させなければならない。これが「準安定な焼畑」である。さらに休閑期間が短縮され4年になってしまった場合、図4−3（c）のように最終的には投入に見合う作物の産出ができない極限レベル③にまで土地生産力が落ちる。この状態では、土地を完全に放棄しても木本植物の再生が困難な「悪循環な焼畑」になる。

しかし、焼畑の生態は土壌養分だけで説明できない点も多い。それは雑草の問題である。耕作期間に対して十分な休閑期間を設けることで、草本植物から木本植物へと植生が遷移すると、雑草種子が死滅するため、開墾1年目の草本雑草を抑えられる。ラオス北部における研究では、長期休閑によって増加する土壌有機物の量よりも雑草の量のほうが陸稲収量に大きく影響するという研究結果が得られている（Roder et al. 1995; 1997）[3]。そして、焼畑民への聞き取り調査では、休閑期間が短くなるにしたがって除草にかかる労働投下量が増加し、1950年代に比べると1990年代の除草作業量は2倍になり、焼畑での陸稲栽培の全労働投下量の40〜50％を占めるようになったという（Roder et al. 1997）。ラオスだけではなく、インドネシアでも除草作業を軽減するために休閑を長くするというデータが得られており（井上 1991）、休閑期間を決める要因は、植生回復による養分供給よりも、むしろ雑草排除に費やされる労働力を低減するために必要なのではないかという見方もできる（百瀬 2010）。したがって、図4−3のグラフ縦軸には土地生産力に雑草排除作用を加えなければならない。

現代農業では、肥料を投入して土壌養分を補い、農薬を散布して雑草繁殖を防いでいるのを、自然の力だけで行うことができる農法が焼畑である。しかし、焼畑耕作が持続的かつ循環的であるためには、長期休閑を維持することが条件となる。

---

3) ただし、この結果を疑問視するBruun et al.（2006）などの論文もある。

図4－4　人口と食料の関係性

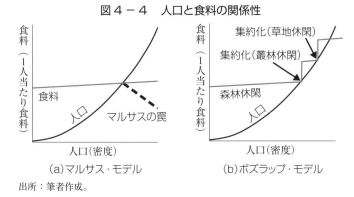

(a)マルサス・モデル　　　(b)ボズラップ・モデル

出所：筆者作成。

3　人口圧と焼畑

　200年以上前、トーマス・ロバート・マルサス（Thomas Robert Malthus）は、人口増加は等比級数的で、人が利用できる資源（＝食料）の増加は算術級数的なので、いずれ人口増加に資源供給が追いつかなくなるとし、そうなったときには、戦争・病気・飢餓などの人口を抑制する「マルサスの罠（Malthusian Catastrophe）」が発生すると予想した（図4－4（a））。マルサスは、食料生産を倍にするには農地面積も倍にする必要があると考えたが、現実の世界では、技術革新（肥料、農薬、農業機械の導入など）によって単位面積当たりの生産量が飛躍的に増加したので「マルサスの罠」を回避することができた。

　マルサスとは異なり、人口圧が高まると、休閑を伴う焼畑よりも集約的な農業へと移行すると説いたのが、エスター・ボズラップ（Ester Boserup）である（Boserup 1965=1975）。ボズラップが提示した農業の発展経路は、ほぼ原生林のような状態に植生が回復する森林休閑（15～25年間）の農耕から、作物を栽培するため必要となる植生の回復が得られる叢林休閑（8～10年間）の農耕へ、さらには草地休閑（1～2年間）、そして毎年耕作を行う一毛作や灌漑化による多毛作や多期作へと土地利用が集約化されるという理論であった（図4－4（b）、表4－1）。

　ここで注意すべき点は、ボズラップも指摘しているが、土地利用の集約化に伴い、労働投入量が増加することである。焼畑の労働生産性は他の農業形

表4-1 土地利用、休閑、耕作頻度、人口密度の一般的関係

土地利用	休閑期間	耕作頻度 (%)*	人口密度 (人／km^2)
森林休閑（Forest Fallow）	15-25年	0-10	0-14
叢林休閑（Bush Fallow）	8-10年	10-40	4-16
草地休閑（Grass Fallow）	1-2年	40-80	16-64
一毛作（Annual Cropping）	数カ月	80-100	64-256
多毛作（Multicropping）	なし	200-300	256以上

注：*Ruthenberg（1971）の定義をもとに、耕作頻度をR＝耕作期間／（休閑期間＋耕作期間）×100として計算。
出所：Boserup（1965），Netting（1993, 264）をもとに筆者作成。

態よりも高いため、焼畑民は農耕以外に、家畜を育てたり、漁労をしたり、森林産物の採取などを行う時間を確保しながら生活を維持してきたのである。しかし、休閑期間が短くなると、除草作業への労働投入量が増加する。こうした複合生業を実践している焼畑民が、単純に土地集約化の方向に進むのであろうか？　焼畑民が労働生産性の高い焼畑を捨てて、土地生産性の高い水田などの農業に転換するという単純化された理論に関しては、さまざまな疑問が生じる。

　例えば、移動の制約がない場合、人口圧が高まれば焼畑民は移動し、それまで置かれていた状況から解放されて、再び労働生産性の高い場所で焼畑に従事することもある（井上 1995, 107-134）。また、ハロルド・ブルックフィールド（Harold Brookfield）は、生存のための食料生産だけが人口を決定するわけではなく、パプア・ニューギニア高地の焼畑では社会的・経済的に重要な家畜飼料のために焼畑が使われることもあると述べる（Brookfield 1972）。グローバル・スケールで過去数百年間の土地利用と人口の変化を解明したEllis et al.（2013）は、人口が指数関数的に増加しているにもかかわらず、さまざまな技術革新（レジームシフト）で困難を乗り切ってきた人類の歴史は、ボズラップの理論の正当性を裏付けるものだとする。しかし、焼畑民の変化は、グローバル・スケールではなくミクロ・スケールで議論しなければならず、一方向的に土地集約化が進展するボズラップの理論は、どの地域に対しても当てはまる普遍的な理論ではないことに注意しなければならない。

また、ボズラップは、経済学的視点から農業集約化に焦点を当てた議論を行っており、休閑期間の短縮による森林劣化は労働投入量の増加によって解決できるかのように考えている。おそらくボズラップは、いずれ焼畑は常畑や水田に置き換わることを予想していたのだろう。しかし、現実の農業の発展経路は地域によって多様である。

Ⅱ　東南アジアの焼畑

1　輪栽様式と地域区分

　佐々木（1970）は『熱帯の焼畑』において、在来の農業形態と焼畑の発展との関係性を検討し、東南アジアの焼畑は、イモ類やバナナなどの栄養繁殖作物を掘棒で点播する「根栽型」と、夏作のアワ・ハトムギ・シコクビエなどのイネ科の雑穀類を中心に各種豆類などを主に手鍬を用いて播種する「雑穀栽培型」に分けることができるとした。

　インドシナ半島から東部インドにかけてのモンスーン・アジアがタロイモとヤムイモ、そしてマレーシア半島部がバナナの栽培起源地であり、東南アジアの熱帯地域で「根栽型」の焼畑が始まった。その後、東南アジアでは「雑穀栽培型」の焼畑が展開し、東南アジアの外延部に相当するフィリピンや中国華南や、東南アジアと接する台湾やアッサムなどで、古い「根栽型」の焼畑と新しい「雑穀栽培型」の焼畑の複合体である「雑穀・根栽型」の焼畑が形成された。しかし、徐々に陸稲の比重が高まり、陸稲だけを栽培するような「陸稲卓越型」の焼畑が、アッサム、インドシナ半島、そしてマレーシアの島嶼部に至る東南アジア全域に広がった。東南アジア大陸山地部では陸稲を1年間のみ栽培する典型的な「陸稲卓越型」の焼畑が形成され、島嶼部では、陸稲を2〜3年間焼畑で連作する焼畑が見られるとした（佐々木1970, 88-89）。佐々木のように、地域間比較によって、輪栽様式を指標に分類するのも東南アジアの焼畑を理解する1つの手法であるが、時代と共に大きく変化するので注意が必要である。例えば、ボルネオ島東カリマンタンのアポ・カヤン地域のケニア人の焼畑を調査した井上（1995, 86-87）によると、2年間作付けする焼畑は実際にはほとんど存在せず、また2年間作付けする

場合でも陸稲の連作は原生林を用いた焼畑に限られ、二次林を利用した焼畑では陸稲―ダイズの輪栽が一般的であると述べている。したがって、現在の東カリマンタンでは、ほとんど2～3年間焼畑で連作する焼畑は見られない。

佐々木と同じく作物構成を指標とした地域類型はSpencer (1966) によっても行われており、他にも耕作と休閑のパターンからタイ北部の民族を比較して焼畑を分類したKunstadter et al. (1978)、経営形態からフィリピンの焼畑を開拓型、安定型、補足型、初期開墾型に分類したConklin (1957) などの研究成果が得られている。しかし、これらの民族誌が世に出てから数十年が経過し、東南アジアの焼畑は大きな変化を経験している。現在、東南アジア各地で焼畑は規制され、その面積は急速に縮小し、消滅の危機を迎えようとしているのである (Padoch et al. 2007)。

2　変化する東南アジアの焼畑

焼畑が消滅に向かう原因について、ジェファーソン・フォックス (Jefferson Fox) らは、中国南西部、ラオス、タイ、マレーシア、そしてインドネシアの事例から、次の6点を指摘している。第1に焼畑民が少数民族として分類されていること、第2に土地利用を森林と常畑に区分すること、第3に森林局（林野局）の力が拡大して森林保護の機運が高まったこと、第4に移住政策、第5に土地の私有化・商品化が進み、また土地に帰属する資源利用が制度化されたこと、そして第6に市場インフラの拡大と工業的農業の進展である (Fox et al. 2009)。これら6点は、相互に関係し合っており、1つの要因だけが焼畑を消滅に向かわせているわけではない。具体的に東南アジアの国では森林保護に向けてどのような政策が立案されたのか、ラオスを事例に説明してみたい。

1985年11月のFAO総会において採択された「熱帯林行動計画（Tropical Forest Action Plan）[4]」を受け、ラオスでは1989年5月に初めて森林保全・保護

---

[4]　生物多様性を維持すると同時に熱帯林破壊に歯止めをかけるために、熱帯林を有する国において、熱帯林の保全、造成、そして適正な利用のための行動計画作成を支援するためにFAOによって実施された事業。

を目的とした「国家森林会議」が開催された。その結果、焼畑による新たな森林開墾を禁止するために、焼畑民に土地を分配することが決定した。その後、1993年に林地を用途別に区分し、実質的に焼畑を行う土地を制限する首相府令（No. 169/PM）が発効され、森林利用が用途制限されると同時に焼畑安定化を実現するための「土地森林分配政策」が全国で開始され、最終的には「森林法」が1996年に制定された。

「土地森林分配政策」では、通常5人の構成員から成る世帯で約1ヘクタールの土地が3区画ほど分配される。しかし、分配されたわずかな土地で焼畑を実施しても陸稲の収量は低くなるばかりである。いわゆる「悪循環な焼畑」は、人口増加によって創出されるのではなく、土地の囲い込みという森林政策によって創出されるのである。

そして、各世帯に分配された土地での焼畑が困難になると、パラゴム植林や商品作物の導入が積極的に進められた（Thongmanivong and Fujita 2006）。農民は商品作物を販売して必要分の米を購入することになった。しかし、商品作物を売っても必要とする米を確保できない世帯も多い。「土地森林分配政策」が実施された村が、すべてこのような危機的な状況になっているわけではないが、筆者はこれまで持続的な焼畑を営み、森の恵みを享受して「豊かな」暮らしを営んでいた村が、この政策が実施されたのちに、生活が一変してしまう事例を何カ所も見ている（横山・落合 2008）。

また、ラオス政府はIUCNの支援で「国家生物多様性保護区」（NBCA）を設定した。2010年時点で、ラオスのNBCAは20カ所で国土面積の約14％を占め、生物の保護に大きく貢献している。しかし、何世紀も前から居住していた少数民族の土地が、現地の意向を踏まえずにNBCAとして囲い込まれ、移住を余儀なくされたり、移住はしなくても伝統的な生業活動を制限されたりする事例が報告されている（Poffenberger 1999, 82-89）。

なぜ焼畑が悪者扱いされ、消滅の一途をたどるのか？　それは、民族的マジョリティとなっている低地民が山地に住む焼畑民のことを原始的で遅れた人々で、焼畑民は条件が整えば、焼畑をやめて常畑や水田に転換するであろうと考えているからである。ジェームス・スコット（James Scott）は、山地民が焼畑を実施しているのは、国家の空間外にとどまるための政治的選択だ

と述べる（Scott 2009＝2013, 193-197）。その理論は、若干、飛躍しすぎているのではないかと思う側面もあるが、焼畑の労働生産性の高さは決して遅れた人々の農法とは言えないし、焼畑陸稲作は水田水稲作に取って代わるべき農法と言い切れる根拠もないので、おおむね間違っていない。すなわち、山地に住む焼畑民は焼畑を行う理由があり、それは水田のような他の農法と比較しても、決して見劣りしていないからと考えるのが妥当なのである。

3　焼畑を再評価する試み

　先人たちは、土地に合った耕作と休閑のパターンを守り、焼畑を何世紀にもわたって存続させてきたが、人口増加という社会的要因と土地の商品化という経済的要因に加えて、森林政策や焼畑を営む少数民族を管理するという政治的要因によって、焼畑は縮小の一途を辿っている。しかし、縮小する焼畑に対して、再評価する動きも見られる。

　これまで農多様性（Agrodiversity）を提唱してきたブルックフィールドは、地域の環境に適応した混作パターンや自然条件の異なる耕地の使い分けなど、小農の実践は食料生産と生物多様性保全の両方に寄与すると論じ、事例として挙げたボルネオでは、陸稲主体の焼畑に古くからゴムなどの現金収入源となる樹木を組み込んだ複合生業の形態を高く評価している（Brookfield 2001, 103-122）。2000年以降、こうした焼畑民に対する積極的な評価が多く見られるようになった。例えばマルコルム・ケアンズ（Malcolm Cairns）が編集した合計800ページを超える大書 *Voices from the Forest* には、69本の焼畑や在来農法の論文が含まれているが、それらのほとんどが、焼畑休閑地の経済的・生態的価値、またアグロフォレストリー的な土地利用を実践する休閑地管理を肯定的に捉えている（Cairns 2007）。続く2015年にケアンズは998ページに52本の論文を納めた *Shifting Cultivation and Environmental Change* を編者として出版する（Cairns 2015）。この *Shifting Cultivation*…は、いかに焼畑民が変化に対応しているのかという視点で論じられる。興味深いのは、第1章のイントロダクションに、焼畑研究およびアグロフォレストリー研究の第一人者であるマイケル・ダブ（Michael R. Dove）、ハロルド・ブルックフィールド、キャロル・コルファー（Carol J. Pierce Colfer）、ジョン・レイントゥリー（John

Raintree)、尹 紹亭、ピーター・クンスタッター（Peter Kunstadter）といった、在来農業や焼畑を調査してきた研究者の論文を配している点である。総じて、彼らは焼畑を肯定的に捉えている。

　これらの研究は、現代農業のあり方を捉え直そうとするものであり、同時に今後さらに加速するグローバル化に対して自給的農業を営む焼畑民の生活をいかに守っていくことができるのかを問うている。したがって、焼畑の価値を問うという作業は、単に「かつての農業は自然と調和していた」という懐古主義的な考え方ではなく、現代農業と比べても決して劣らないという視点から論じる必要があり、パラダイムの転換が今後の焼畑研究に強く求められるであろう。

Ⅲ　ラオスの焼畑

　焼畑民は貧しいのか、また焼畑民は環境を破壊してきたのか？　それを判断するためには、焼畑民の生業を正しく理解することが必要である。そこで、筆者が調査を行ったラオス北部のルアンパバーン県ゴイ郡パークルアン（Pak Luang）地区（図4-5）の焼畑民の経済活動について述べ、焼畑がいかなるベネフィットをもたらし、焼畑民がどのようにその環境を維持してきたのか示したい。[5]

1　焼畑民の経済

　パークルアン地区には、中低地から高地にかけてラーオ（Lao）、カム（Khmu）、モン（Hmong）の3民族の集落が立地しており、ラオス北部山地部の縮図のような地域である。2000～02年にかけて16集落（11集落がカム、3集落がモン、1集落がラーオ、そして1集落がラーオとカムの混住集落）を対象に調査を実施した。[6] 2001年末時点における当地区の世帯数は543で、人口は2,984、その民族構成比はカム、ラーオ、モンが、それぞれ69.8％、15.5％、

---

[5]　本節は拙稿Yokoyama（2004）および横山（2013）をもとに再構成している。詳しい内容は、それらを参照のこと。

図4-5　ラオス北部ルアンパバーン県ゴイ郡パークルアン地区

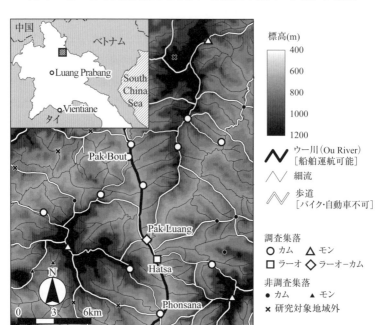

出所：筆者作成。

14.7％であった。なお、当地区に車両が通行できる道路はないので、河川沿いの集落にはウー川を運行する船で行き、内陸の集落には船を降りたあとに徒歩で数時間歩かなければ村にアクセスできない。そして、どの集落にも電気と上水道はない。日用品などは川沿いのパークブット（Pak Bout）とポンサナ（Phonsana）で10日に1度開催される定期市、もしくはパークルアンとハートサー（Hatsa）の雑貨店が提供しているが、購入できる品物は限られている。ラオスの中でも最もアクセスのしづらい遠隔地で、かつインフラも

6）　本節では2000〜2002年に取得したデータを用いて論じるが、2011年3月に再訪した時点でも「土地森林分配政策」が当地区では実施されておらず、焼畑に対する実質的な規制は行われていなかった。よって、研究対象地域における生業構造は、最初に調査を実施してから大きな変化はなく、当時のデータを用いて焼畑民の生業を論ずることに問題はない。

整っていない地域である。

　II-2で述べたように、ラオスでは「土地森林分配政策」が実施されたことで、自給的焼畑の多くが消滅しているが、パークルアン地区では「土地森林分配政策」は実施されていない。また当地区の常畑は飼料用のキャッサバに限られており、道路がないことから、トウモロコシのような商品作物を栽培する常畑やパラゴムのような植林地もない。したがって、住民のほとんどは焼畑での陸稲栽培により食料を自給し、日用品などを購入するための現金は、焼畑で陸稲と混作するゴマなどの商品作物と休閑地で採取する森林産物を販売することで得ていた。

　自給的焼畑だけで十分な生活ができるのかを明らかにするため、パークルアン地区の16集落において村長の助言をもとに、上中下の3つの経済レベルから偏りがないように世帯を選択し、計160世帯の経済活動データを取得した。その結果、現金収入源となっている活動は、自給目的の焼畑陸稲作ではなく、商品作物栽培、森林産物採取、漁労、そして家畜飼育であり、その傾向は民族によって異なっていた（図4-6）。取得したデータから世帯収入の56.7％が森林産物の販売によることが明らかになった。特にラオス北部で最大の民族であり、この地域の原住民とされるカムは、森林産物の販売による収入が他のラーオやモンと比較して極めて多いことも判明した。なお、モンの集落が商品作物栽培で他の集落よりも多くの収入を得ていたのは、ケシ栽培による収入があったからである[7]。

　160世帯のうち農外活動に全く従事していない136の農家世帯の年平均収入を計算すると約257ドルであった。ちなみに、公務員である小学校教諭（森林産物の仲買人が多く居住するハートサー（Hatsa）村の小学校に勤務）の月給や手当から推計した年収は311ドルであった。道路もない遠隔地の焼畑民の年収と公務員の年収の差はわずか54ドルである。農家世帯では焼畑で米を自給していることを考慮すれば、勤務時間の制約から焼畑を営むことができない教師は、政府から支給される給与で米を購入しなければならず、米の購入費

---

[7] ケシ栽培に対する取り締まりは非常に厳しくなっており、現在はほとんど収入源となっていない。

106　第2部　生業から地域の将来像を描く

図4-6　研究対象地域における集落ごとの経済活動（2001年）

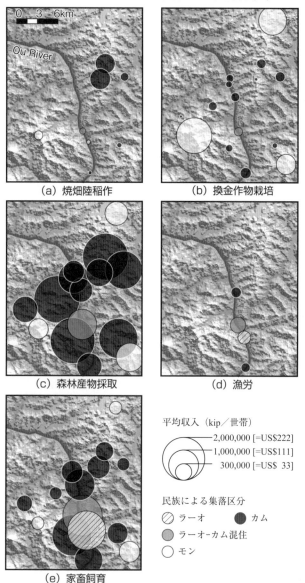

注：2001年12月における両替レートは1ドルに対しラオス・キープが9,000kipであった。
出所：筆者作成。

を差し引くと、おそらく焼畑民のほうが経済的には豊かであろう。その豊かさをもたらしていたのが森林産物である。

2 焼畑休閑地の価値

パークルアン地区で販売されている森林産物を表4-2に示す。カルダモンや芳香性樹脂の安息香など、合計7種の森林産物を販売しており、ラタンを除く6種類の森林産物は焼畑休閑地から採取されていた。森林産物のうち、

表4-2 ラオス北部ルアンパバーン県ゴイ郡パークルアン地区の森林産物の特徴

森林産物名 (販売部位) 植物学名	採取地	輸出先	価格*	特徴と利用
カルダモン (実) *Amomum villosum*	休閑地 5年以上	中国 ベトナム 韓国	B	栽培されている場合もあるが、パークルアン地区では野生を採取。実は胃薬として、またスパイスとして利用される。
安息香 (樹脂) *Styrax tonkinensis*	休閑地 5年以上	フランス ドイツ	A	ラオスのトンキンエゴノキから産出される樹脂は世界市場では「シャム安息香 (Siam benzoin)」と称される。薬や香料などさまざまな用途で利用される。
プアックムアック (樹皮) *Boehmeria* sp.	休閑地 3年以上	中国	C	イラクサ科の*Debregeasia longifolia*と同定されることもある。線香を固める糊または膠として使われる。地域によりサーパンとかナンニャオと称される。
カジノキ (樹皮) *Broussonetia papyrifera*	休閑地 3年以上	タイ	C	手漉き紙の原料として利用する。一部は国内で利用されるが、ほとんどはタイに輸出される。
ラタン (実) *Calamus* sp.	古い森林	中国	C	多くの種類があり、種の同定は困難。実は漢方薬の原料となる。
ナンキョウ (実) *Alpinia galangal*	休閑地 5年以上	中国	C	中国で「紅豆蔲」と呼ばれ、腹痛などの薬として利用される。
タイガーグラス (花) *Thysanolaena latifolia*	休閑地 1～2年	タイ 中国	C	箒の原料として利用。

注：*価格は変動が激しいので、A：1ドル／kg以下、B：5ドル／kg以下、C：5ドル／kg以上の3区分に分類した。

図4-7 トンキンエゴノキからしみ出る安息香樹脂

出所：2001年5月筆者撮影。

カルダモンの実、カジノキの樹皮、ラタンの実、ナンキョウの実、そしてタイガーグラスの花は、ラオス山地部ではどこでも採取可能な種類である。ところが、プアックムアックはラオス北部でしか採取されず、また安息香を産出するトンキンエゴノキは、ラオス北部の山地部ではよく見かけるが、安息香樹脂は限られた環境でしか得られないものである（図4-7）。

　すべての森林産物に共通する点は、地元住民はそれらを日常生活で利用することなく、換金目的のためだけに採取していることである。現地の老人に森林産物採取の開始時期について尋ねたところ、安息香とカルダモンの採取は、親の世代（1910年前後）にはすでに行われていたという。ほかの森林産物は、1980年代後半に中国およびタイとの国境が開放されてから、地区外の仲買人の要望に応じて採取され始め、パークルアン地区のような遠隔地の焼畑民にとって重要な現金収入源となった。安息香に関しては、16世紀にラオスを訪れたヨーロッパの伝道師の旅行記に「ラオスの安息香はオリエントでは最も品質が良く、当時の王が安息香によって多大な利益を上げていた」と記されており（Ngaosrivathana and Ngaosrivathana 2002）、何世紀にもわたって採取が行われてきたことがわかる。

　安息香を産出する早生樹のトンキンエゴノキは、より大きな樹木が生育して日差しが遮られると枯れてしまう陽樹である。したがって、12～13年ほどの休閑地になると、トンキンエゴノキは見られない。焼畑民は、トンキンエゴノキの生理的特性を理解しており、休閑5～6年目あたりから安息香を3～5年連続して採取し、それが枯れる頃に火入れをするというサイクルを何世紀も続けてきたと考えられる。実際、パークルアン地区の焼畑は、

2000 〜 02年の調査時には、 8 〜 12年サイクルで実施されていた。トンキンエゴノキの再生と安定した安息香樹脂の採取を可能にするために、比較的長期の休閑期間を維持してきたのである。当地区の焼畑は、焼畑民の在来知とその継承によって、陸稲栽培とトンキンエゴノキの自然再生の両方をどちらも犠牲にすることなく実践されていた。

以上の結果より、ラオス北部の焼畑民は、耕地から二次林へと自然植生が遷移する異なるステージのさまざまな生態系から、異なる種類の有用植物を採取し、それらの販売によって収入を得ている。焼畑によって創り出される生態的な連続性が焼畑民の生活を支えているのである。

おわりに

ラオスの焼畑民は、単に地力を回復させるため、また雑草を抑制させるために、長期間の休閑を維持しているのではなく、森林産物という資源を採取するために長期間の休閑を維持させていた。加えて、本章では紙幅の関係で触れることができなかったが、焼畑休閑地は牛の放牧地としても（Shirai and Yokoyama 2014）、また日常生活で利用される各種の動植物資源の供給の場としても（落合・横山 2008）機能している。水田が造成できないから焼畑を続けているという消極的な理由ではなく、山地では焼畑休閑地から得られるさまざまな自然の恵みを享受することができるから積極的に焼畑を続けているのである。したがって、焼畑は生態的だけでなく経済的にも決して常畑や水田に劣らない農法である。

労働生産性の高い焼畑と休閑地における森林産物採取を組み合わせた生業形態は、極めて高い環境収容力を有していると考えることができ、ラオスのパークルアン地区においては、人口が増加するに伴い、一方向的に土地集約化が進展するというボズラップの理論は当てはまらない。なぜなら、ボズラップの理論では休閑地は何も産出しない空間として論じられているからである。休閑地から得られる森林産物による現金収入や日常生活で利用される各種資源を考慮すれば、人口と食料供給だけで計算される単純な環境収容力は、地域によっては無意味である。

ただし、現実問題として、今後も焼畑民は人口増加や森林破壊といった問題と対峙し続けなければならないだろう。焼畑を存続させるために直面している自然・社会・経済的問題は多い。焼畑民はどのような選択を迫られ、いかに対処するのか。焼畑民にとって最適な選択ができるように世界各地の焼畑民の事例を蓄積し、議論する場が必要となる。そのときの１つの考え方として、ラオスの事例のように、焼畑民の生業と空間の関係を動態的に理解する考え方を普及することは有効だと思われる。特定の空間に生育する植物の種類は、時間と共に変化するため、一時的な時間と特定の空間だけから焼畑民の生業構造を把握することは困難である。焼畑は、耕地と休閑期間の異なる複数の焼畑休閑林からなる空間であり、それぞれの空間を分け隔てて考えることはできない。今後も焼畑を残そうとするのならば、休閑地から採取されるさまざまな森林資源に着目し、焼畑を「連続性」の視点から再考すれば、従来とは異なる焼畑の価値を見出すことができるはずである。

引用・参考文献

井上真（1991）「東カリマンタン州における焼畑農業の生産関数」『森林文化研究』12, 47-53.

井上真（1995）『焼畑と熱帯林——カリマンタンの伝統的焼畑システムの変容』弘文堂.

落合雪野・横山智（2008）「焼畑とともに暮らす」横山智・落合雪野編『ラオス農山村地域研究』めこん, 311-347.

掛谷誠・杉山祐子（1987）「中南部アフリカ・疎林帯におけるベンバ族の焼畑農耕」牛島巌編『象徴と社会の民族学』雄山閣出版, 111-140.

久馬一剛（1984）「焼き畑農業の生態学」『サイエンス』14(4), 20-23.

久馬一剛（1991）「熱帯の焼畑」『熱帯農業』35, 298-301.

佐々木高明（1970）『熱帯の焼畑——その文化地理学的比較研究』古今書院.

佐藤廉也（1999）「熱帯地域における焼畑研究の展開」『人文地理』51(4), 375-395.

佐藤廉也（2011）「アフリカから焼畑を再考する」佐藤洋一郎監修, 原田信夫・鞍田崇編『焼畑の環境学——いま焼畑とは』思文閣出版, 427-455.

杉山祐子（1998）「「伐ること」と「焼くこと」——チテメネの開墾方法に関するベンバの説明論理と「技術」に関する考察」『アフリカ研究』53, 1-19.

田中壮太（2015）「水食：東南アジアの山の農業と水食とのたたかい」日本土壌肥料学会編『世界の土・日本の土は今——地球環境・異常気象・食料問題を土からみると』農山漁村文化協会, 24-31.

中野和敬（1995）「焼き畑と森林生態」田村俊和・島田周平・門村浩・海津正倫編『湿潤

熱帯環境』朝倉書店, 88-111.
沼田真（1994）『自然保護という思想』岩波新書.
福井勝義（1983）「焼畑農耕の普遍性と進化——民俗生態学的視点から」大林太良編集代表『山民と海人——非平地民の生活と伝承（日本民俗文化大系 5 ）』小学館, 235-274.
福井勝義（1994）「自然の永続性——焼畑と牧畜における遷移と野火の文化化」掛谷誠編『環境の社会化——生存の自然認識（講座 地球に生きる 2 ）』雄山閣出版, 115-142.
百瀬邦泰（2010）「焼畑を行うための条件」『農耕の技術と文化』27, 1 -20.
横山智・落合雪野（2008）「開発援助と中国経済のはざまで」横山智・落合雪野編『ラオス農山村地域研究』めこん, 361-394.
横山智（2013）「生業としての伝統的焼畑の価値——ラオス北部山地における空間利用の連続性」『ヒマラヤ学誌』14, 242-254.

Boserup, Ester (1965) *The Conditions of Agricultural Growth: The Economics of Agrarian Change under Population Pressure*, London: Allen & Unwin (＝1975, 安澤秀一・安澤みね訳『農業成長の諸条件——人口圧による農業変化の経済学』ミネルヴァ書房).
Brookfield, Harold C. (1972) "Intensification and Disintensification in Pacific Agriculture: A Theoretical Approach," *Pacific Viewpoint* 13(1), 30-48.
Brookfield, Harold C. (2001) *Exploring Agrodiversity*, New York: Columbia University Press.
Bruun, Thilde B., Ole Mertz and Bo Elberling (2006) "Linking Yields of Upland Rice in Shifting Cultivation to Fallow Length and Soil Properties," *Agriculture, Ecosystems & Environment* 113 (1), 139-149.
Cairns, Malcolm ed. (2007) *Voices from the Forest: Integrating Indigenous Knowledge into Sustainable Upland Farming*, Washington, D. C.: RFE Press.
Cairns, Malcolm ed. (2015) *Shifting Cultivation and Environmental Change: Indigenous People, Agriculture and Forest Conservation*, London: Routledge.
Conklin, Harold C. (1957) *Hanunóo Agriculture: A Report on an Integral System of Shifting Cultivation in the Philippines*, Rome: Food and Agriculture Organization of the United Nations.
Conklin, Harold C. (1961) "The Study of Shifting Cultivation," *Current Anthropology* 2(1), 27-61.
Ellis, Erle C., Jed O. Kaplan, Dorian Q. Fuller, Steve Vavrus, Kees K. Goldewijk and Peter H. Verburg (2013) "Used Planet: A Global History," *Proceedings of the National Academy of Sciences* 110(20), 7978-7985.
FAO/UNEP (1981) *Tropical Forest Resources Assessment Project: Forest Resources of Tropical Asia*, Rome: FAO.
Fox, Jefferson, Yayoi Fujita, Dimbab Ngidang, Nancy Peluso, Lesley Potter, Niken Sakuntaladewi, Janet Sturgeon and David Thomas (2009) "Policies, Political-economy, and Swidden in Southeast Asia," *Human Ecology* 37(3), 305-322.
Grigg, D. B. (1974) *The Agricultural Systems of the World*, New York: Cambridge University Press, 57-74 (＝1977, 飯沼二郎・山内豊二・宇佐美好文訳『世界農業の形成過程』大明堂, 76-98).
Kunstadter, Peter, E. C. Chapman and Sanga Sabhasri eds. (1978) *Farmers in the Forest: Economic Development and Marginal Agriculture in Northern Thailand*, University Press of Hawaii for

the East-West Center.
Nakano, Kazutaka (1978) "An Ecological Study of Swidden Agriculture at a Village in Northern Thailand," *Southeast Asian Studies* 16, 411-446.
Netting, Robert M. (1993) *Smallholders, Householders: Farm Families and the Ecology of Intensive, Sustainable Agriculture*, California: Stanford University Press.
Ngaosrivathana, Mayoury and Pheuiphanh Ngaosrivathana (2002) "Early European Impressions of the Lao," Mayoury Ngaosrivathana and Kennon Breazeale eds., *Breaking New Ground in Lao History*, Chiang Mai, Thailand: Silkworm Books, 95-149.
Padoch, Christine, Kevin Coffey, Ole Mertz, Stephen Leisz, Jefferson Fox and Reed Wadley (2007) "The Demise of Swidden in Southeast Asia? Local Realities and Regional Ambiguities," *Geografisk Tidsskrift (Danish Journal of Geography)* 107(1), 29-42.
Poffenberger, Mark ed. (1999) *Communities and Forest Management in Southeast Asia: A Regional Profile of the Working Group on Community Involvement in Forest Management*, Gland, Switzerland: IUCN.
Roder, Walter, S. Phengchanh and B. Keoboulapha (1995) "Relationships between Soil, Fallow Period, Weeds and Rice Yield in Slash-and-Burn Systems of Laos," *Plant and soil* 176(1), 27-36.
Roder, Walter, S. Phengchanh and B. Keobulapha (1997) "Weeds in Slash-and-Burn Rice Fields in Northern Laos," *Weed Research* 37(2), 111-119.
Ruthenberg, Hans (1971) *Farming Systems in the Tropics*, Oxford: Clarendon Press.
Scott, James C. (2009) *The Art of Not Being Governed: An Anarchist History of Upland Southeast Asia*, New Haven: Yale University Press (=2013, 佐藤仁監訳『ゾミア──脱国家の世界史』みすず書房).
Shirai, Masaki and Yokoyama, Satoshi (2014) "Grazing Behavior and Local Management of Cattle and Buffaloes in Rural Laos," Satoshi Yokoyama, Kohei Okamoto, Chisato Takenaka and Isao Hirota eds., *Integrated Studies of Social and Natural Environmental Transition in Laos*, Tokyo: Springer, 63-84.
Spencer, Joseph E. (1966) *Shifting Cultivation in Southeast Asia*, Berkley & Los Angeles: University of California Press.
Thongmanivong, Sithong and Yayoi Fujita (2006) "Recent Land Use and Livelihood Transitions in Northern Laos," *Mountain Research and Development* 26(3), 237-244.
Yokoyama, Satoshi (2004) "Forest, Ethnicity and Settlement in the Mountainous Area of Northern Laos," *Southeast Asian Studies* 42(2), 132-156.

5章

転換期を迎えた水田稲作

岡本郁子

はじめに

　東南アジア地域は過去1世紀の間に飛躍的な経済発展を遂げた。この過程で経済構造が大きく変わり、長い間にわたって人々の生活・社会基盤であった農業部門は性格を変えながら、縮小を続けている。現在、東南アジアの水田稲作は将来の方向性を模索すべき転換期に再び入ったとも言える。

　過去1世紀あまりの東南アジアの水田稲作の展開を振り返ると、3つの大きな変化があった。最初のそれは、20世紀初頭の植民地支配下での自給的生産から商業的生産への転換である。植民地統治のもと、東南アジアは自国や他の植民地向けの食料供給基地となることを強く求められた。その結果、水田稲作は商業的生産に向けて大きく性格を変え、世界市場の中に急速に組み込まれていった。

　第2の変化は、1960年代から80年代までの「緑の革命」と呼ばれる技術革新によってもたらされた。第二次世界大戦後に独立した東南アジアの国々は経済的自立と成長を模索する中で、急激な人口増加と工業化を支えるために食料増産を急ぐ必要があった。それを可能にしたのが緑の革命である。その過程で、緑の革命は水田稲作の経営を高投入なものに変えただけでなく、稲作の商業化をいっそう加速させ、稲作に基盤を置く伝統的な農村社会構造にも大きな影響を与えた。

　第3には、1970年代から現在に至るまでの経済成長と工業化、都市化の影響に起因する変化である。東南アジア各国が工業化を進め経済成長を図る過程で、生業としての農業、水田稲作の位置づけは急速に縮小していく。農村

部に住む人々の所得源の多様化が進んだだけでなく、都市・工業部門に労働力が農村部から流出し、その結果として農作業の機械化が進むと同時に耕作放棄地などの問題も顕在化していった。

　本章は、以上の3つの大きな変化に関するこれまでの主な研究成果を踏まえながら、東南アジア地域での生業としての水田稲作の位置づけを丹念に整理していく。第3の変化を考えるにあたって、具体例としてミャンマーの水田稲作の変容をやや詳しく取り上げる。ミャンマーの水田稲作は現在も経済的に重要な位置を占めるものの、半世紀にわたる土地保有、生産、流通のすべての面で国家が深く介入する時代は終わり、本格的な工業化に向けた新たな発展フェーズに入ろうとしている。その意味で、東南アジアの稲作部門の将来展望を占うには格好の題材となるだろう。最後に今後の研究課題を提示してまとめに代える。

I　商業的生産の基盤形成——植民地統治の食料基地としての発展

　東南アジア地域の住民の主な食糧はコメである。したがって、水田稲作は長い期間にわたってまさに家族が生存していくうえで必要な日々の糧を生み出す営みであった。しかし、18世紀中にまずは東南アジア島嶼部が、そして遅れて19世紀後半に大陸部が植民統治下に入ったことでその営みは大きな変化を余議なくされた。ヨーロッパ市場でのコメ需要が増加しただけでなく、新たに植民地に組み込まれた土地でのコメ需要が急速に拡大したからである。コメ需要の急増は、水稲農家に自給量を超えた生産を促し、その過程で東南アジアの水稲作の商業的生産の基盤が形作られていった。

　世界市場向けのコメ生産が顕著な形で拡大したのが、東南アジア大陸部である[1]。ベトナム、タイ、ビルマ（ミャンマー）のそれぞれの王朝は、社会の安定には食糧供給の安定が不可欠だとして、コメの輸出を原則禁じていた。しかし、ベトナムがフランス、ビルマがイギリスの植民地支配下に入り、タ

---

[1]　大陸部の水田開拓の歴史の詳細に関しては、ビルマについては斎藤（2001）、Adas（1974）、タイに関しては　石井（1975）、宮田（2001）、原（2013）、ベトナムに関しては　桜井（1999）、高田（2001）などを参照のこと。

イも植民地化こそ逃れたもののイギリスの政治的圧力のもとで不利な通商条約（ボーリング条約）を締結して以降、いずれの王朝も1800年代半ばまでにコメ輸出の解禁に踏み切らざるをえなかった。この頃から世界のコメ需要は急増していく。ヨーロッパでは主として製本業のための糊、蒸留酒製造の原料、家畜の飼料、あるいは貧困層の食料として、一方植民地では労働者の食料としてコメが必要となったのである。こうした需要の急増に対応するために広域の貿易が必要となったが、それを後押ししたのがスエズ運河の開通や大型輸送船の出現による長距離運搬コストの低下であった。一大生産基地となったメコン、チャオプラヤ、エーヤーワディの三大デルタ地域のコメ輸出の合計は、1870年代の140万トンから1900年代初めには400万トン、1930年代には800万トンを超えた。1930年代のそれは世界のコメ輸出量の90％以上に相当した（Barker et al. 1985, 187）。

　これらのデルタには河川の氾濫により肥沃な土壌が毎年運び込まれる。そのため、水をコントロールさえできれば、デルタは肥料なしでのコメ栽培が可能な良い条件の農耕地であった。そこで、開拓に必要な労働力と資本をいかに調達するかが発展の鍵となった（原 2013, 87-88, 115-116）。

　タイでは水の制御を目的として水路・運河の掘削が行われた。当初は王朝が華僑の労働力を用いて掘削を始めたものの資金難に直面したため、その後民間企業（運河開発会社）に事業が任された。これらの企業には開拓事業の見返りとして農地の売却権と運河通行税の課税権が与えられた（高谷 1990, 136-137）。水路が整備されて営農、居住環境が整うと、デルタ域外の人々の新規開拓地への入植が促された。これらの開拓地で生産されたコメは基本的に輸出向けであり、その輸出にあたっては欧米系商社とともに、コメビジネスに参入した華僑・華人系資本が大きな役割を果たした（宮田 2001, 178）。

　ベトナムのメコン・デルタでも20世紀初頭に植民地政府が主導して運河の掘削が進められた。ベトナムの場合、運河掘削の労働力に囚人労働や周辺村落からの賦役が充てられた。新規開拓地を含めた未登記の土地は国有地とされ、これらの土地は民間へ払い下げられた。こうした払い下げは、現地の住民よりも、稲作の商業的発展を見込んだ投機目的を持つフランス人に対して行われた。この民間払い下げがその後のメコン・デルタでの大土地所有制の

発達につながっていく。1920年代以降にはフランス資本の流入によって水田開拓がいっそう進むことになるが、同時に地主への土地集積も加速した（高田 2001, 209-214）。

一方、ビルマのエーヤーワディ・デルタでは、治水は運河・水路掘削ではなく輪中堤の建設によって行われた。エーヤーワディ・デルタは、もともと人口が希薄で猛獣が跋扈するような土地であり、その開拓には周辺地域または上ビルマ地域から労働者の投入が不可欠であった。当時のコンバウン王朝は両地域間の住民移動を制限していたが、イギリス植民地政府の求めに応じて住民の自由通行を保障する条約を1862年に結び、その結果労働者のデルタへの流入が加速していった（斎藤 2001, 152-156）。しかし、上ビルマから南下・入植する労働者だけでは不十分と考えた植民地当局はインドから大量の労働者の投入を試みる。ただし、実際にはインド人労働者は当初農業部門に向かわず、むしろ精米、港湾労働、鉄道建設などに従事する者が多かった。しかし、その後インド人労働者が農作業にも従事するようになると、農作業の細分化、ビルマ人、インド人の間での分業が進み、それをもってファーニヴァル（J. S. Furnivall）はビルマの稲作を「工業的農業」と呼んだ（Furnivall 1957）[2]。それと並行して、農地はベトナムの場合と同様に投機の対象となり、土地の売買・移転が活発となっていったとされる。

以上のように、コメの世界需要の増大という大きな刺激を受けて、未開拓地に資本と労働力が投入されて大陸部の三大デルタの水田稲作は発展していった[3]。稲作に投入された資本は、ベトナム、ビルマの場合は海外資本、タイの場合は基本的に国内資本という点では異なる。しかし、資本を持つ者が農地を購入して営む生産活動という点では共通しており、これを原（2013, 31）は「農業資本主義」と性格づけた。まさしく、19世紀から20世紀初頭にかけての東南アジア大陸部の稲作は、資本主義の大きな洗礼を受けたのである。自分が食べるだけを生産するコメ作りとは性格が一変し、少しでも大き

2）ファーニヴァルの「工業的農業論」を再検討したものとして髙橋（1985）がある。
3）こうした輸出に牽引されて遊休資本（この場合土地）が活用された発展を「余剰のはけ口」的発展と言う。3つのデルタの中では、ビルマのそれが最も典型的な形と言えるだろう（原 2013, 116-118）。

な利益を求めるコメづくりである。高谷 (1990, 135-140) はこうしたコメづくりをプランテーション型「ギャンブラーのコメづくり」と呼んだ。そして、新しい土地への新たな労働者の流入・移動を繰り返して形成されていった農村社会の人間関係は概して希薄なものとなり、その結果共同体的な規制が緩く、むしろ個人が優先される社会となった（桜井 1999, 120）。

一方、大陸部よりもやや早い時期に植民地統治下に入った東南アジア島嶼部でも19世紀以降、水田面積は拡大した。ただし、それは大陸部のように世界需要の拡大に呼応したものではなく、むしろ人口増加への対応としての拡大であり、その意味で自給的性格が強かった（加納 2001, 300-302）。とはいえ、他の輸出向け作物の拡大・増産政策が推進されたことが、稲作の自給生産的な性格をいっそう強めた側面もある。その意味で島嶼部の稲作は、稲作以外の農作物生産の商業化を支えたものとして捉えることができる。

例えば、インドネシアのジャワがその端的な例である。ジャワは1850年代頃まではコメの輸出能力を持っていた。オランダ植民地政府は1830年にヨーロッパ市場向け換金作物の栽培を拡大するために村落の水田と労働力の5分の1を換金作物に割り当てねばならないという「強制栽培制度」を導入した。とはいうものの、導入当初は換金作物だけでなくコメ生産にも注力するよう植民地政府が監視していたこともあって水稲面積が極端に減少することはなかったのである。しかし、その後、植民地政府が輸出向け作物栽培を優先する傾向を強めたことや稲作部門も人口増に見合うだけの増産が困難となった結果、1870年代以降にはコメは輸入に依存せねばならなくなった（大木 2001, 224）。こうした状況にあったインドネシア農業を原 (2013, 128) は「既存の生態系の上に、植民地的な輸出農業が、いわば「重ね置き」された」と特徴づけている。水田経営はサトウキビ栽培の輪作の導入など労働集約度を高める方向で展開せざるをえず、その意味で内向きに発展していった。こうした内向きの発展をギアツは農業の「インボリューション」と呼んだ (Geertz 1963)。

島嶼部の農民は自給的性格が強く低位安定的な稲作を生活基盤としたがゆえに、高い利益を得ることよりもむしろリスクの回避、生存維持を優先し、それが共同体的規範を尊重する社会の形成につながったと考えられる（桜井

1999, 120)。このように、大陸部と島嶼部の水稲作の展開パターンの相違が、それぞれの農村地域社会のあり方にも明確なコントラストをもたらしたのである。

II 水田稲作の集約化と商業化——「緑の革命」がもたらしたもの

植民地支配からの独立後、東南アジアの農業・農家の生計向上に関しては当初悲観的な見解を持つ研究者が多かった（Geertz 1963）。しかし、実際には稲作を中心に生産性は飛躍的な向上を見せた。それが緑の革命である。アメリカのロックフェラー財団の支援による途上国での食糧増産プロジェクトが契機となって[4]、東南アジアの各国政府がコメ増産に対する大規模な投資・支援を展開した。緑の革命は種子・肥料革命とも呼ばれるように、肥料の多投と適切な水管理によって在来種より高い収量を実現する高収量品種の開発と普及を指す。緑の革命の始まりと普及のスピードは国によって異なるが、全体として1900年代半ば以降の急速な人口増加を上回るコメの増産を実現したという点で革命の名にふさわしいものであったことは間違いない（菊池 2004）。

De Koninck et al.（2012, 25）は、東アジアと東南アジアの農業近代化を比較・検討して、前者は土地改革を通じた近代化だったのに対し、後者は技術採用を通じた近代化と性格づけている。緑の革命の急速な拡大と浸透は、技術革新に対し東南アジアの農家が実にすばやく反応したことを示している。そして、この技術革新が農家に自家消費分を上回る生産を可能とさせ、東南アジア全体としても水稲稲作の商業化がいっそう深化していくことにつながった[5]。

---

4) 推進機関として、フィリピンのマニラに国際稲研究所（IRRI: International Rice Research Institute）が設置された。

5) むろん東南アジアの地域の中でも、緑の革命が水稲作の増産と水稲農家の所得増につながらなかった地域もある。例えば、東北タイでは自給的稲作が継続した（福井 1985）。また次節でふれるビルマ（ミャンマー）では他地域よりも遅れて1970年代末に高収量品種導入が政府主導で行われたが、社会主義的農業搾取政策のもとで稲作農家は疲弊しており、一定の収量増加はあったがすぐに頭打ちとなった（髙橋 1992）。

緑の革命の影響は、単に技術変化と収量の増大という直接的な変化だけにとどまるものではなかった。それは農村内の在来制度、営農形態、労働慣行にも波及していく。とりわけ多くの研究者が関心を向けたのが稲作をめぐる労働慣行、特に収穫労働慣行に対する影響である（Hayami and Kikuchi 1981; 金沢 1993）。例えば、フィリピンではフヌサン制度と呼ばれる稲の収穫労働慣行が見られた。希望者は収穫労働に誰でも参加でき、水田主は収穫の一定割合（例えば6分の1）を参加者に報酬として支払う慣行である。これは典型的な労働交換であり、農村住民の間で相互に労働機会を提供するという相互扶助の意味を持っていた。相互扶助であれば、多少賃金水準が高かったとしてもお互い様だから問題はない。ところが、次第に農村内での階層分化が進み、雇用関係が一方通行になっていくと支払う側はその水準により敏感になる。在来種が栽培されていた段階では、フヌサン制度のもとで支払われていた報酬はほぼ市場賃金に近い水準だったとされる。ところが高収量品種の普及によって単位面積当たり収量は増加する。その一方で、人口（労働力供給）も増えるため実質市場賃金はむしろ低下していく。その結果、収穫物の6分の1という報酬支払いは水田主にとって実質市場賃金に比して過大な水準となったのである。

そのため、水田主が許容できる報酬支払い水準に調整する新たな制度、ガマ制度が始まった。ガマ制度とは除草作業を賃金を受け取ることなく行った者のみ、すなわち農作業を追加的に手伝った者のみが収穫作業に従事できるというものである。実は、フヌサン制度のもとで労働者報酬の比率を明示的に減らそうとしたところ村人の反発が強かったために、それに代わる制度として採用されたものであった。ガマ制度は、雇用主が実質賃金払いを抑制しつつ収穫のための労働力を確実に確保することを可能とし、同時に労働者にとっても雇用先が保障されるという性格を持っていた。フヌサンの労働者の取り分を減らすよりも相互扶助や所得シェアリングといった農村社会の伝統的原理により親和性があるものだったことも、この制度移行が進んだ背景にあった（Hayami and Kikuchi 1981, 119-120）。

フィリピンだけでなく、インドネシアでも相互扶助的な性格を持つ収穫労働慣行に同様の変化が見られた。家族労働力の有無にかかわらず収穫労働へ

の参加を希望する労働者をすべて受け入れるそれまでの労働慣行は、インドネシアではバオンと呼ばれていた。このバオンに取って代わったのがテバサンと呼ばれる制度である。テバサン制度では専門仲買人にコメの収穫権が売り渡される。そして収穫作業の差配は水田主ではなくすべてその仲買人が行う。水田主である農家にとっては収穫に携わる労働者の管理の手間が省けるというメリットがあった。さらに、商人層が収穫に直接関わることでコメの商品化が加速されることにもなった（金沢 1993, 116）。このバオンからテバサンへの制度変化の背景にも人口圧と高収量品種の導入がある。インドネシア各地の収穫慣行を調査したHayami and Kikuchi（1981）は、1960年代末の段階でテバサン制度への移行が起きていない地域でもバオンが原型のまま残っている地域は少なく、参加者を村内のみ、招待者のみ、あるいはガマ制度のように除草や田植え作業を無償で行った者のみと限定したり、もしくはあらかじめ参加者数を決めたりするなど、結果的に市場賃金と均衡する水準に落ち着く形で収穫慣行が変化していたことを報告している。

　高収量品種の導入は農業慣行を変化させただけではない。高収量品種の持つ特性が新たな技術の採用にもつながった。例えば、インドネシアでの収穫作業時の鎌の導入がその良い例である（Hayami and Kikuchi 1981; 金沢 1993）。インドネシアではコメの収穫に、穂先だけ刈り取るナイフ状のアニアニと呼ばれる道具が伝統的に使用されてきた。在来種は脱粒性が強いため穂先だけ刈るほうが収穫ロスが少ないからである。ところが、高収量品種は脱粒性が弱いため、アニアニよりも鎌で根刈りするほうが適していた。収穫量もアニアニでは1日20キロ程度のところ、鎌ならばその5倍の100キロ程度が収穫できる。こうして、品種の性質とも合致しかつ労働生産性も飛躍的に高まるため、鎌の利用が拡大していったとされる。

　では、東南アジアの農村経済・社会に与えたインパクトという観点から、緑の革命はいかに評価されてきたのだろうか。東南アジアの食料供給・価格の安定を達成したという点での貢献には異論はないところであろう。しかし、水稲作に従事する農民への経済的分配の面、すなわち緑の革命が果たして農村住民すべてに裨益しえたのか否かという点では評価が分かれた。

　例えば滝川（1994）はフィリピンの事例から稲作が多投入なものに変質し

て貨幣支出を伴うために農民のリスクが増大したこと、農家の中には破産して農地を手放す層も出てきたこと、そして結果的に最も大きな利益を得たのは商人資本であるとして、緑の革命に対して否定的な見解を示した。また、De Koninck et al. (2012) も、マレーシアの事例から新しい技術そのものは規模に中立（すなわち大規模農家でも小規模農家でも導入が可能）だったが、実際には土地と生産手段を多く持つ者（大規模農家）がより大きな恩恵を受け、小規模農家の恩恵は小さかっただけでなく貧困からの脱却には貢献しなかったと結論づけている。その結果、すでに存在していた農家間の格差を是正するには至らず、むしろ拡大する方向に働いたとしている。

　これに対し、Hayami and Kikuchi (1981) は、農村社会の格差はたしかに拡大したがそれは緑の革命という技術革新が生み出したものではない。むしろ人口圧力、すなわち土地／人口比率の悪化に起因するものであり、階層全体としては緑の革命の経済的便益は行きわたった、経済分配の面から見て緑の革命の意義は損なわれないと結論づけた。

　緑の革命が拡大・浸透した時期は、東南アジアの人々にとって水田稲作が生業としての重要性という意味でピークを迎えた時期だったと言えよう。東南アジアの稲作の市場化ないし商業化は一気に加速し、その過程で営農方法、雇用関係も変化していった。しかし、そうした水田稲作の位置づけは長く続くことはなく、東南アジア各国の経済・産業構造が急速に変化していく中で、新たな転換点を迎えることとなる。次節ではそれを追っていこう。

Ⅲ　変質・縮小する水田稲作の経済的意義

　東南アジアの諸国の多くでは1970年以降に入ると工業化の本格的進展に伴い、産業構造は大きくかつ急速に変わっていった（表5−1）。それは経済全体の中での農業、水田稲作の重要性を低下させ、人々の生業が多様化、深化していくプロセスであった。

　農村住民の生業の多様化は、生計の依存度が、水田稲作を中心とする農業から製造業やサービス業などの非農業部門にシフトする形で進んでいった。住民が都市に出ていく場合もあれば、農村に居住しながらの場合もある。例

表5-1　GDPに占める農業部門の割合

(%)

年	1960	1970	1980	1990	2000	2010
カンボジア	-	-	-	-	37.8	36.0
インドネシア	51.5	44.9	24.0	19.4	15.6	13.9
ラオス	-	-	-	61.2	45.2	32.7
ミャンマー	-	38.0	46.5	57.3	57.2	-
マレーシア	43.7	32.6	23.0	15.2	8.6	10.1
フィリピン	26.9	29.5	25.1	21.9	14.0	12.3
タイ	36.4	25.9	23.2	12.5	8.5	10.5
ベトナム	-	-	-	38.7	22.7	18.9

出所：*World Development Indicators*.

えば、北タイのある村では、1974年から1991年の間に、農業のみで生計を維持している世帯が52％から4.8％に激減し、代わりに賃労働のみに依存している世帯が32％から51％に増加したことが報告されている。地理的には紛れもなく農村であっても、専業農家がもはや少数派になってしまったのである（Rigg 1998, 501-502）。また、フィリピンの村では1970年、1987年と1％だった世帯所得に占める製造業の割合が1995年に13％に増加した（Hayami and Kikuchi 2000, 207-208）。

　ただし、こうした生計の多様化は実際には農村内の経済階層によって意味合いは異なる（Rigg 1998; White and Wiradi 1989; Hart 1994）。例えば、富裕層にとっては農業だけに依存するよりも高い所得を実現するための多様化、すなわち経済的蓄積のための多様化であった。中間層にとっての多様化は、天候などに左右されがちな農業所得が大きく変動するリスクを抑えるため、すなわち生計基盤の強化のためであった。一方、貧困層にとってはあくまでも日々の生存を維持するための多様化であり、ある意味やむをえないという消極的な多様化であった。

　とはいえ、いずれのケースにも共通するのは、稲作を中心とする農業の収益性が低下したという事実である。平たく言ってしまえば、水田稲作ではもうからない、稲作のみではそれぞれの階層が望む生活が成立しなくなったことを意味している。

　人々が水稲作への依存度を低めていくにつれ、水稲作の最も重要な要素である水田が持つ経済的な意味合い自体も変わっていった。すなわち、もはや

表5-2 農村人口、農業人口の変化

(%)

年	農村人口の全人口に占める割合			全就業人口に占める農業人口の割合		
	1990	2000	2010	1990	2000	2010
カンボジア	84.5	81.4	80.2	–	73.7	54.1
インドネシア	69.4	58.0	50.1	55.9	45.3	38.3
ラオス	84.6	78.0	66.9	–	–	71.3
ミャンマー	75.4	73.0	68.6	69.7	–	–
マレーシア	50.2	38.0	29.1	26.0	18.4	13.3
フィリピン	51.4	52.0	54.7	45.2	37.1	33.2
タイ	70.6	68.6	55.9	63.3	48.5	38.2
ベトナム	79.7	75.6	69.6	–	65.3	47.4

出所：*World Development Indicators*.

水田を多く持つ者が豊か、少ない者が貧しいとは限らなくなってきたのである。農村住民の所得源の多様化が進めば進むほど、土地の保有の多寡が実際の経済階層を反映しなくなったのである。インドネシアではすでに1980年代初頭（White and Wiradi 1989, 291-299）、タイでも1990年代には土地なし層が小農より貧しい、または小作農が自作農よりも貧しいとは言えなくなっていた（Rigg 2006, 195）。また、農家世帯が子供の将来を農地と農業を通して考えないようになったことも報告されている（Rigg and Salamanca 2012, 109）。その意味で、1960年代～70年代頃まで多くの研究的関心を集めてきた、土地保有によって規定される農村社会の分極化（富農層と労働者層の二極化）というのは結局のところ明確な形では起こらなかったとも言えるだろう。

こうした非農業就業機会への生計依存度のシフトが一般的な現象であるということは、裏を返せば農業部門からの労働力の流出が進んだことを意味する（Hirsh 2012; Rigg and Salamanca 2012; De Koninck and Ahmat 2012）。農村から世帯ごと、もしくは世帯員の一部が都市部門・工業部門に流出していくパターン、完全な脱農というパターンもあれば、農村に社会・生活基盤を置きつつも、非農業就業からの所得を拡大させていくというパターンもある。こうして農村人口、農業人口の比率は確実に減少し、現在に至るまでそれが続いている（表5-2）。

農村からの労働力の流出は、人手不足を生み、これが稲作作業の機械化と

栽培方法の変化を促すことになっていった。インドネシア、タイ、マレーシアなどでは、労働供給の逼迫、とりわけ若年男子労働力の不足、それに伴う雇用労賃の上昇を背景に、1980年代から1990年代にかけて耕運機やコンバインハーベスターの導入が加速したことが報告されている（Rigg 1998, 508）。とはいえ、いったん機械化が始まると、それが労働者の雇用機会を奪うという側面もあった。例えば、マレーシアではコンバインハーベスターと小規模精米機械の普及が女性の伝統的就業機会を奪い、その結果女性の「専業主婦化」を促したとされている（De Koninck 1992）。

　田植えから直播への変化は、労働力不足から生じた技術的な変化の代表的なものである（Hart 1994; Tomosugi 1995; Rigg 1998; Kelly 2000）。直播は、田植えに比べて収量は低くなる傾向があるが、労働力を要さない。東南アジアの中でも非農業就業人口の割合が多かったと見られる中部タイや西マレーシアでは「週末直播」という慣行が登場したことが報告されている（Rigg 1998, 570）。フルタイムで非農業部門に就業する人々が増えた一方で、労働者を雇用するのを嫌ったため、週末時間を活用しての直播という労働節約的な栽培方法が採用されたのである。

　収穫作業などで見られていた労働交換慣行もこの段階でほぼ消滅し、それは少なからず水田稲作が持ち合わせていた文化的・伝統的な共同体的意義の喪失も意味した（Kato 1994）。2000年代後半になると、どうしても労働力で行わなければならない作業は、タイ南部やミャンマーからの出稼ぎ労働者に支えられているのが実態であり（De Koninck and Ahmat 2012）、そうした傾向が稲作の文化的な意義の低下をさらに推し進めているとも言える。

　また、非農業就業機会の増加に伴う労働時間配分の変化と農地の経済的価値の低下は、耕作放棄地の増加にもつながった。マレーシアでは1970年代から急激に耕作放棄地が増加し（Horii 1991; Kato 1994）、その状況に危機感を抱いた政府が耕作放棄地対策の会議を招集したほどである。マレーシア政府は当初、こうした土地はあくまで「遊休地」であり経済的条件さえ整えば人々は水稲作に戻ると考えていた。そのため、稲作への回帰を促そうと、集団営農やミニエステートの奨励など稲作の収益を高める政策が採られたが、実際にはこれらの試みが功を奏すことはなく、公式に登録されている水田の

70％が10年以上にわたって放置されたままという稲作地域もあった（Kato 1994, 166）。

　ただし、東南アジアの多くの農村地域で稲作の生計基盤としての性格がますます薄れていっているとはいえ、水田稲作が完全に消えようとしているわけではない。工業団地と隣接するフィリピンの農村のケースでは、世帯の多くが工場労働や海外出稼ぎに従事しながらも、自家消費用としてのコメ栽培は続けられた（Kelly 2000）。また、タイ北西部の典型的な稲作村であった村の事例では、1980年代にはたしかに耕作放棄地が目立つようになったものの、2000年代末になると水稲作が再開したことが報告されている（Hirsh 2012, 123）。とはいえ、それは伝統的な稲作ではなく、生育期間の短い品種を利用した二期作が中心で、直播、コンバインハーベスターを利用する労働節約的な稲作であった。そして、この稲作に従事するのは若い世代ではなく、かつて農業をやっていた世代である。彼らの目的はあくまで自給であり、そのため高投入、高収量の稲作からは離れ、環境を考慮に入れながらの低投入の稲作へ回帰したのであった。

Ⅳ　ミャンマーの水稲作の変化——政府のコメ至上主義のもとで

　前節までは、東南アジア地域の水田稲作の展開を大きく捉えて述べてきた。本節では、筆者が長年研究対象としているミャンマーの水田稲作の展開を詳しく見ていくことにしよう。

　第Ⅰ節ですでに触れたように、ミャンマー（当時はビルマ）は植民地統治下で、外部の資本が投入されたことで未利用の土地が開拓され、市場向けの水稲作が急激に拡大した国である。食料輸出基地として、1930年代には300万トンのコメを輸出するまでに発展した。その意味で、当時の東南アジア大陸部の稲作発展のまさに典型例であった。

　しかし、イギリスからの独立後は特異な展開をたどる。他の東南アジア諸国のようには工業化が進まない中で、経済における農業部門の比重は大きいまま推移した。その中でも稲作はまさに農業の要であった。それがゆえに政府はコメ至上主義とも呼ぶべき、稲作偏重の姿勢を堅持した。むろん、食料

安全保障が政治的・社会的安定の重要な要件であること自体は途上国、ほかの東南アジア諸国にも共通する。しかし、ミャンマーの特異性は、それを市場の力ではなく、国の圧力をもって実現しようとしたところにあった。

　独立後の政治的混乱を経て、1962年に社会主義政権が成立すると、「ビルマ式社会主義」のもとで農地保有から生産、国内流通、輸出に至るまで稲作の国家管理が始まった（髙橋 1992）。他の社会主義国とは異なり、農業の集団化は結果的に実施されなかったが、農地の所有権を個々の農家に認めず、耕作権のみが与えられた。また、収穫されたコメは政府が定めた価格——それは概して低価格——で、規定の量（自家飯米を除いた生産余剰をほぼ吸収する量）を供出しなければならなかった。供出を嫌ってコメ以外の作物を作付けしようとする農家が出始めると、水田では毎年農家個人に割り当てられる計画どおりにコメを栽培せねばならない、という計画栽培制度が導入された。さらに、仮に作付け義務や供出義務が果たせない場合、政府が耕作権をいつでも没収しうる制度でもあった。政府が低価格で集荷したコメは国民に配給され、その余剰分が輸出された。こうした国家統制は、稲作農家の増産インセンティブを著しく損ない、その結果かつてのコメ輸出大国の面影は1980年代末までにすっかり失われてしまった。1970年代末には他の東南アジア諸国同様に、ミャンマーでもコメの高収量品種の導入が政府主導で行われた結果、収量はたしかに大きく伸びたがその増収効果はわずか数年で頭打ちとなった（髙橋 1992; 斎藤 1987）。結果的に水稲農家の疲弊はますます深まり、それは1988年の民主化運動の遠因になったとも言われる。

　1988年以降、ミャンマーは市場経済への移行をうたうが、その後も稲作に対しての国家統制自体は変わらなかった。国民の支持を基盤とする正統性を持つ政権ではない後ろめたさも手伝って、国民の基礎的食糧であるコメはなんとしても安価に安定的に供給しなければならないという一種の強迫観念があったのであろう。それを実現するために、まず生産面では水田の集約的利用（二期作化）、そして流通面では輸出の国家独占を保ちながら、毎年規定量を政府に売り渡す供出制度（配給対象を公務員に絞ったため規模は縮小）が継続した。そしてこれらの政策の強制力を高めるために引き続き利用されたのが耕作権制度であった。

すでに水田面積の外延的な拡大や高収量品種の普及は限界に達していたため、1990年代初めからは灌漑を利用した乾季米作の導入による二期作化が推進された（髙橋 2000; 藤田・岡本 2005; 藤田 2013）。ミャンマーのコメの主産地であるデルタの大部分の土地は、それまで雨季の一期作が中心であったが、乾季に遊休であった農地利用が始まったのである。しかし、政府の意図に反して、乾季米作は高コスト・低収益だったために農家にとって経済的に魅力的な作物ではなく、マメ作のほうが好まれた。その背景には、1990年代に入ると隣国インドのマメ類の需要が高まっていたこと、またマメ類に対しては政府介入がないこと、加えて栽培が容易であるということがあった（Okamoto 2008）。しかし、乾季米が栽培可能な水田（すなわち灌漑利用が可能な水田）を耕す者には作物選択の余地は与えられなかった。雨季米の場合と同様に、乾季米も政府計画に沿って個々の農家に作付けが割り当てられたからである。また、1990年代半ば以降には、地域的自給政策（地域単位でコメの自給を達成すべきという政策）の掛け声のもと、畑地に半ば無理やり水稲作付けを割り当てたようなケースすらあった。当時の農家にとって、稲作は自家消費米の確保という点で重要だが、場合によっては重い経済的負担をもたらす作物となってしまったのである。政府の政策が生産者よりも消費者に比重を置くものであったがゆえに、水稲農家はひたすら苦しい立場に追い込まれていったとも言える。

このような状況のもとでも、ささやかな抵抗を示した稲作農家がいたのも事実である。乾季米栽培地域に指定されたある村では、農家の多くが乾季に作付けを望んだのはマメ類であった。しかし、灌漑の整備後は、先述のとおり乾季米の作付け計画が政府から割り当てられるようになった。そこで、村長は乾季米作付けを農家に順番に割り当てることとし、その年の割当対象から外れた農家はマメ類を栽培できるようにすることで、経済負担の平等化を図った。また、デルタ南端の村の事例では、塩害の影響もあって高い収量が望めない乾季米の栽培は赤字が想定されたことから、村長が村内の相対的に豊かな農家に他人の水田での乾季米栽培を依頼することが行われた。政府は乾季米が作付けされていれば耕作者が異なっていても問題視しなかったため、村長はそれを利用して貧困な農家への過度な経済的負担を回避しようと配慮

したのである（岡本 2010, 99）。

　こうした水稲作をめぐる状況は、耕作権の価格にも影響を与えた。社会主義期には、畑地に関しては政府の生産・流通への関与が少なくインフォーマルな耕作権の取引が比較的活発だったのに対し、水田の場合は供出制度がコメの販売余剰をほとんど吸収していたために、耕作権の取引頻度は高くなかった。それが、1980年代末の農産物流通の自由化後、収益性こそ低いとはいえコメの市場流通が認められたことを受け、水田の耕作権取引も徐々に観察されるようになり（髙橋 2000, 154-155）、耕作権の価格が土地条件や生産性に応じて定まるようになっていった。そのような状況のもとで、水田を保有する農家もコメよりも高い収益を期待できる作物の栽培の可能性があるならばそれを選択したい。しかし、そのためには政府の監視の目をかいくぐる必要がある。そうしたことから、村によっては耕作権の相場価格が道路脇の交通の便がよい農地よりもむしろ不便な農地のほうが高いという珍現象が起きるようになった。その理由は、交通の便が良い土地は、作物が計画どおり作付けされているか否か（それはしばしばコメが対象となる）、政府高官が頻繁に視察に訪れる可能性が高かったからである（岡本 2015, 106）。

　ミャンマーでは、1990年代から2000年代にかけても工業化は遅々として進まなかった。したがって、工業など他部門と比べての稲作の収益性の相対的低下という他の東南アジア諸国の稲作の展開は辿ってきていない。ミャンマーの特異性は、政府の消費者優遇の稲作政策が水稲作の収益性を抑制したことにあった。稲作農家は、自家飯米の確保のためにもむろん稲作は続けるが、より高い所得を得るためにはマメ類など他の換金作物を栽培する、もしくは非農業部門での就業、特に自営業を始めるケースが多くなった。髙橋（2000）はミャンマーの異なる地域での農村世帯の所得構造の分析から、自営業に従事している世帯ほど高い所得を実現していることを明らかにしている。ただし、これら自営業へ参入できる者はより多くの農地を経営している、言ってみれば農業所得が相対的に多い者であった。すなわち、稲作を基盤にしながらいかに就業形態を多様化していけるかが世帯の経済水準の向上のための鍵となったのである。

　2011年に軍政からテインセイン政権に移行すると、経済成長に向けた改革

の動きが本格化した。社会主義期から軍政期にかけて多くの経済課題は改革を先送りされてきたが、そうした問題への着手がようやく始まり、それは農業部門でも例外ではなかった（岡本 2015）。それまで稲作部門を縛ってきた3つの政策も撤廃ないし緩和されていく。まず、農地の耕作権が所有権により近い性格のものとなり、耕作権の売買、担保入れなどが公認されると同時に、耕作権保有者に対して土地証書が発行されるようになった。流通面でも、2003年の段階で公務員へのコメの配給とそれを支えてきた供出制度はすでに廃止されていたが、2012年になると国内米価コントロールのための手段として政府がなかなか手放さなかったコメの輸出独占も撤廃された。コメの増産に対する強烈な政策圧力をかける必要が薄れたことで、作付けの自由がうたわれるようになり、コメの作付け割り当ても事実上なくなった。土地、生産、流通の3つの側面で、稲作農家の自由度は飛躍的に高まったことになる。50年以上にわたり政府のコメ至上主義的な政策に縛られてきたミャンマーの稲作部門は新たなスタート地点に立ったとも言える。

おわりに

これまでの東南アジアの水田稲作に関する研究は、生業として稲作が重要であった時期は、土地／人口比率に応じた土地利用のあり方、技術的変化とそれに伴う農村内の社会・制度、さらには農村住民の階層変化に焦点を当ててきた。水田稲作を基盤とする農村経済社会を文字どおり中心に据えた分析が行われてきたとも言える。しかし、経済の高度化、農村住民の就業の多様化とともに、稲作が変質、縮小に向かう中で農村社会が抱える問題が何なのかに分析の視点は移っていった。今後も東南アジアの経済は製造業、サービス業へのシフトを強め、国内、または東南アジア域内での人々の流動性は若年層を中心にいっそう高まっていくだろう。その過程で、日本がまさに経験してきたように、農村部の過疎化、高齢化問題も顕在化するであろう（藤田 2012, 294-295）。こうした変化の中で、生業としての水稲作の展望はいかなるものになるのだろうか。

ミャンマーはまさにこれらの問題に直面する段階に入る。現在進められて

いる工業化路線が成果をあげはじめれば、農村部からの労働力の移動が加速しながら、農村住民の生業は多様化し、非農業就業が拡大、深化していくだろう。ミャンマーの稲作は雇用労働力への依存度がもともと高い。ミャンマーでは、すでに2000年代半ばから農村部の貧困に押し出されるような形で海外（タイ、マレーシアなど）や国内への出稼ぎが増加したため2010年以降になると農繁期の労働者不足が各地で次第に目立ち始め、耕運や稲の収穫作業に機械の使用が徐々に広がった。むこう数年で大規模工業団地の操業開始などにより、都市部の労働需要が順調に増加すれば農村部での労働者不足はより深刻になっていくであろう。その際に、ミャンマーの農村社会はどのように反応していくのだろうか。資本による労働の代替がより急ピッチで進んでいくのだろうか。それとも、また別の形をとっていくのだろうか。

最後に、水稲稲作の位置づけの縮小の方向性が見えている一方で、コメは食糧であるという事実を忘れてはならない。東南アジアの人々の食生活において食糧として欠かせないコメの重要性は当面変わらないと考えられる。域内の水田面積の拡大を想定するのは現実的ではなく、飛躍的な収量の増加が無限に続くわけでもない。そして、東南アジア地域の人口は緩やかであっても今後も増えていくだろうが、生産年齢人口は減っていく。ならば、水稲作は誰が、いかに担っていくのか。東南アジアの水田稲作の将来を展望するのは容易ではない。

引用・参考文献
石井米雄編（1975）『タイ国──ひとつの稲作社会』創文社.
大木昌（2001）「インドネシアにおける稲作経済の変容──ジャワとスマトラの事例から」池端雪浦・石井米雄他『岩波講座　東南アジア史6──植民地経済の繁栄と凋落』岩波書店, 219-245.
岡本郁子（2010）「ミャンマーの食料問題──体制維持と米穀政策」工藤年博編『ミャンマー経済の実像──なぜ群棲は生き残れたのか』アジア経済研究所, 89-116.
岡本郁子（2015）「ミャンマー新政権下の農業改革──その展開と展望」工藤年博編『ポスト軍政のミャンマー──改革の実像』アジア経済研究所, 101-131.
金沢夏樹（1993）『変貌するアジアの農業と農民』東京大学出版会.
加納啓良（2001）「農村社会の再編」池端雪浦・石井米雄他『岩波講座　東南アジア史6　植民地経済の繁栄と凋落』岩波書店, 297-313.

菊池眞夫（2004）「熱帯モンスーン・アジアの稲作農業の50年」泉田洋一編『近代経済学的農業・農村分析の50年』農林統計協会，233-269．
斎藤照子（1987）「ビルマにおける水稲高収量品種の導入と展開——実態と問題」滝川勉編『東南アジアの農業技術変革と農村社会』アジア経済研究所，167-191．
斎藤照子（2001）「ビルマにおける米輸出経済の展開」池端雪浦・石井米雄他『岩波講座東南アジア史6　植民地経済の繁栄と凋落』岩波書店，145-167．
桜井由躬雄（1999）「19世紀東南アジアの村落——ベトナム紅河デルタにおける村落形成」岩波講座『世界の歴史　アジアの＜近代＞』岩波書店．
高田洋子（2001）「インドシナ」池端雪浦・石井米雄他『岩波講座　東南アジア史6　植民地経済の繁栄と凋落』岩波書店，195-218．
髙橋昭雄（1985）「植民地統治下の下ビルマにおける「工業的農業」の展開——ファーニヴァル説の再検討」『アジア経済』26(11)．
髙橋昭雄（1992）『ビルマデルタの米作村』アジア経済研究所．
髙橋昭雄（2000）『現代ミャンマーの農村経済——移行経済下の農民と非農民』東京大学出版会．
高谷好一（1990）『コメをどう捉えるのか』NHKブックス，日本放送出版協会．
滝川勉（1994）「東南アジアの緑の革命」滝川勉『東南アジア農業問題論——序説的・歴史的考察』勁草書房．
原洋之介（2013）『アジアの「農」日本の「農」』書籍工房早山．
福井捷朗（1985）「東北タイ・ドンデーン村——自然、農業、村経済の全体像試論」『東南アジア研究』23(3)，371-385．
藤田幸一（2012）「モンスーン・アジアの発展経路」杉原薫・脇村孝平・藤田幸一・田辺明生『歴史のなかの熱帯生存圏——温帯パラダイムを越えて』講座　生存基盤論　第1巻，京都大学学術出版会，271-302．
藤田幸一（2013）「ミャンマーの農業と農村発展」尾高煌之助・三重野文晴編『ミャンマーの新しい光』勁草書房，65-98．
藤田幸一・岡本郁子（2005）「開放経済移行下のミャンマー農業」藤田幸一編『ミャンマー移行経済の変容——市場と統制のはざまで』アジア経済研究所．
宮田敏之（2001）「戦前期タイ米経済の発展」池端雪浦・石井米雄他『岩波講座　東南アジア史6　植民地経済の繁栄と凋落』岩波書店，169-194．

Adas, Michael (1974) *Burma Delta*, Madison, University of Wisconsin Press.
Barker, Radoloph, Robert Herdt and Beth Rose (1985) *The Rice Economy of Asia*, Washington, D.C.: Resources for the Future.
De Koninck, Radolphe (1992) *Malay Peasants Coping with the World: Breaking the Community Circle*, Singapore: Institute of Southeast Asian Studies.
De Koninck, Radolphe, Jonathan Rigg and Peter Vandergeest (2012) "A Half Century of Agrarian Transformations in Southeast Asia, 1960-2010," Jonathan Rigg and Peter Vandergeest, *Revisiting Rural Places: Pathways to Poverty and Prosperity in Southeast Asia*, Honolulu: University of Hawai'i Press.
De Koninck, Radolphe and Raiha Ahmat (2012) "A State-Orchestrated Agrarian Transition on the

Kedah Plain of Peninsular Malaysia, 1972-2009," Jonathan Rigg and Peter Vandergeest, *Revisiting Rural Places: Pathways to Poverty and Prosperity in Southeast Asia*, Honolulu: University of Hawai'i Press.
Furnivall, J. S. (1957) *The Political Economy of Burma* 3rd edition, Rangoon: Peoples' Literature Committee & House.
Geertz, Clifford (1963) *Agricultural Involution: The Processes of Ecological Change in Indonesia*, Berkley: University of California Press.
Hart, Gillian (1994) "The Dynamics of Diversification in an Asian Rice Region," Bruce Koppel, John Hawhins and William James eds., *Development or Deterioration: Work in Rural Asia*, Boulder and London: Lynne Rienner, 47-71.
Hayami, Yujiro and Masao Kikuchi (1981) *Asian Village Economy at the Cross Roads: An Economic Approach to Institutional Change*, Tokyo: University of Tokyo Press.
Hayami, Yujiro and Masao Kikuchi (2000) *A Rice Village, Saga: These Decades of Green Revolution in the Philipines,* London: Macmillan Press.
Hirsh, Philip (2012) "Nong Nae Revisited: Community and Change in a Post-Frontier Community," Jonathan Rigg and Peter Vandergeest, *Revisiting Rural Places: Pathways to Poverty and Prosperity in Southeast Asia*, Honolulu: University of Hawai'i Press.
Horii, Kenzo (1991) "A Study on Agricultural Changes under Bumiputra Policies of Malaysia," Teruyuki Iwasaki, Takeshi Mori and Hiromichi Yamaguchi eds., *Development Strategies for the 21st Century*, Symposium Proceedings No.11, Institute of Developing Economies.
Kato, Tsuyoshi (1994) "The Emergence of Abandoned Paddy Fields in Negeri Sembialn, Mayaisya," *Southeast Asian Studies* 32(2), 145-172.
Kelly, Philip (2000) *Landscapes of Globalization: Human Geographies of Economic Change in the Philippines*, New York: Routledge.
Okamoto, Ikuko (2008) *Economic Disparity in Rural Myanmar*, Singapore: NUS Press.
Rigg, Jonathan (1998) "Rural-urban Interactions, Agriculture and Wealth: A Southeast Asian Perspective," *Progress in Human Geography* 22(4), 497-522.
Rigg, Jonathan (2006) "Land, Farming, Livelihoods, and Poverty: Rethinking the Links in the Rural South," *World Development* 34(1), 180-202.
Rigg, Jonathan and Albert Salamanca (2012) "Moving Lives in Northeast Thailand: Household Mobility Transformations and the Village, 1982-2009," Jonathan Rigg and Peter Vandergeest, *Revisiting Rural Places: Pathways to Poverty and Prosperity in Southeast Asia*, Honolulu: University of Hawai'i Press.
Tomosugi, Takashi (1995) *Changing Features of a Rice-Growing Village in Central Thailand: A Fixed Point Study from 1967-1993*, Tokyo: The Centre for East Asian Cultural Studies for UNESCO, Tokyo Bunko.
White, Benjamin and Gunawan Wiradi (1989) "Agrarian and Non-Agrarian Bases of Inequality in Nine Javanese Villages," Gillian Hart, Andrew Turton and Benjamin White, *Agrarian Transformations: Local Processes and the State in Southeast Asia*, Berkley: University of California Press.

6章
終焉なきフロンティアとしての漁業

赤嶺　淳

はじめに

　本章の目的は、「フロンティア」をキー概念として、東南アジアの漁業の特徴と課題を描くことにある。まず、「多島海」という東南アジア海域の生態的特徴を指摘したのち、東南アジア史家のジョン・ブッチャー（John G. Butcher）の労作『フロンティアの終焉』（2004）に沿って東南アジアの漁業史を俯瞰する。つづいて現代社会を規定するグローバルに展開する環境保全枠組みの事例として、ワシントン条約（1973年）とコーラル・トライアングル・イニシアチブ（2009年）について解説したうえで、近年注目されている「生態系アプローチ」というあらたな漁業管理手法を紹介する。たしかに同アプローチは、すぐれた手法ではある。しかし、それを実践するためには、頻繁な人口移動と柔軟な生業選択を繰りかえすという東南アジア社会に特徴的な行動様式を理解しなくてはならず、その点に着目した「フロンティア社会論」について、わたし自身の調査事例から検討する。最後に積み残した今後の課題を2点、整理しておきたい。なお、本章の議論は、フィリピン、インドネシア、マレーシアを中心とした島嶼部東南アジアにおける海水面漁業に限定する。

I　アジア大陸とオーストラリア大陸のはざまの多島海

　東南アジア海域の生態的特徴は、「はざまに横たわる多島海」にある。この多島海は、1850年代中葉に同海域を探検した英国人博物学者アルフレッ

図6−1　ウォーレシア

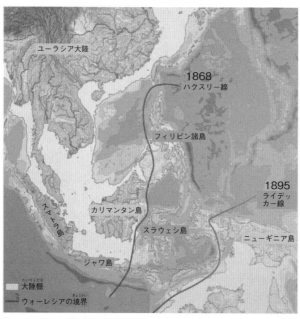

注：ハクスリー線（1868）とライデッカー線（1893）にはさまれた多島海域をさす。
出所：落合・赤嶺（2014）を一部改変。

ド・ウォーレス（Alfred Wallace）にちなんで、ウォーレシア（Wallacea）、「ウォーレスの海」と呼ばれている（図6−1）。

　バリ島より東側と西側で動物相にちがいがあることを発見したウォーレスは、1859年に同島とロンボク島の間に境界を引き、その西側を東洋区（Oriental Region）、西側をオーストラリア区（Australian Region）と呼んだ。

　その線をウォーレス線（Wallace Line）と名づけたのは、おなじく英国人生物学者のトーマス・ハクスリー（Thomas Huxley）である。ただし、ハクスリーは1868年にウォーレス線と命名すると同時にウォーレスがミンダナオ島南方に引いていた線を、北方に延伸し、フィリピン諸島全体を囲いこんだ（ハクスリー線）。ウォーレスもハクスリーも知りえなかったものの、その後の研究の進展によって、この線がアジア大陸の境界であることが確認されて

いる。同様に英国人地質学者のリチャード・ライデッカー (Richard Lydekker) が1895年に提唱した境界線も、オーストラリア大陸 (サフル陸棚) の境界とほぼ一致している。

ここでオーストラリア大陸の存在を強調するのは、同大陸の存在が、東南アジアの漁業を規定する季節風の生成に関与しているからである。風は、一般に気圧の高い方から低い方へ流れるが、巨視的にみた場合、陸地の「熱しやすく冷めやすい」性質と海洋の「熱しにくく冷めにくい」性質の差異が季節風をつくりだすことになる。たとえば、北半球の冬季、冷たくなったアジア大陸上空の気圧が上昇する一方で、熱せられたオーストラ

図6-2　東南アジアの季節風

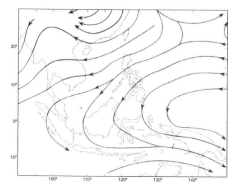

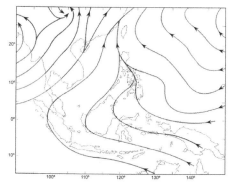

注：上が北半球の冬季、下が北半球の夏季をさす。
出所：Butcher (2004, 8).

リア大陸上空の気圧は下がる。アジア大陸側からオーストラリア大陸側へ風が吹くわけだが、その際、地球の自転の影響も加わって、北半球では北東季節風、南半球では（北）西季節風が吹くこととなる。これは10月から3月までで、12月・1月がピークとなる。この間、南シナ海は時化ることがおおく、マレー半島東部と赤道以南の島嶼は雨季となる。逆に北半球の夏季（5月から9月）には、赤道をはさんで北側は南西季節風、南側は（南）東季節風が卓越する。そのピークは6月・7月となる。この時期、スマトラ島西部、メルギー諸島からイラワジ河口部にかけての海域は高波がちとなる（図6-2）。

インドネシアを中心に世界各地の漁撈文化を研究した文化人類学者の西村

朝日太郎は、ウォーレス線の存在意義を漁撈活動との関係で論じた初期の研究者のひとりであろう。西村は、1975年に発表した論文「インドネシアの漁撈の海洋人類学的考察——特にウォーレス線の社会科学的な意義と関連して」において、ウォーレス線の西側を潟文化、東側を礁文化と規定し、およそ3万7,000あまりの大小の島嶼が点在する800万平方キロメートルの広大な海域を、「オーストラリアとアジアのあいだの海」という意味をこめて「濠亜地中海」と呼んでいる（西村1975, 43）。西村によれば、ウォーレス線以西では、砂泥質を海底とするスンダ陸棚がジャワ海から南シナ海南部まで広がっており、干潟を中心とした漁撈文化が形成された一方で、ウォーレス線以東ではサンゴ礁が発達し、ナマコ類や貝類を採捕するための潜水活動が重要な役割を果たしてきたという。

　いまから180万年前にはじまる更新世、地球は、寒冷期（氷期）には海面が後退（海退）したし、温暖期（間氷期）には海面が上昇する海進を繰りかえしてきた。最近の海退期は、3万〜1万5,000年前のことである。当時の海面は、現在より200メートルほど低く、スンダ陸棚とサフル陸棚は、それぞれ陸地化した。しかし、地球史上、両大陸が陸つづきになったことは皆無である。いいかえれば、ウォーレシアはそれほど深い海域なのである。深く、澄んだ海には、サンゴが豊かに育つ。大陸棚上の海が、浅く、砂泥質で濁りやすいのとは対照的である。サンゴ礁は、「海の熱帯林」と呼ばれるように、生物多様性に富んでいる。たとえば、今日の市場で需要の高いハタのほかに、カツオやマグロなどの回遊魚も豊富である。また、ナマコ、サメ、ウミガメ（タイマイ）、真珠貝などにも恵まれている。

　こうした潟文化と礁文化の差異を漁業のあり方に着目して鮮魚供給型漁業と輸出商品型漁業と命名したのは、漁業経済学者の片岡千賀之である（片岡 1991）。鮮魚型漁業とは、出漁した地域へ鮮魚を供給する目的でおこなわれ、輸出商品型漁業とは日本や欧米諸国など海外市場への輸出を目的におこなわれる漁業である。前者の代表がシンガポールを基地としておこなわれた追い込み漁であり、後者の代表がインドネシア東部でおこなわれた真珠貝や高瀬貝、ナマコなどの潜水漁とカツオ節生産を目的におこなわれたカツオ漁であることは（藤林・宮内 2004; 宮内・藤林 2013; 村井他 2016)、次節で紹介

する。

　とはいえ、西村や片岡が指摘するウォーレス線の東西をめぐる漁業活動の差異は、あくまでも人間と生態環境とが相互に影響しあいながら営まれてきた歴史の所産である。ウォーレシアで鮮魚供給型漁業が活発化しなかったのは、多島海に人口が点在していたため、市場が形成されにくかったからである。もともと小人口世界の東南アジアであるが（坪内 1998）、マレー半島やスマトラ島、ジャワ島などのようにスズの鉱山開発やサトウキビやゴムなどのプランテーション開発が大規模になされた地域では、マレー系住民をはじめ中国やインドなどから労働者があつめられ、大市場が形成されたのであった（Butcher 2004, 62-63）。換言すれば、英蘭の関心がスズや砂糖、ゴムなどの世界商品の生産にしか向けられていなかったため、域内で消費されるための魚類生産が後回しにされたわけで（Butcher 2004, 143）、だからこそウォーレシアでは、中国市場を念頭とした干ナマコやフカヒレなどの生産が活発化したのである（鶴見 1990）。

II　フロンティアの終焉

　東南アジアにおける漁撈が、1800年代後半には国内外の市場での売買を目的とする漁業として確立したとするブッチャー（John G. Butcher）は、統計など各種の史資料が充実する1850年頃から2000年までの150年間における東南アジア漁業史を俯瞰する労作『フロンティアの終焉――東南アジアにおける海面漁業史　1850年頃から2000年まで』を著している（Butcher 2004）。
　タイ、フィリピン、インドネシア、マレーシアにおける海面漁業の発展を論じる本書の目的は、漁船の動力化やトロール漁、巻き網（巾着網）漁など生産技術の革新、コールドチェーンの普及といった流通加工の進展がいかに生じ、その結果、東南アジアの漁業がどのように変遷していったかについて、さまざまな社会経済的要因と交差させながら叙述することにある。
　そのためのキーワードが「辺境」や「未開拓地」を意図する「フロンティア」である。とはいえ、ブッチャー自身は、「フロンティア」について定義していない。しかし、本書のいう「フロンティア」が、「それまで利用され

ていなかった新しい漁場」を意図していることはまちがいない。動力化が浸透したことにより、遠方の漁場が利用できるようになったという「フロンティアの地理的拡大」は、それがいつ生じたか——東南アジアの場合は1930年代——は別としても、そのこと自体は想像にかたくないはずだ。

　しかし、ここで注意すべきは、未開拓漁場の克服が、なにも面積の外延的拡大にかぎらない点である。すでに利用されてきた漁場においても、さらに水深の深い漁場には別の魚種が棲息しており、その空間は未利用漁場とされる。たとえば、おなじマグロ類でも表層を回遊するキハダマグロと水深300メートルにも達する中層・深層を回遊するメバチマグロでは、おなじ海域で操業しても、異なる漁場となる。1970年代なかば以降に顕著となったメバチマグロ漁場の開発は、それまでの日米欧市場向けのツナ缶用原料とされたキハダマグロから、日本を主要市場とする刺身用原料の開発へとマグロ類需要に変化が生じたことを契機とした（Butcher 2004, 220-223）。

　このように東南アジア海域の漁業フロンティアの立体的伸張過程を描くにあたっては、単に漁業技術の発展を跡づけるだけでは不十分で、その動機となった社会経済的な要因の考察が必要である。もう一例をあげよう。オランダが食塩に高い税金をかけていたため、塩蔵加工に必要な食塩を用意できなかったジャワ島とマドゥーラ島では、漁業そのものの発展が阻害され（Butcher 2004, 72, 119）、結果として廉価な食塩の豊富だったタイの漁業活動を刺戟した（Butcher 2004, 77）。そのため、蘭領東インドは、サイアム・フィッシュと呼ばれる塩乾魚を大量に輸入せざるをえなかった（Butcher 2004, 37, 63-65）。その輸入が減少したのは、糸満系漁民がバタビアを拠点にムロアミと呼ばれる追い込み漁を開始した1930年代以降のことである。

　バタビアでの沖縄出身者による追い込み漁の展開は、ふたつの点で興味深い。①すでに飽和気味であったシンガポール市場を回避し、あらたな市場をもとめてのことであったこと、②追い込み漁で獲られた魚類は氷蔵され、鮮魚として流通したこと、である。日本人漁業者が東南アジア海域で操業するようになるのは、1901（明治34）年、広島県出身の漁業者が打瀬網を導入したマニラを端緒とする（武田 2002; 2011）。シンガポールでは、1920年代から沖縄県出身者が追い込み漁を展開し、1930年代には市場で流通する鮮魚の4

〜5割を占めるまでになった（清水・平川 1998）。ダイバーたちが追い込んでいった魚群を一網打尽にするムロアミの生産性はきわめて高かった。それゆえ、漁獲も減少していたところに、1937年に日華事変が起きると、シンガポールをはじめとした英領マラヤでは大規模な日本商品ボイコットが生じるようになった。こうした事情をうけ、在シンガポールの一部の漁業者はバタビアに進出したのであった。

　一度に大量に漁獲できるムロアミは、そもそも鮮魚での流通を前提としたものであった。当然ながら、鮮度をたもつためには大量の氷を必要とした。その意味では、ムロアミ漁の発展は、シンガポールやバタビアなどの大都市において1930年代に氷冷を中心とした冷蔵技術がすでに普及していたという社会経済的状況の創出が必須であった。同時期、米国産もしくは日本産の缶詰が東南アジアの市場にも出回るようになっていたが、それでも大都市をのぞくほとんどの地域では、「魚」は「干魚」を意味していた。したがって、6〜9倍ちかい価格差があったとする廉価な食塩へのアクセスの可否も（Butcher 2004, 77, 107）、漁業活動を活発化／停滞化させる要因たりえたのである。しかも、食塩や干魚といった薄利多売の日常品の流通が活発化したのは、（フィリピンをのぞく）東南アジア地域全体がシンガポールをハブとした物流システムに包摂されていたからであり、それを可能としたのは、動力船による遠距離輸送網の確立であった（Butcher 2004, 63-64）。

　日本の高度成長期以降、東南アジアの漁業は、エビとマグロというふたつの商材を中心に展開することになる。たとえば、トロール漁の隆盛を軸とした戦後から1980年代までの期間をブッチャーは、「壮絶な漁業競争」（Great Fish Race）時代と呼んでいるが、その背景には日本のエビ需要が存在した。タイではトロール漁の副産物ともいえる魚屑を魚粉に加工し、ニワトリやアヒルといった家禽類の飼育業もさかんとなり（Butcher 2004, 196）、今日、わたしたちが消費する焼き鳥のおおくがタイ産となっている基礎を築いた。しかし、1970年代に2度も生じた石油ショックにより燃油価格が上昇すると、トロール漁から巻き網漁に転換するケースが続出した。それを後押ししたのが1980年にインドネシア政府が一部の海域をのぞいてトロール漁を禁止にしたことである。もちろん、この措置は資源保全が主因ではあるものの、1970

年代後半に米ソをはじめ世界の国ぐにが、自国の排他的経済水域を200カイリと定め、その海域に存する海洋資源を戦略的に管理するようになったことを背景とする。

その後も増えつづける域内の人口に加え、世界市場の水産物需要を満たすため、トロール漁と巻き網の大規模な開発がおこなわれ、結果として1990年代後半に漁業フロンティアは終焉を迎えたのであった。そして、エビ・トロール漁が下火となるのと時をおなじくして、マングローブ林を開拓したエビ養殖業に期待が寄せられるようになった（村井 1988）。しかし、マングローブの伐採による環境劣化、工業廃水・生活排水による水質悪化、病原菌の蔓延など、エビ養殖業は難問に直面している。それまでの主要種であったブラックタイガー（ウシエビ）から、おなじくクルマエビ科の病気につよい中南米原産のバナメイの養殖が主流となったものの（村井 2007; 祖父江 2014）、それでも養殖は不調気味である（日本経済新聞2014年8月20日）。

III　グローバル化時代の漁業管理

1970年代以降の現代社会は、環境主義（environmentalism）の時代とされる。こうした趨勢のもと、国家を超えたグローバルな資源管理体制構築の必要性が叫ばれている。その代表がワシントン条約であり、またコーラル・トライアングル・イニシアチブといった超国家間サンゴ礁保全計画の推進である。

1　ワシントン条約

ワシントン条約は、正式には「絶滅のおそれのある野生動植物の種の国際取引に関する条約」（CITES: Convention on International Trade in Endangered Species of Wild Fauna and Flora）という。1973年に米国の首都ワシントンD.C.で成立したことから、日本ではワシントン条約との通称で知られている。しかし、一般には、英文の頭文字をとってCITES（サイテス）と呼ばれる。2016年7月末現在、CITESには182カ国が加盟しており、国連加盟国193カ国の94パーセントを占める、まさにグローバルな条約である。

同条約では、絶滅の危機度に応じて生物種を3段階に区分し、それぞれに

異なる管理を義務づけている。絶滅の危機に瀕している生物は附属書Ⅰに掲載され、商業目的の輸出入が禁止されている。附属書Ⅱに掲載されるのは、現在はかならずしも絶滅の脅威にさらされてはいないものの、将来的に絶滅する可能性が危惧される生物である。輸出国政府が発行した輸出許可書があれば、輸出入は可能である。輸出許可書を発給するにあたっては、当該管理当局は、その生物を輸出しても、種の存続をおびやかさない無害証明（NDFs: Non-Detriment Findings）を示す必要がある。

附属書Ⅰと附属書Ⅱへの掲載（と削除）には、2〜3年ごとに開催される締約国会議（以下、CoP: Conference of the Parties）において、白票をのぞく有効票の3分の2以上の承認を必要とする。附属書Ⅲは、附属書Ⅰや附属書Ⅱとは異なり、締約国が自国内で捕獲採取を禁止あるいは制限している生物に関し、締約国各国の協力をあおぐために独自に掲載することができる（CoPの議決を経ていないため、締約国への拘束力は限定的）。

CITES事務局のホームページによれば、2016年7月末現在、動物のうち約5,600種が同条約の管理下にあるという（CITES n.d.）。このうち附属書Ⅰと附属書Ⅱに掲載されている魚類（21科27属105種）と、東南アジアで主要な水棲動物（2科6属17種）をまとめると、表6-1のようになる。

3万種はいるとされる魚類のうち、附属書Ⅰ／Ⅱに記載されている魚類は、わずか105種にすぎない。しかし、視点をかえると、ある傾向があらわれてくる。すなわち、①CITESが発効した1975年の時点で附属書Ⅰ／Ⅱに記載されていた魚類35種は、シーラカンスをのぞき、すべてが淡水魚であった。②その後、1970年代と1980年代、1990年代を通じて附属書Ⅰ／Ⅱに掲載された魚類は、わずか2種にすぎなかった（タイマイをふくむウミガメ科とシャコガイ科の全種が記載されたのは80年代）。ところが、③2002年に開催された第12回締約国会議（CoP12）以降は、海産種を中心に59種（このうち、属のすべてが記載されたタツノオトシゴ類が47種と8割ちかくを占める）が掲載されるにいたっている（赤嶺 2016）。

2000年以前に掲載された魚類のおおくは、生息域が限定的で、（キャビアを産するチョウザメ類をのぞき）国際貿易というよりは、むしろ、生産国内でローカルに利用されてきたものであった（なかには観賞魚もふくまれている）。

表6－1　CITES附属書IとIIIに掲載された魚類と主要な水棲動物（掲載年順）

学名	標準和名	附属書	掲載年
Acipenser brevirostrum	ウミチョウザメ	I	1975
A. sturio	ニシチョウザメ	I	1975
Chasmistes cujus	クイウイ	I	1975
Probarbus jullieni	プロバルブス	I	1975
Scleropages formosus	アジアアロワナ	I	1975
Pangasianodon gigas	メコンオオナマズ	I	1975
Arapaima gigas	ピラルクー	II	1975
Neoceratodus forsteri	オーストラリアハイギョ	II	1975
ACIPENSERIFORMES spp.	チョウザメ目	II	75/83/92/98
Latimeria spp.	シーラカンス属	I	1975/2000
Totoaba macdonaldi	トトアバ	I	1977
Caecobarbus geertsi	カエコバルブス	II	1981
Cheloniidae spp.	ウミガメ科	I	77/81
Tridacnidae spp.	シャコガイ科	II	83/85
Cetorhinus maximus	ウバザメ	II	2003
Rhincodon typus	ジンベエザメ	II	2003
Hippocampus spp.	タツノオトシゴ属	II	2004
Carcharodon carcharias	ホホジロザメ	II	2005
Cheilinus undulatus	メガネモチノウオ	II	2005
Pristidae spp.	ノコギリエイ科	I	2007/13
Anguilla anguilla	ヨーロッパウナギ	II	2009
Carcharhinus longimanus	ヨゴレ	II	2014
Sphyrna lewini	アカシュモクザメ	II	2014
S. mokarran	ヒラシュモクザメ	II	2014
S. zygaena	シロシュモクザメ	II	2014
Lamna nasus	ニシネズミザメ	II	2014
Manta spp.	オニイトマキエイ属	II	2014

出所：赤嶺（2016, 127）。

　これに対して、2000年代以降に記載された魚類は、生息域も広汎におよび、その消費は生息域内ではなく、むしろアジア市場を中心とした国外市場である。この意味において、国際貿易の規制によって野生生物の保護をおこなおうとするCITESが管理するにふさわしい生物だともいえる（Vincent et al. 2014）。

　しかし、問題は、こうした魚類は、アジア域内でも生産され、取引される

食料であるということである。2000年代以降に掲載された水産種を再確認してほしい。13生物のうち、サメ類とエイ類（板鰓類と呼ぶ）が77％を占めている。ウバザメとニシネズミザメは冷たい海水域に棲息しているので東南アジアには棲息していないが、それ以外の板鰓類はいずれも東南アジアにも棲息するものだ。なかにはジンベエザメやマンタのように季節的に回遊してくるものもあるし、ヨゴレのように外洋性のものもあるので、必ずしも漁業対象種とはいえない。しかし、だいたいにおいて鰭はフカヒレに加工され、輸出される一方、身肉は水揚げ地で食用とされてきたように、板鰓類は国内外の市場を念頭に商業目的に漁獲されてきた。こうした輸出もされ、国内でも消費されてきた食用種の記載が、CITESの4点目の特徴として指摘できる。

2　コーラル・トライアングル・イニシアチブ

　海洋環境が健全性をとりもどし、海洋生物多様性を保全していくには、一国単位の管理では不十分であり、広域的な取り組みが必要となる。その一事例にコーラル・トライアングル・イニシアチブ（CTI: Coral Triangle Initiative）がある（図6－3）。コーラル・トライアングル（CT: Coral Triangle）海域は、

図6－3　コーラル・トライアングル

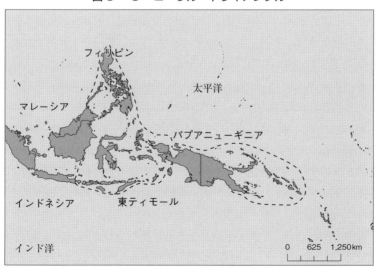

インドネシア中部（バリ島）から、マレーシア東部（サバ州）、フィリピン、東ティモール、パプアニューギニア、ソロモン諸島にいたる総面積およそ570万平方キロメートルの島嶼域である（米国の面積のほぼ半分に相当する）。同海域には、地球上のサンゴ礁の37％が集中しているとされ、現在知られているサンゴ類の76％と魚類の37％が棲息している。また、マングローブの密集海域としても世界有数であるし、マグロ類のような商業的に重要な魚種の産卵や、それらの幼魚の揺籃海域でもあり、海洋生物多様性の中心である（Fidelman and Ekstrom 2012, 993-994）。

　CTの総人口3億7,000万のうち、沿岸域に暮らすのは1億人程度である（Foale et al. 2013, 174-175）。同海域は、現在、人口爆発と急激な経済成長に直面しており、その結果、サンゴ礁（資源）への圧力が増大している。こうした現状をうけ、インドネシアのユドヨノ大統領（当時）が、2006年3月にブラジルで開催された生物多様性条約第8回締約国会議で発表した構想がCTIである（Rosen and Olsson 2013, 196）。

　その後、2007年9月にシドニーで開催されたAPEC（アジア太平洋経済協力）首脳会合で、関係6カ国（CT6）はAPEC加盟国首脳にCTIへの支援を要請した。同年末、バリで開催された気候変動枠組条約第13回締約国会議に参加したCT6は、2020年までの地域行動計画（RPOA: Regional Plan of Action）を作成することに合意し、米国、豪州、アジア開発銀行（ADB）に財政支援を要請し、内諾を得た。米国も豪州も、すでに同海域の環境保全に対して、さまざまな支援をおこなってきていたからであるし、2億4,500万のムスリム人口をもつインドネシアは、米国のイスラーム対策としても重要だと判断したためであった（Rosen and Olsson 2013, 196-200）。

　CTIのRPOAは、2009年5月にマナドで開催された世界海洋会議（World Ocean Conference）で正式に採択された。2020年までのRPOAは、①優先順位の高いシースケープの指定、②漁業管理への生態系アプローチの遂行、③海洋保護区ネットワークの確立、④気候変動に適応するための協調、⑤絶滅の危機にさらされている種の保護の5項目である。そして、このRPOAにそって、各国が行動計画を立案することが定められた（Fidelman and Ekstrom 2012, 994）。

2点目の漁業管理への生態系アプローチとは、近年、注目されている管理手法であり（Pikitch et al. 2004）、国連食糧農業機関（FAO）によれば、「漁業管理・開発へのひとつのアプローチであり、生態系の構成要素としての生物、非生物、人間、またそれらの相互作用についての知見と不確実性を考慮にいれ、かつ、それらを生態学的に有意な範囲で統合的に漁業に適用することにより、多様な社会的目的のバランスをとろうとするもの」と定義される（FAO Fisheries Department 2003, 14）。マグロならマグロ（といっても、世界に8種も存在している）といった単一魚種管理方式ではなく、人間の行動はもちろんのこと、「喰う―喰われる」関係にある食物連鎖など、さまざまな攪乱要素をも考慮にいれた生態系全体の視点から漁業管理をおこなうものである。画期的な転換であるものの、それだけ複雑なシミュレーションが必要になり、具体的にどのように進めていくかについては、確固たる方法が確立しているわけではない。事実、CTIにおいては、ダイビングや客船誘致などマリーン・ツーリズムなども視野にいれた実践がもとめられている（Pomeroy et al. 2015）。

Ⅳ　生成されるフロンティア

定着志向の強い日本とは異なり、東南アジアには移動をくりかえす人びとが少なくない。移動を可能としたのは、東南アジアが、山野河海の資源に恵まれた地域であり、近年にいたるまで人口の少ない社会であったからである（19世紀なかばまでさしたる大都市も存在しなかったことが、漁業が発展しなかった一要因でもあった）。そのような環境のもと、ながらく土地や海面の所有権もあいまいであったため、東南アジアの人びとは、林産物や海産物を採取するために移動することはもちろん、焼畑耕作に典型的な「通過」型の土地利用形態を洗練させてきた（高谷 1990）。

このような人口の流動性、投機的経済活動、多民族間ネットワークといった特徴を備えた社会を「フロンティア社会」と呼び、東南アジア海域世界のなりたちを「フロンティア」という概念で説明しようとする試みがある（田中 1999）。これは、1990年代に京都大学東南アジア研究センターを中心に開発された分析枠組みであり、ここでいう「フロンティア」とは、ブッチャー

の意図する「未開拓漁場」とは別概念である。

　フロンティア社会論のいう投機的経済活動とは、こういうことだ。ナマコを乾燥させた干ナマコが消費されるのは中国であり、東南アジアの人びとが食べることはない。しかし、実際には、東南アジアでは、自分が食べるわけでもないナマコが獲られている。その一例が、マンシ島という南シナ海に面したフィリピンの離島である。マンシ島民のおおくは、南沙諸島で2カ月間ほどのナマコ漁を繰りかえすことで生計をたてているのである（赤嶺 2010）。

　フロンティアの定義の相違に帰着できる問題だが、ブッチャーと異なり、わたしは、「フロンティア」は、オープン・エンドに生成されつづけるものだとの立場にたっている。第一、ブッチャーのいう単なる「フロンティアの終焉」は、ある程度の資本力を必要とする商業漁業に限定した分析であった。しかし、世界で1億7,000万とされる水産業関係者のうち、多勢を占めるのは小規模漁業者である。しかも、そうした世界の小規模漁業者の半数が東南アジアのサンゴ礁に依存している（Ferrol-Schulte et al. 2015, 163）。たとえば、フィリピンでは2002年に160万人と見積もられた漁業従事者のうち、137万人が小規模漁業者だという（Salayo et al. 2012, 870）。85％強が小規模漁業者だという計算になる。フィリピンの小規模漁業者集落で人類学的フィールドワークをつづける豪州人のマイケル・ファビナイ（Michael Fabinyi）は、著書『公正のための漁業』で、パラワン島北部の漁民が、「漁業を最下層の職種」と考え、別の業種に転換しようとする動態を詳述している（Fabinyi 2012）。こうした小規模漁業者は、不安定な経済環境のなか、みずからが利用できる術のすべてを柔軟に総動員し、隙間（ニッチ）を見出しながら、生きていかねばならない。そのような人びとが、「資源」を見出そうとする空間なり、社会関係なりが、フロンティアたりうるのである（立本 1999; 田中 1999; 山田 1999）。

　本節の冒頭で紹介したマンシ島は、その典型である。フィリピンとマレーシアという国家の際（フロント）に位置しているマンシ島は、南沙諸島という政治的にあいまいな空間にも接しており、二重三重に重なりあうフロンティア空間に位置している。そのことを熟知している島民は、多様な生業を選択しながら暮らしている。たとえば、1998年の調査の際にお世話になった

ダイナマイト漁の船主は、2000年に再訪すると、自分で造った大型漁船を売却し、ひと回り小さな船を買い、マレーシアとの「密輸」業に専念するかたわら、近海漁場で夜間にミミガイを獲っていた。加えて、不定期ながらもナマコ漁も組織するようになっていた。かれと一緒にダイナマイト漁に従事していた乗子たちは、小規模なナマコ漁やハタ漁へ転換していたし、マレーシアからナマコを買いつけてフィリピンで転売する仲買人と化した者もいた（赤嶺 2010）。

　ナマコ漁師やダイナマイト漁師といった泰然としたイメージでとらえようとしていたわたしにとって、マンシ島の経験は、実に衝撃的であった。そんな固定的な漁師像が、実態とかけ離れたものであったからである。人びとは、そのとき、そのときの状況をみきわめつつ、柔軟に生業を選択してきたのであって、わたしが同島を訪問したとき、たまたまナマコ漁やダイナマイト漁に従事していただけのことなのであった。

　そもそも東南アジア多島海の人びとは、海を生業活動の基盤としながら、時と場合によって漁民、航海民、商人、海賊などと化してきたポリビアン（polybian＝poly多様な＋bios生き方）であった（立本 1999）。こうした生き方は、なにも海を生活の基盤に限定せずとも、その延長に出稼ぎや移民という選択肢も想定されてしかるべきであろう。フィリピンやインドネシアは、世界中へ出稼ぎ者を輩出しているが、こうした社会文化的基盤が、労働力の国際移動にも一役買っていることに注意が必要である。

　そうだとすると、そのような人びとの資源観あるいは環境観は、どのようなものとなるだろうか。当然、特定魚種や漁法にこだわらない柔軟な操業形態が予想される。果たしてこうした性質を科学者が理解し、「生態系アプローチ」に反映させることができるのか。これはかなり困難な課題と思われる。

おわりに──今後の課題

　以上、本章では、①ブッチャーの『フロンティアの終焉』を手がかりに、1850年から2000年までの東南アジアの漁業史を俯瞰するとともに、②ブッ

チャーのいう「フロンティア」とは異なる文脈において東南アジア海域世界の特徴を「移動」と「ポリビアン」にもとめ、フロンティア状況は固定したものではなく、柔軟に姿形をかえて継続することを説明し、③そのことが「生態系アプローチ」という画期的な漁業管理手法の問題点となることを指摘した。残りの紙幅をつかって、東南アジアの漁業を考えるにあたって、積み残した課題を整理しておきたい。

CITESは有効な管理手法たりうるか？

今後、CITESによる水産動物の管理は、板鰓類をはじめ、より強化されることが予想される。問題は、CITESによる国際貿易規制が、有効な管理に結びついているか否かの検証が不十分であることである。数少ない一例を紹介しよう。ワシントン大学のパトリック・クリスティー（Patrick Christie）は、2004年に附属書IIに記載されたタツノオトシゴ類の追跡調査をフィリピンでおこなった（Christie et al. 2011）。その報告によれば、①タツノオトシゴ類の附属書IIへの掲載は、本来、国際貿易の実態をモニタリングし、管理の仕組みを創出するには役立つはずであるが、②附属書記載種の採取と取引を全面禁止しているフィリピンの場合には、そうしたCITESの枠組み自体が機能しない以上、③CITESがめざす管理体制の履行とタツノオトシゴ類の保全について、フィリピンをふくむ生息国間の比較研究の必要性を訴えている。事実、今日でも、香港ほかの漢方薬店では、タツノオトシゴ類をみかけることが珍しくない。現在、販売されているタツノオトシゴ類のすべてが密漁や密輸によるものとは断定できないが、クリスティーは、違法に隣国（マレーシア）に輸出されている可能性を指摘している。

違法漁業の撲滅とエコラベルの推進

本章で触れえなかった問題に違法操業がある。違法操業には、小規模漁業しか認められていない海域に大型船舶が侵入することや、トロール漁などの違法操業もふくまれる。しかし、一般的にはダイナマイト漁や青酸カリ漁などが注目を浴びている。わたしもフィリピンのイスラーム教徒が従事するダイナマイト漁についての調査を公表したことがあるが（赤嶺 2010）、もちろ

ん、フィリピンの小規模漁業者のすべてが違法操業に従事しているわけではない。事実、フィリピンのキリスト教社会でフィールドワークをおこなったファビナイは、「違法操業をするのは金持ちになりたいため」と侮蔑し、違法操業に手を染めようとしないフィリピン漁民の根幹にキリスト教的なモラルが存在すると解釈している（Fabinyi 2012）。この解釈が妥当かどうかは、今後、フィリピン諸島南部のイスラーム地域や東南アジアのほかの地域での比較研究を通じてあきらかにされていくだろう。

　ここで考えておきたいのは、消費者としての、わたしたちのスタンスである。ダイナマイト漁の場合、漁獲のほとんどは域内で消費される。他方、青酸カリ漁が目的とするのはハタ類であり、そうした魚のほとんどは、ツーリストが足を運ぶ海鮮料理レストランに並ぶのである。消費者としては、自分の消費する魚が、適切な漁法で獲られたものかどうかをみきわめるのは困難である。そこで、漁獲物の履歴を把握し、きちんと管理されたものであることを示すエコラベルが注目されることになる。

　とはいえ、現在、エコラベルには複数のものがあるし、それらの認証の取得には、資本と時間がかかるため、本章で中心的に論じた小規模漁業者がそうしたエコラベルを取得するのは現実的ではないというジレンマがある。海外市場を意識した画一的・統一的なエコラベルではなく、地域の多様な事情を加味したエコラベルの枠組みを創出するなど、今後の発展に期待したい。

引用・参考文献
赤嶺淳（2010）『ナマコを歩く――現場から考える生物多様性と文化多様性』新泉社．
赤嶺淳（2016）「ナマコとともに――モノ研究とヒト研究の共鳴をめざして」秋道智彌・赤坂憲雄編『人間の営みを探る』フィールド科学の入口，玉川大学出版部，114-148.
ウォーレス，アルフレッド・R.著，新妻昭夫訳（1993）『マレー諸島――オランウータンと極楽鳥の土地』（上下），ちくま学芸文庫，筑摩書房．
落合雪野・赤嶺淳（2014）『アジアの自然と文化4　イモ・魚からみる東南アジア――インドネシア・マレーシア・フィリピンなど』小峰書店．
片岡千賀之（1991）『南洋の日本人漁業』同文舘出版．
清水洋・平川均（1998）『からゆきさんと経済進出――世界経済のなかのシンガポール―日本関係史』コモンズ．
祖父江智壮（2014）「冷凍エビを食べる――チンとジュ～の食生活誌」祖父江智壮・赤嶺

淳『高級化するエビ・簡便化するエビ——グローバル時代の冷凍食』グローバル社会を歩く⑦,9-83.
高谷好一（1990）『コメをどう捉えるのか』NHKブックス602,日本放送出版協会.
武田尚子（2002）『マニラへ渡った瀬戸内漁民——移民送出母村の変容』御茶の水書房.
武田尚子（2011）『「海の道」の300年——近現代日本の縮図 瀬戸内海』河出ブックス29,河出書房新社.
立本成文（1999）『地域研究の問題と方法』増補改訂,京都大学出版会.
田中耕司（1999）「東南アジアのフロンティア論にむけて——開拓論からのアプローチ」坪内良博編『＜総合的地域研究＞を求めて——東南アジア像をてがかりに』京都大学学術出版会,75-102.
坪内良博（1998）『小人口世界の人口誌——東南アジアの風土と社会』京都大学学術出版会.
鶴見良行（1990）『ナマコの眼』筑摩書房.
西村朝日太郎（1975）「インドネシアの漁撈の海洋人類学的考察（Ⅰ）——特にウォーレス線の社会科学的な意義と関連して」『アジア経済』16(7), 37-57.
日本経済新聞（2014）「冷凍エビ、国際価格上昇 タイ産バナメイ2割高、病害で生産低迷 欧米勢の買いも膨らむ」『日本経済新聞』2014年8月20日朝刊.
藤林泰・宮内泰介編（2004）『カツオとかつお節の同時代史——ヒトは南へ、モノは北へ』コモンズ.
宮内泰介・藤林泰（2013）『かつお節と日本人』岩波新書（新赤版）1450,岩波書店.
村井吉敬（1988）『エビと日本人』岩波新書（新赤版）20,岩波書店.
村井吉敬（2007）『エビと日本人Ⅱ——暮らしのなかのグローバル化』岩波新書（新赤版）1108,岩波書店.
村井吉敬・内海愛子・飯笹佐代子編（2016）『海境を超える人びと——真珠とナマコとアラフラ海』コモンズ.
山田勇（1999）「生態資源をめぐる人々の動態」『Tropics』9(1), 41-54.

Butcher, John G. (2004) *The Closing of the Frontier: A History of the Marine Fisheries of Southeast Asia c. 1850-2000*, A modern economic history of Southeast Asia, Singapore: Institute of Southeast Asian Studies.
Christie, Patrick, Enrique G. Oracion and Liza Eisma-Osorio (2011) *Impact of the CITES Listing of Sea Horses on the Status of the Species and on Human Well-being in the Philippines*, FAO fisheries and aquaculture circular No. 1058, Rome: FAO.
Fabinyi, Michael (2012) *Fishing for Fairness: Poverty, Morality and Marine Resource Regulation in the Philippines*, Asia-Pacific environment monograph 7, Canberra: ANUE Press.
Ferrol-Schulte, Daniella, Philipp Gorris, Wasistini Baitoningsih, Dedi S. Adhuri and Sebastian C. A. Ferse (2015) "Coastal Livelihood Vulnerability to Marine Resource Degradation: A Review of the Indonesian National Coastal and Marine Policy Framework," *Marine Policy* 52, 163-171.
Fidelman, Pedro and Julia A. Ekstrom (2012) "Mapping Seascapes of International Environmental Arrangements in the Coral Triangle," *Marine Policy* 36, 993-1004.
Foale, Simon, Dedi Adhuri, Porfiro Aliño, Edward H. Allison, Neil Andrew, Philippa Cohen, Louisa

Evans, Michael Fabinyi, Pedro Fidelman, Christopher Gregory, Natasha Stacey, John Tanzer and Nireka Weeratunge (2013) "Food Security and the Coral Triangle Initiative," *Marine Policy* 38, 174-183.

Food and Agricultural Organization of the United Nations, Fisheries Department (2003) *The Ecosystem Approach to Fisheries*, FAO technical guidelines for responsible fisheries, No. 4, Suppl. 2, Rome, FAO.

Pikitch, E. K., C. Santora, E. A. Babcock, A. Bakun, R. Bonfil, D. O. Conover, P. Dayton, P. Doukakis, D. Fluharty, B. Heneman, E. D. Houde, J. Link, P. A. Livingston, M. Mangel, M. K. McAllister, J. Pope and K. J. Sanisbury (2004) "Ecosystem-based fishery management," *Science* 305 (July 16, 2004), 346-347.

Pomeroy, Robert, Kevin Hiew Wai Phang, K. Ramdass, Jasmin Mohd Saad, Paul Lokani, Grizelda Mayo-Anda, Edward Lorenzo, Gidor Manero, Zhazha Maguad, Michael D. Pido and Gilliam Goby (2015) "Moving towards an Ecosystem Approach to Fisheries Management in the Coral Triangle Region," *Marine Policy* 51, 211-219.

Rosen, Franciska and Per Olsson (2013) "Institutional Entrepreneurs, Global Networks, and the Emergence of International Institutions for Ecosystem-Based Management: The Coral Triangle Initiative," *Marine Policy* 38, 195-204.

Salayo, Nerissa D., Maripaz L. Perez, Len R. Garces and Michael D. Pido (2012) "Mariculture Development and Livelihood Diversification in the Philippines," *Marine Policy* 36, 867-881.

Vincent, Amanda C. J., Yvonne J. Sadovy de Mitcheson, Sarah L. Fowler and Susan Lieberman (2014) "The Role of CITES in the Conservation of Marine Fishes Subject to International Trade," *Fish and Fisheries* 15, 563-592.

第3部

概念・視点で地域を斬り将来への課題を知る

7章

「くくり」と「出入り」の脱国家論
―― 京都学派とゾミア論の越境対話

佐藤　仁

はじめに――脱国家の国家論

　地域研究に根差したアジア生態史研究の1つに、今西錦司（1902-1992）を中心とする京都学派の系譜がある。「文明の生態史観」や「照葉樹林文化」など、京都学派から飛び出した仮説群の彩る1960年代から90年代までの時期は、アジア環境研究における和製アイディアの豊穣期であったと言えよう。成果のほとんどが日本語で占められたために、英語圏での学問的潮流への寄与は限定的であったものの、一連の仮説群には単に「日本発」という次元を超えた見るべき内容があった。

　翻って、今日の東南アジア研究を見ると、京都学派の系譜は参照されることすらなくなり、そうかといって、国際社会に積極的に論争を仕掛ける日本人研究者が当時を上回る勢いで出てきているようにも見えない。日本的なアイディアの発想形式をかつての「豊穣の時代」に求め、その現代的な意義を確認しておくことは、今後の日本での研究成果を国際発信していくためにも意味があるのではないか。

　筆者が、京都学派の系譜を振り返る際の軸に据えたいのは「国家」の扱い方である。本書で扱われているポリティカル・エコロジー論や、草の根コミュニティーを分析単位とするコモンズ論も、現代の東南アジアでは国家の存在を無視しては成り立たない。たとえば、かつて各地の地域社会がそれぞれ管理利用していた森林や河川といったローカル・コモンズは、今や国家の枠組みの中で新たに再定義されつつある。自然は開発対象となる天然資源であることを超えて、国家によって保護されるべき「自然環境」になった。開

発と保護の両面における国家介入の深まりに合わせて、東南アジアの各地では地域住民が、資源アクセスを巡って国家権力との対立を繰り返している。国家のあり方というテーマは、生態系を論じるときにも避けて通ることができない。

　国家の存在感が増している今日の視点から振り返ったとき、京都学派の系譜は、国境や領土という概念にとらわれずに、植生や生業の特徴に基づいて世界を区分してきたという点で「脱国家的」であった。国家の成立に先立つ生態条件を明らかにしたという点では「前国家的」と言うべきかもしれない。一方で、近年「ゾミア」と呼ばれる東南アジア山地帯を対象にした歴史研究は、遊牧民や海洋漂流民の位置づけにもかかわる新たな脱国家的研究として注目されている。国境線をものともせずに国家の領域に「出入り」する人々の歴史は、「国家とは何か」という問いに、主流派の政治学者らにはない新鮮な光を当てている。

　京都学派とゾミア論には一見すると脱国家的であるという以外に共通点はない。生態学と地理的類型を重んじる前者と、平地と山地の権力関係を扱う後者とではアプローチの違いのほうがむしろ目立っている。だが、これから見るように、両者の間には深い方法的な次元で見逃せない共通項がある。そしてこの共通項には、自然環境と国家の将来を考えるうえでのヒントが含まれている。京都学派の「くくり」の伝統とゾミアに代表される「出入り」の視角との間の接点とは何か。

　本章では、日本で発案された東南アジアの生態環境に関する独自の仮説をいくつか拾い上げ、これらの接点を明らかにして、そこに現代東南アジアにおける環境と国家を論じる新たな可能性を見出してみたい。

I　生態環境に基づく地域の「くくり」

1　「文明の生態史観」

　アジア地域を対象にした戦後初期の組織的なフィールドワークは、京都大学の主導によるヒンズークシ（木原均隊長）、およびカラコラム学術探検隊（今西錦司隊長）である。1955年5月から半年がかりでアフガニスタン、イン

ド、パキスタン、イランを回った一行は、植物学、地質学、人類学の研究者ら学際的なチームで構成されていた。生態学的な関心に大きな比重を置いていたこのチームが国家の存在を顧みなかったのは当然であったし、近代化がいまだに未成熟で道路もほとんど舗装されていなかっただろう当時、中央アジアの農村地帯を歩いた今西隊は「国家」の存在をほとんど感じることがなかったのかもしれない。

だが、これから述べるように、一見すると脱国家的に見える京都学派による一連の研究は、各々の地域で人間の作り出した諸制度が置かれている自然条件を明らかにしたという点で、「国家の輪郭」をむしろはっきりさせる。その先鞭を切ったのは梅棹忠夫の『文明の生態史観』である[1]。梅棹は自らの歴史的アプローチを次のように特徴づけた。

> 歴史というものは、生態学的な見方をすれば、自然と土地との相互作用の進行のあとである。別なことばでいえば、主体環境系の自己運動のあとである。その進行の型を決定する諸要因のうちで、第一に重要なのは自然要因である。そして、その自然的要因の分布はでたらめではない。幾何学的な分布を示しているのである（梅棹 1974, 182）。

梅棹が国家に直接的な光を当てなかった理由は、彼が生態系を背骨にしていたからだけではないだろう。「人間の歴史の法則」を解明しようとしていた梅棹にとって、国家というのは、自然と人間の関係形成における、ほんの小さな一要因にしか見えなかったのだろう。あるいは、従来の科学的精神に則って文明を構成する個々の諸要素を分析的に扱うのではなく、「もっぱら総合と洞察を武器にしなければならない」（梅棹 1974, 115）と考えたからこそ、あえて国家を特別に切り出すことはしなかったのかもしれない。

梅棹の「生態史観」は図7－1に要約されている。梅棹は、共同体の生活

---

[1] 生態系の単位に基づいて文化を類型化する風土論の系譜は、和辻哲郎の『風土』をもってその端緒となすが、和辻はアジアの実証的な踏査を行ったわけではない。それゆえに、その観念論的な地域分類には批判もある（内田 1999）。ただし、地域の特殊性を重んじ「風土的に異なる諸国民にそれぞれの場所を与え得なくてはならない」という共存の発想は、のちの梅棹の平行進化論にも通じる認識として注目すべきだろう。

図7-1　梅棹の地域分類

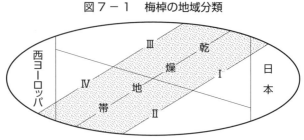

出所：梅棹（1974），170。

様式のデザインを問題にする機能論の立場から、それまでの文化伝播の起源に依拠した系譜論とは異なる地域類型を提案した[2]。

　まず、アメリカ新世界を除くすべての旧世界がこの楕円形の中に納まっている。そして左右にある垂直の線の外側（西ヨーロッパと日本）を「第一地域」、その間に挟まれている地域を「第二地域」と呼ぶ。第一地域は「野蛮な民」としてスタートし、当初は先進地域であった第二地域の文明を導入し、のちに封建制、絶対主義、ブルジョア革命を経て現在は資本主義による高度近代文明を持つに至った地域である。これに対して第二地域は、もともと古代文明を発生させた地域であるにもかかわらず、封建制を発展させることなく、巨大な専制帝国をつくった。その多くは第一地域の植民地になり、最近になって数段階の革命を経ながら、近代化の道をたどろうとしている地域である。

　図の両端に位置する日本と西ヨーロッパは、ともに第一地域に属するので、歴史の型がよく似ていると梅棹は言う。第一地域の間に挟まれた第二地域は、暴力と破壊の源泉であり、特に乾燥地帯に暮らす遊牧民は「悪魔の巣」であると梅棹は表現した[3]。これに対して第一地域は暴力の源泉から遠く、それゆえに社会制度、宗教、文化など広範な面で第二地域とは異なる歴史を歩むこ

2）梅棹は『文明の生態史観』の中で、この図に東欧と東南アジアを加えた「修正版」を提示しているが、ここでは最もシンプルな原初図だけを掲げておく。
3）和辻流に言えば「草地や泉を自然から戦い取る」必要が生まれたのが乾燥地であり、この戦いにおいて人間はさらに他の人間との対立を強いられるようになる（和辻 1935, 57）。

とができた。封建制を経験したという共通項を持つ第一地域は、地理的に遠く離れていても、似たような条件のもとで平行進化を遂げてきたというのが梅棹の主張である。

一方で、第二地域の中にはいくつかの小区分があり、(Ⅰ) 中国世界、(Ⅱ) インド世界、(Ⅲ) ロシア世界、(Ⅳ) 地中海・イスラム世界がある。いずれも、巨大帝国とその周辺をとりまく衛星国という構造を持つ。ここで梅棹が主張しようとしたのは、「アジア」という分類が十分に有効なものではなく、日本はアジア諸国よりも、むしろ西欧との共通性を多く有しているということである。ここからアジアの途上国にとって「日本の近代化は手本にならない」という政策的示唆が導かれる。梅棹の力点は地域間関係を描きだすことではなく、それぞれの地域の歴史的成り立ちを解明することであった。

梅棹の真骨頂は、「外国」と言えばヨーロッパとアメリカのことしか眼中になかった当時の日本人に、西洋と東洋の間にインドから中近東まで横たわる「中洋」の存在を知らしめ、そこに広大な乾燥地帯が広がっていることを示したことである。和辻哲郎は『風土』の中で、その芸術的な直観に基づいて「モンスーン」「牧場」「乾燥地帯」という3つのくくりを見出したが、梅棹は自らの足で世界類型を地面からくみ上げ、「日本はアジアの一部」という常識をゆさぶる新たな日本文明の位置づけを行った。

そもそも梅棹はなぜ新たなくくりの提示にこだわったのか。それは彼自身がアジアを自分の足で歩いてみて、当時、世界的な影響力をもちつつあったアーノルド・トインビー (Arnold Toynbee, 1889-1975) の文明区分に不満を抱いたのが大きかったようだ。日本を朝鮮と同じような中国の衛星国と位置づけようとしたトインビーに対して、梅棹は日本文明に新たな位置づけを与えたかったのである。「トインビー説はやはりいかにも西洋人ふうのかんがえ方だと思う。東洋人が、日本人がかんがえたら、もうすこしちがったふうにかんがえる」(梅棹 1974, 81) と言った梅棹の心の内には、自らの属する日本やアジアを西欧出自の議論で色づけられることへのフラストレーションと、和製のアイディアによる対抗という心意気があったのだろう。

学問は、現象に新たなくくりを見つけて、それに名前をつけるところから始まる。梅棹による「中洋」も、その地域を1つの学問的な焦点にするため

に必要な「くくり」の名称であった。重要なのは「くくり」そのものではなく「くくり」の作られ方であった。梅棹は西欧人が見向きもしなかった中央アジア各地を歩き回ってアジア的専制国家のような暗くて停滞したイメージを振り払い、生活のあり方を下から理論化しようとした。それは、どちらかと言えば上から演繹的に文明をくくろうとした当時の西欧での議論とは異なる方式であった。

たとえば梅棹の現場観察には「宗教は生きているが、施設は古ぼけている」という、まるで観察対象を生き物として見るかのような洞察がある。梅棹によると日本では宗教施設にはコケが生えていても機械はピカピカに磨かれている。良い悪いを論じているわけではない。「生きているものの種類は、やはり、国によってことなるのだ」（梅棹 1974, 243-244）という一見あたり前の指摘は、現地をくまなく歩いたからこそ深みのある味を出す。このように文明化の「一本道」を想定する進化史観では説明が届かないところに光を当て、平行進化という別の説明原理を持ち込んだのが梅棹の貢献であった。

2 中尾佐助と照葉樹林文化論

京都学派の探検から生まれたもう1つの重要な仮説が中尾佐助による「照葉樹林文化」である（図7-2）。これは梅棹の探検に3年ほどさかのぼる1952年に中尾が今西錦司をリーダーとするネパール・ヒマラヤ探検のときに着想を得たものである。中尾は、着想に至る旅の行程を生き生きと回顧している。

> 初めてのヒマラヤ旅行は毎日新しい経験の連続である。自然も人間も文化も、ことごとく新しく、奇異なことの連続であった。（中略）日本ならまわりの植物はたいていピーンときて、なんの種類かたいていわかるのに、ヒマラヤにくるとそうはいかなかったのだ。ところが奥地旅行に歩きはじめて、一週間もたつとカルチャーショックは消えていき、同時にまわりの植物がどんどん見えてきたのだった（中尾 2006, 395）。

中尾はこのように振り返って「ヒマラヤの中腹の植物界は、そのほとんどが日本に同類のある植物から成り立っている」という洞察を得る。そしてヒ

図7-2　照葉樹林帯

注：アミ掛け部分が照葉樹林帯。
出所：中尾（2006），544。

マラヤの旅が終わりに近づいた12月の、最後のキャンプ地となったカトマンズを見下ろすカカニという丘の上で、中尾は今西との対話を通じて仮説を固める。照葉樹林文化論誕生の瞬間である。

> カトマンズの盆地をとりかこんだ山々は段々暗くなっていく。その山々の相当の部分が、もくもくとした森林になっているのが遠望できた。歩き始めたころにはまるでわからなかったその森林は、三か月たってみると、よくわかってきていた。常緑のカシ類を主体とした照葉樹林なのだ。（中略）ヒマラヤの中腹のネパールの照葉樹林は、東部ヒマラヤ、雲南省、湖北省、九州、日本本土南部へとずっと連なっているのだ（中尾 2006, 396）。

梅棹らの生態学的な地域区分が、ともすると「上から目線」なのに対して、照葉樹林文化の「くくり」が新鮮なのは、地表を覆い、山を彩る植物の分布に各地に固有の生業観察で肉付けし、現場の人々の文化に「下から目線」で迫ろうとしているからだ。そして、照葉樹林文化に含まれる地域が共通して「ジャポニカ型イネの起源とその栽培、あるいはモチ種の雑穀やイネを創出し、それを好んで食べ、儀礼的にもよく利用する慣行」（中尾 2006, 545）をもった地域であるという結論に至る。

中尾の方法は実に入念であった。生態的特徴を軸に仮説的に設定した空間に、ウルシや絹、茶やシソ、家畜や家屋構造といった文化的要素を重ねて「複合を探していく」というのが彼の方法である（中尾 2006, 636）。この作業

によって、照葉樹林文化の特徴の色濃さが地図で確認できるだけではなく、色の濃いところをつなぐことで文化伝播の研究への展開が可能になる。中尾はヨーロッパ地域も視野に入れたムギの伝播を、まさにこの方法で明らかにしていった。

中尾の植物、動物から生業、文化構造に至る観察は広範な幅をもち、人類学者並みの精緻さを備えている。中尾の発想の素晴らしいのは、日本にある植物の類似をヒマラヤや中国で見出したことではなかった。そうではなく、それらの観察事実が収まる箱＝照葉樹林帯という、くくりを発想したところである。イネやウルシ、住居の建築様式などは目で観察できる。だが照葉樹林帯そのもの、その全体像は直接観察できるものではない。それは仮説的に想像して初めて見えてくるものである。このように、思い切った仮説をおい̇て̇み̇る̇ことで、雑多な事実が振り分けられ、事実の一部が特別な意味を帯びて目前に立ち現れてくる。その事実を1つのまとまりとして「くくって」見せる作法が、京都学派の理論に他ならない。中尾は、まさに理論が作られていくダイナミズムを照葉樹林文化論の中で書き残してくれた。

一連の「くくり」に基づくアジア生態区分は、国家という単位を超越しているという意味で明らかに脱国家的である。しかし、それは国家の分析に役立たないわけではない。国家といえども地域の生態的な特性を踏まえなければ持続できないからである。その意味では、梅棹の見定めた「自然と土地との相互作用」を経て下から組み上げられてきた地域の「くくり」は、近代以降に成立した国家の枠組みとの間のズレを際立たせる役割を果たしたのである。

Ⅱ　「くくり」の関係論

1　川勝平太の「文明の海洋史観」

梅棹や中尾が陸域を焦点に文明の基本分類を提案したのに対して、海の視点から梅棹の生態史観に修正を試みたのが川勝平太である[4]。川勝は京都生ま

4）海域世界への着目は、当然のことながら川勝が最初というわけではない。たとえば家島（1994）を参照。ここでは梅棹の議論と正面から向き合ったという点で川勝を特に取り上げる。

7章 「くくり」と「出入り」の脱国家論　163

れではあるが、京都学派の薫陶を直接受けた人ではない。だが、今西や梅棹の仕事に最も真剣に向き合った一人であり、京都学派の生み出したアイディアを派生的に膨らませることに貢献した人であることには間違いない。

　1990年代に登場した川勝の議論に特徴的なのは、地域的なくくりの相互関係の作られ方に注目する点である。そこには「国家」の顔が見え隠れする。国家との距離感という点で、特に特徴的なのは「海洋史観」にある次の視点である。

　一つ一つの島の歴史を、大小の海洋（海域と大洋）から眺めれば、海がつなぐネットワークの連関の中で見直すことになるだろう。世界史を島々と海とからなるいわば〈多島海〉という座標軸のもとに見直すのである。それは帝国主義的発想の対極にたつ。帝国主義は、島々を帝国内部にかかえこもうとする、いわば囲い込みの思想にささえられている。帝国は帝国外の存在に対する排他性の思想を含んでいる。それに対し、ここでいう多島海とは、一つ一つの島が自立しながら、海によってつながっている様をとらえたものである（川勝 1997, 142）。

　川勝は、それまで支配的だった陸地史観を補完する重要な視座として海洋史観を提示し、その主人公として「船を生活手段にしてきた海民、漁民、商人、海賊などの非農業民、非牧畜民に光をあてる」（川勝 1997, 142）ことを提唱する。言い換えれば梅棹が打ち立てた「くくり」の間を行き来しながら媒介する人々に着目しようとしたわけである。

　海洋史観の要諦は、海からくる外圧に対するレスポンスとして形成された経済社会、という見立てにある。単に舶来品が海を渡って入ってきたというだけではなく、それらの珍しい文物と交換できるものを自ら作りたいという「レスポンス（反応）」を島の側に生み出したという視点は貴重である。このレスポンスのあり方が、日本と西ヨーロッパにおける近代化の原動力になったというのが川勝の仮説だ。

　図7－3にある海洋史観と梅棹の図式（図7－1）とを比べたときの明らかな違いは、海域に物流のルートが加えられていること、そして陸域内におけるモノや人の流れを付加して、地域間交流に新たなダイナミズムを与えて

図7-3 文明の海洋史観（近代以後）

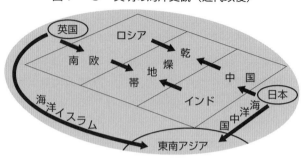

出所：川勝（1997），206。

いる点である。地域のくくりは、その生態的な特殊性に基づく区分にとどまらない。その特殊性が可能にする交易が、さらに地域の特殊性を深めるという動きを喚起する。グローバル化の過去と未来を考えるとき、この視点は欠かせない。

ところが、歴史学者の限界というべきか、川勝は新たな焦点としての漁民や商人、海賊といった海を渡る人々の主体性や戦略を掘り下げなかった。この掘り下げを行ったのがあとで取り上げるジェームズ・スコットの『ゾミア』であるが、その話題に移る前に、梅棹のモデルをさらに発展させた高谷好一の「世界単位論」を見ておこう。

2　高谷好一の「世界単位論」

高谷は、世界の秩序や構成を理解する論理として、列強の領地争奪戦の結果として引かれた「国境」がいかに不自然なくくりであるかという問題意識から出発した。そして「住民自身にとって意味のある地域単位」（高谷 1997, 8）として「世界単位」という代案を示す。高谷が重視するのは、地域住民に共有されている世界観であり、その世界観が作り出す生業や社会構造である。川勝は、くくり相互の物理的・経済的な関係に注目したが、高谷のそれは「共存」としての関係である。システム全体の機能を前面に置くのが海洋史観であるとすれば、システムを構成する個別のくくりの独立性を前面に出すのが「世界単位」の発想である。これは今西の「棲み分け」論を地球規模

の社会分析に拡張したものと見てよい。

　共存原理としての世界単位は、各地域の生態的特徴を基礎条件にしながら、3つの大分類に区分けされる。すなわち、特定の場所の生態条件に依拠し、それへの長期適応から生まれる「生態型」、動き回る人々が緩やかに形成する「ネットワーク型」、インド世界と中国世界に代表される、大きな思想が地域の生態を抱え込んでいるような「コスモロジー型」である。アメリカやアフリカなど、梅棹の「生態史観」が省いていた新世界を正面から「世界単位」の類型に含め、世界全体をくくってみせた点が高谷の新しさである（高谷 2010）。

　ところで、高谷の議論で注目しておきたいのは、梅棹に端を発する従来の「くくり」論よりも、各々のくくりの独立性をいっそう強く示し、なおかつ国家を意識している点である。高谷は言う。

> 私は「世界単位」を持ち出して直ちに国家を否定しようとしているのではない。特にアジアのように国家が一見うまく機能しているような所では国家を否定する理由はない。ただ、「世界単位」という考え方を用いて、国家をより正しく理解してもらおう、よりスムーズに運営してもらおう、とそういう気持ちで私は「世界単位」を提唱しているのである（高谷 1997, 188）。

　「より正しく」という形容を筆者なりに受け止めれば、「国家の限界を知る」ということになる。人口や経済成長に対する生態的な許容量は限界の1つであるし、諸地域のもつ文化的固有性に対して、国家がどこまで法律や政策の論理で上書きするのを許すべきか、という問題もある。

　世界単位の同定を通じて、高谷は調和と共存の論理が各地域をまとめる自然条件に基づく本来のくくりであることを見出していく。そして、高谷にとっては、そのくくりを壊す力が近代の論理ということになる。高谷が問題にするのは、与えられた自然環境に合わせようとするのではなく、文化と自然を対立的に捉えて文化や国家の都合で自然を変えていこうとする論理の暴走である。

　高谷は世界単位論の政策的示唆を明示しているわけではない。だが、彼の論理を進めていくと、国家を規制していく方向を目指すということになろう。

東南アジアの文脈では、ASEAN（東南アジア諸国連合）のような諸国家の連合の作り方や運営方法に「世界単位」の示唆を向けるのも1つの方向性になる。

　このように、梅棹や中尾に端を発する「くくり」の系譜は、地域分類から、地域の成り立ちへと内容の密度を高めてきた。だが、そこに欠けていたのは、川勝が摑みかけた「くくり」の間を移動する人々の戦略、あるいは1つの「くくり」の内部で利害を衝突させたり、共存を選んだりする現場の人々の姿である。特に、国家への抵抗を試みた人々の振る舞いは、国家の姿を逆照射するうえで有効である。ここで脱国家論の最新版とも言える「ゾミア」へと話題を持続する準備ができた。

Ⅲ　「出入り」から国家を見る

1　ゾミア論

　「ゾミア」とは、ベトナム中央高原を東端とし、インド北東部を西端、そして中国南部を北端とする広大な丘陵地帯を指す（図7-4）。インド、ミャンマー、バングラデシュ地域で「山の民」を意味する現地語 zomi から派生させたヴァン・シェンデル（Willem van Schendel）による造語である（van Schendel 2002）。スコットがこれを『ゾミア——脱国家の世界史』（スコット 2013）で全面的に取り上げたことで有名になった。

　地域研究の対象は、いかにくくられて、分析の焦点として姿を現すのか。たしかに、「南アジア」や「東南アジア」「東アジア」といった私たちになじみのある分類に比べて、「ゾミア」は、まっとうな考察対象になってこなかった。シェンデルに

図7-4　ゾミアの地理的広がり

出所：Van Schendel (2002, 653).

7章 「くくり」と「出入り」の脱国家論　167

とって「ゾミア」とは、まさに地域研究者の視野から零れ落ちた地域なのであった。冷戦体制の中でいずれの陣営にもはっきりと属さないという政治的なあいまいさ、強力な国家の不在、この地域を分析単位として擁護する知識人層の不在という3つの障害が、ゾミアに地域研究の対象としての地位を与えなかったのである（van Schendel 2002）。

　本章と特に関連が深いのは「国家の不在」という指摘である。強力な国家の組み合わせからなる地域だけを考察の対象としていた地域研究に対して、ゾミアにはその外縁領域をはっきりと示すような強力な国家が存在しなかった。これは「中央アジア」の扱われ方と似ている。その意味では早くから中央アジアを1つの単位として見定めていた梅棹の先見性には驚かされる。

　ところで、ここまで見てくると、ゾミアも新たな地理的くくりの1つにすぎないように受け取られるかもしれない。しかし、ゾミアの「くくり」としての新鮮さは、その地理的な側面ではなく、平地との対峙を通じて力関係を浮き彫りにしたところにある。

　それを見事にやってみせたのが、イエール大学で人類学／政治学を教えるジェームズ・スコット（James Scott）だ。ミャンマーでのフィールドワークと多様な既往文献を通じてゾミアの政治的位置づけを深掘りしたスコットは、この地域の生業形態が平地国家の権力から逃避しやすい形で組み上がっているという仮説を打ち出す。山地の人々が焼畑移動耕作を営み、地中に根菜類を植えることを好むのは、平地国家による搾取をかいくぐるために長い時間をかけて形成された逃避戦略であるというのがスコットの見方だ（スコット 2013）。

　スコットの接近方法は、平地国家と山の民を媒介する税、交易、平地の常備軍の行動、奴隷を含む労働力、文字や文化などの歴史的交流に着目しながら、「国家」の正体を浮き彫りにすることであった。スコットの視点を筆者なりに換言すれば、周辺の民は、常に国家に敵対してきたわけではなく、ときには交易を介して密接な関係をもちつつも、付かず離れずの「出入り」を繰り返してきた。

　日本人による東南アジア生態論の中では、こうした国家を取り巻く人々の動きについてはほとんど看過されてきた。人々の振る舞いを正面から扱うは

ずの文化人類学や農村社会学では、遊牧や焼畑に伴う人々の物理的な移動が調査課題になったとしても、国家との距離という観点から人々の動きを焦点にすることはなかった。国家は分析の対象ではなく、むしろ迷惑な存在として暗に「所与」とされる傾向が強かったために、いつの間にか「地域住民対国家」という枠組みが固定化することになった。

スコットの取り上げた「動き回る人」への着目は、それまでの国家や山地民に対する固定概念を揺さぶる効果をもつ。焼畑移動耕作や特定の指導者を持たない山地に独特の営みは、かつての原始社会の面影を今に残す遺物などではなく、国家に取り込まれまいとする人々が戦略として作り上げ、国家と共に発展してきた抵抗の証であるとスコットは考えた。梅棹の「生態史観」と比べたときのスコットの貢献は、地域の平面的な区分からは見えてこない地形の起伏に政治的な意味づけをしたこと、そして山地と平地を媒介する人々が2つの世界の相互作用を通じて互いの秩序を同時に作り上げていく関係を焦点化したことである。

では、梅棹をはじめとする京都学派の脱国家論と、ゾミア論の視角には「国家を正面から扱わない」という消極的な共通項しかないのだろうか。

2　スコットと京都学派の共鳴

再び、京都学派の親元である今西錦司の思想に立ち返り、この問いへのヒントを求めることにしよう。今西がダーウィン進化論に対抗する形で提示した棲み分けや分化の発想は、筆者から見ると国家の分析に思いがけない親縁的なアイディアを宿している。今西は個体のレベルではなく、種のレベルに注目して、そこに棲み分けがあるのを発見したが、この考え方は、生物に限らず社会を考える枠組みにもなる。

「生物は無駄な抗争はしない」と考えた今西は、環境からくる選択圧を引き金にして生じるとされた「生存競争」の発想に真っ向から立ち向かい、逆に個々の生き物が環境に働きかける主体性の存在を前提とした理論を組み立てようとした。今西の考え方がよく表れているのが、下記の引用である。

……食糧の乏しいときには、一インチでも二インチでも背の高いキリンが

食物にありついて生きのこり、もう一頭の食物にありつけなかったほうのキリンは、生存競争の敗者となって、餓死してしまうというのであるが、抽象論としては、そういうことも起こり得ないとはいわない。しかし、こんなあほうなことが、はたして現実の自然のなかで、起こりうるだろうか。私の反論はいつでも、自然に密着したところから出発する。アフリカのサバンナでは、大きくて高いアカシアのような木は、なるほどポッツンポッツンとしか生えていない。しかし、一本きりというのではないのである。そうだとすれば、さっきの競争で敗れたキリンは、なにも餓死したりなどしなくても、動いていって、どこかで自分の背丈にあった木の葉を食えばよいのである（今西 1993, 100）。

ここに京都学派とゾミア的な脱国家論との第一の共通点がある。生き物はそれぞれの生きる場所を見つけて、そこに動いていく、という今西流の「主体性」の考え方である。生物の進化を環境要因で説明するダーウィン流の発想方法に対して、今西は個々の生き物に主体性をもたせる視点をとった。研究者として駆け出しの頃の今西が、生き物としては明らかに弱いのに、それなりのニッチを探してひっそりと暮らしているカゲロウを研究の材料にしたのには、こうした考え方が根っこにあったと考えてよい。

スコットの見方は「山に暮らす野蛮人」が、これから平地文明に取り込まれようとしている段階にある人々ではなく、平地国家との交渉過程で作り出された人々であること、つまり平地国家との長い交渉の中で平行進化をとげてきた主体的な人々であるとした点で今西の視点に通じる。

今西が人間社会を初めて本格研究した成果としてまとめた『村と人間』を読むと、スコットとのいっそう強い共鳴を感じざるをえない。

農村の成立が古いといっても、今日の都市と共存している農村は、農村としてはもっとも新しい、進化した農村でなければならない。サルだって、今日このせちがらい日本で、人間と共存し、人間の作物をかすめつつ生活してゆく能力をそなえているかぎり、そのサルは、むかしののんきな時代のサルとはちがって、サルとしての進化、サルとしての近代化を、ある程度までとげているもの、ということができる（今西 1952, 3）。

「サルとしての近代化」という表現には今西らしさがにじみ出ている。今西の場合は、擬人化によって自らの想いを対象に投影する。今西にとって「自然」とは、自己の延長として感じるべき対象に他ならなかった（丹羽1993, 40）。動物と人間の相互作用を重視するというのが、今西方法論の神髄であるが、その視点は、スコットが平地民と山地民の相互作用・相互依存を見出したことに重なってくる。

二番目の共通点は弱者へのまなざしと、そこから強者を含めた体系を説明する論理を導く手法である。今西は、生物が経てきた長い歴史の中で、ダーウィン流の生存競争が働いているのであれば、なぜカゲロウのような弱い生物も生きられているのかという単純な疑問から着想を得た。ここから彼は、強いものが弱いものに置き換わっていくのを自然の摂理とするのではなく、むしろ弱いものが自らの居場所を主体的に見つけていくという「棲み分け」の発想に至る。それぞれの生物が自分の居場所を求めて特殊化していく過程に生物進化の源泉を見ようとしたわけだ。

最後の重要な共通点は、本人らがそのように意図していたかどうかは別として、仮説の提示を重んじて、そこを足掛かりに新事実の地平を開拓したことである。この点は今西よりも中尾の照葉樹林文化論に顕著だ。中尾は事実の収集よりも、それを意味づける仮説から派生的に問いを繰り出し、研究の地平を飛躍的に拡大させた。彼の照葉樹林文化論は、三日月地帯からどのような経路で植物や生業文化が波及していったのかという新たな問いを喚起したし、ゾミア論の方は、従来、経済合理性や文化的伝統という観点からのみ説明されていた生業や住居の形態を権力との関係から位置づけ直す機会を作った。

このように、今西に端を発する京都学派とゾミア論には、表面的な脱国家的視角以上の共通項が見出せそうである。では、これからの国家論はどのような方向に進んでいくのだろうか。

3　新たな国家論の可能性

スコットは「人の動き」を、国家権力への出入りという観点から再定義した。権力への抵抗手段として最も効果的なのは、正面から対立するのではな

く、権力の届かない場所に逃げたことだったからだ。しかし、スコットの面白さは、単に弱者が権力を嫌って山に逃げたというところではない。むしろ必要に応じて平地と交易関係を結び、国家と付かず離れずのしたたかな関係を築いていったという双方向性を指摘したことであろう。今西流に言えば、その多くがもともと平地民であった人々が、国家の手の届きにくい山地にニッチを求め、その場所に合わせて戦略的に特殊化することで自ら進んで「山地民」になった、というわけだ。

　この発想を逆転させて、今度は国家の側から見るとどうであろう。近代以降の国家は、隣国との競争も意識しながら国内のさまざまな資源の開発や保護を介して人民の領域への「出入り」を繰り返すことで、ある種の分化を経てきたと考えられないだろうか。スコットは国家を所与として、人々の出入りの様子を歴史的に描き出した。それは、文字をもたない周辺の民の主体性を回復する作業でもあった。ここで、今度は国家を所与とせず、むしろ主体的に出入りする存在としてみると、そこには新たな国家論の可能性が浮上してくる。

　国家介入の密度はその勢力圏内においても決して一様ではない。近代国家形成時における国家介入の度合いを決めた条件の1つは、近代国家に有用な天然資源の分布であった。しかし、すべての自然が均質に資源化の対象になるわけではない。森林や鉱物といった経済性・戦略性の高い資源から、水や土地などの農民の生計と表裏一体をなす資源、あるいは生物多様性を含む環境資源まで、介入対象となる資源の特性はさまざまだ。国家は、その時々の必要性と能力に応じて介入の対象を定め、それを実行するための法制度やインフラを整え、資源に近接する地域社会と交渉してきた。

　一方的に介入を深めるだけではない。国家は利害の変化に応じて、いったん独占したはずの資源を放棄したり、民間に移譲したり、あるいは地域住民に任せて特定の場所から「退出」することもある。その意味では「国家」は同じ密度で遍在するわけではなく、時代と地理的条件に応じて「出入り」していたと考えてよい。こうした密度の違いを決める重要な条件が天然資源の存在なのであった。筆者はここに新たな国家論、いや国家を固定的に捉えないという意味で「脱国家」的な接近の可能性を見出すのである。

生態学の特徴は、1つの生態系を構成するさまざまな動植物の相互関係を明らかにし、それが1つの系として組み上がる様子を明らかにするところにある。その作法にならい、京都学派の生態学を一段深い形で社会分析に応用するとすれば、資源に応じた相利・片利の分布、地域に応じた制度や組織の遷移のあり方との比較から新たな理論の提示ができるのではないか。たとえば木材資源から石炭、石炭から石油への資源移行を政治学的に分析したティモシー・ミッチェル（Timothy Mitchell）は、19世紀に入った産業社会が石炭の採掘と移送に依存するようになったことが、炭鉱労働者のストライキに政治的な力を与え、炭鉱を民主主義の原動拠点に仕立てたと言う（Mitchell 2011）。政治的弱者であるはずの抗夫がたまたま要となった資源の分布によって政治力を得たというわけだ。

このように、自然と一定の関係を切り結ぶ人間集団の間の依存関係（生態学で言えば、共生関係）を細かく分析していく道こそが、自然科学と社会科学の境界を自由に越境した今西流の脱国家論的視角を発展的に展開する方向ではないかと筆者は考える（佐藤 2017）。

おわりに

ここまで、アジアの生態系を分類し、その特性を抉り出そうとしてきた京都学派の研究者の足跡をたどり、脱国家論という観点から、欧米で注目されているゾミア論との接続を試みた。そして、京都学派の「くくる」伝統の中に、これからのアジア環境研究の方向性を見出すヒントを求めた。この作業から得られた知見と筆者の所感を次の三点に要約したい。

第一に、京都学派の伝統には競争ではなく、共存の発想が底流にあり、単線的な発展段階論ではなく、平行進化の発想が根本に横たわっていることである。今西派の地域研究の足跡をたどってみて、筆者がそこに見出すのは、よい意味でも悪い意味でも日本人の平等主義が、学問の仕方に働いているということである。今日の社会を競争の結果として、適者だけが生存している世界と見るのか、それとも弱者は弱者なりに自分の場所を見つけてひっそりと暮らしている社会として見るのかでは世界観が大きく異なる。

高谷は今西の共存論を換言し、「優劣といっても、いろいろの条件下での優劣がありうる。ある条件の下ではAが有利かもしれないが、条件を変えればBが上なのかもしれない」（高谷 1997, 212）と述べ、普遍的な優劣を定めようとすることの不毛を論じた。平行進化の立場をとれば、遅れた国や地域を近代化の道に無理に引き込むという発想にはならないし、日本を開発の手本にしようとする発想にもならない。[5] 資本主義的競争がアジアの各地を覆いつくし、自然環境のあり方を大きく改変している今日、平行進化論の政策的示唆を考えることには大きな価値がある。

第二に、まさにそうした相対主義的な傾向が、健全な意味において「政策的な示唆」から距離をおく役割を果たしたことである。単線的な発想をとれば、当然の議論として、次の発展段階に到達するにはどうすればよいのか、という実践論が首をもたげてくるからである。梅棹の「日本にとっての生態史観」という論考は、実践との決別を明確にした論考になっている。この志向性は、第二世代の高谷らを見るとやや弱まっている感があるが、やはり踏み込んだ政策提言をしようとしない点では筋が通っている。地域研究と政策との距離は常に微妙なものがあるが、関与を拒むことは現状の肯定に等しい。ここは、ゾミアに暮らす山の民がとった「付かず離れず」のしたたかな立ち位置をとって、必要なタイミングで必要な政策提言を行っていくことが正しいように思われる。

第三は、「くくり」という分類の作法に発想の出発点を求めたということである。こうした「くくり」は、新たな事実を詰め込むための箱になるが、事実を多く集めても箱にはならない点が重要である。こうしたアイディアの箱が、なぜ特定の時期に集中して表れたのかを説明することは難しいが、一連の研究の水脈となった今西の研究姿勢に注目しないわけにはいかない。今西は、研究対象への接近を何よりも重視した結果、「生物社会学」という馴染みのない分野にたどり着いた。あとに続いた梅棹や高谷といった面々も、従来の「〇〇学」には何とも収まりがつかない、実にのびやかな仕事を残し

---

[5] 1950年代に東南アジアを旅した梅棹は、次のような問いかけをしばしば受けたという。「日本は急速に近代化した。その秘伝を教えてくれ」（梅棹 1974, 64）。梅棹の答えは「日本は違う」というものであった。

た。日本は「地域研究」が、政治学や経済学といった伝統的なディシプリンに負けず劣らず、大学で正当な地位を得ている数少ない国である。そのことの意味を再考させるのに、「人間－自然」の関係ほどふさわしいテーマはない。

　今西の哲学の基層には、世界を成立させているものが、もともと1つのものから生成発展したものであること、それゆえに類縁の認識もまた成立するはずだ、という信念があった。元をたどれば同じ祖先に行き着くのだから、一見離れている存在に見えても、お互いを直観的に理解できるに違いないという考え方である。

　この発想を、現在の学問状況に置き換えてみよう。現在の学問状況は、文系と理系という分断に典型化されているように、個別科学が近代以降の産物であるという事実を忘れさせるほど互いの交流を持たない。東南アジア環境学も、それを構成する個別科学が各々の専門家に向けて内向きの発信をしているにとどまっていないだろうか。地域研究は対象と寄り添い、対象が必要とする条件に応じて、いったん離れてしまった諸学を再び1つの場所に引き戻す責務を負っている。このような研究対象に向かう構えこそ、国際的には決して注目されることのなかった京都学派の系譜が私たちに残してくれた遺産であるように、筆者には思われるのである。

引用・参考文献
今西錦司（1952）『村と人間』新評論.
今西錦司（1993）『今西錦司全集　12巻（増補版）』講談社.
内田芳明（1999）「和辻哲郎『風土』についての批判的考察」『思想』903号, 118-131.
梅棹忠夫他監修（1967）『未来学の提唱』日本生産性本部.
梅棹忠夫（1974）『文明の生態史観』中央公論社.
川勝平太（1997）『文明の海洋史観』中央公論社.
佐々木高明（2006）「照葉樹林文化論――中尾佐助の未完の大仮説」中尾佐助『中尾佐助著作集　第6巻　照葉樹林文化論』北海道大学出版会, 763-792.
佐藤仁（2017）「競争史観と依存史観」『東洋文化』97号（近刊）.
スコット，ジェームズ著，佐藤仁監訳（2013）『ゾミア――脱国家の世界史』みすず書房.
高谷好一（1997）『多文明世界の構図――超近代の基本的論理を考える』中公新書.
高谷好一（2010）『世界単位論』京都大学学術出版会.

中尾佐助（2006）『中尾佐助著作集　第6巻　照葉樹林文化論』北海道大学出版会.
丹羽文夫（1993）『日本的自然観の方法——今西生態学の意味するもの』農山漁村文化協会.
家島彦一（1994）『海が創る文明』朝日新聞社.
和辻哲郎（1935）『風土——人間学的考察』岩波書店.

Mitchell, Timothy（2011）*Carbon Democracy: Political Power in the Age of Oil*, Verso.
van Schendel, Willem（2002）"Geographies of Knowing, Geographies of Ignorance: Jumping Scales in Southeast Asia," *Environment and Planning D: Society and Space* 20, 647-668.

8章

政策論と権利論が交錯するコモンズ論

藤田　渡

はじめに

　世の中には、特定の誰かのもの（私有）、とか、国や地方公共団体のもの（公有）、というように、所有者が明確なもののほかに、「みんなのもの」として、多くの人が使ってよい共有のものがある。そうした共有の資源を「コモンズ」という。自然からもたらされる恵み、自然から取り出して利用するものは、各自個別に所有するより、コモンズとして集合的に管理・利用するほうが合理的な場合が多い。コモンズをうまく利用・管理する方途を考えることは、いわゆる環境問題の中でも重要なトピックの1つである。

　東南アジアでは、熱帯林など重要な自然資源を地域住民による共有資源として管理する手法が、1990年代頃から議論・実施されてきた。では、コモンズをめぐる動きから、東南アジア地域の環境と社会の連関について、どのような断面を見ることができるだろうか。コモンズは、どのように社会の変化を映し出し、あるいは、コモンズ自体が社会を変える契機となるのだろうか。地域の人々にとって、コモンズはどのような意義を持ち、どのような将来が展望できるのだろうか。本章では、こうしたことについて考えてみたい。

　以下では、まず、いわゆるコモンズ研究の展開を概観する。続いて、現代の東南アジア社会の環境面での主要課題である森林について、タイで筆者自身が研究してきた事例も交えてコモンズと地域社会の動態について考える。最後に、地域の人々の生活という視点から、今後の課題を示す。

I　コモンズ研究の展開

　コモンズが、自然資源をめぐる社会科学的な研究の中で注目されるようになったきっかけは、1968年に公表されたギャレット・ハーディンの「コモンズの悲劇」という論文（Hardin 1968）だった。彼は、複数の人が牛を放牧させる共有の牧草地を想定し、それぞれが自己の利益を最大化させる合理的行動とは何かを考えた。ある人が放牧させる牛の頭数を牧草が持続的に維持される範囲を越えて増やせば、自分の得られる牧草の量は増える。一方、資源全体がダメージを受け減少する影響も受ける。しかし、差し引きはプラスとなる。その場合、各人がどんどん牛を増やすのが合理的行動となる。その結果、共有の牧草地は劣化する。ハーディンは、こうした計算から、コモンズは資源の劣化を招く、個人所有か公的な所有のほうが持続的に管理されると結論づけた。コモンズ研究は、こうした「コモンズの悲劇」論への反論として現れた。コモンズを持続的に管理・利用している実例についての人類学的・社会学的なフィールドワークが行われ、成功要因の実証的分析が行われた（McCay and Acheson eds. 1987）。さらに、エリノア・オストロム（Ostrom 1990）は、持続的なコモンズ利用・管理の条件について理論化を図った。ゲーム理論を下敷きにしつつ、ハーディンのような単純な架空の条件ではなく、実証研究の事例分析から、各人が協力する選択をとることが合理的になる条件を示したのである。

　このようにして、コモンズは、不合理で解消されるべき前近代の残滓から、逆に、持続可能な自然資源利用の有力な手段として期待されるようになり、それを実践する現地の人々の文化・社会に対する価値づけも高まった。学際的なアプローチによる研究が進められ、今日では、従来の伝統的な自然資源管理だけではなく、インターネット環境のようなものまで、多様な資源がコモンズの概念で説明・分析されるようになった。また、コモンズの持つ性格に応じた整理・分類も試みられてきた。例えば、資源へのアクセスに着目した、誰もが自由にアクセスできるオープン・アクセスなものと、一定の範囲のメンバーのみに限るコミュナルなものという区分、コモンズに関わる人々の範囲の広さに着目したローカル・コモンズ、パブリック・コモンズ、

グローバル・コモンズという区分（秋道 2004）、ローカル・コモンズの中でも、集団内の規律の有無・明示性による「タイトなローカル・コモンズ」と「ルースなローカル・コモンズ」への区分（井上 2001）などである。

オストロムらを中心とする北米のコモンズ研究は、多数の事例から持続的なコモンズの管理の条件を抽出することに主眼を置いていた（三俣編著 2014）。これに対して、日本でのコモンズについての調査研究は、自然資源の管理のメカニズムだけでなく、より大きな社会、政治、経済と関連づけた議論や、生態環境に埋め込まれた文化としての意義づけなど、多面的な分析・議論が行われてきた。特に、1990年代以降、北米のコモンズ研究の流れを受けつつ、より地域研究的な関心から研究が展開した。

「コモンズ」を冠したものとしては、「コモンズの経済学」（多辺田 1990）が端緒である。ただし、多辺田のコモンズ論は、上記の北米でのコモンズ研究ではなく、社会的共通資本やエントロピー論などを土台に、自然のサイクルによる非貨幣的経済とそれを基盤に支え合って生きる人々の協同的社会関係をコモンズと位置づけ、その重要性を訴える。ただ、ヤップ島や沖縄の事例を参照してはいるものの、理論的な検討に傾斜し、市場経済システムを真っ向から否定する態度は、空理空論的にも映る。

その後、より現実的に、地域に暮らす人々のコモンズの利用・管理の実践を、フィールドワークによって明らかにする研究が盛んに行われるようになった。そうした研究に共通する基本的な姿勢は、地域の人々による共有資源管理の仕組みに着目し、人々の生活、地域の社会生態の文脈の中でその変化を分析しようとするものであった。例えば、「コモンズの社会学」（井上・宮内編 2001）は、近代化・貨幣経済の浸透など社会経済の変化の中でも、コモンズが依然として、現金収入を含め生活に必要な資源を安定的に供給する基盤であり続けていることを明らかにする。日本の入会は近代化の中で衰退してきたが、近年、都市・山村の交流などの中で新たな利用形態が生まれつつある。インドネシア・ソロモンでは、国家の資源管理制度や自然保護政策による圧迫を受けながらも、地域住民が生活に必要な資源への権利を勝ち取ってきた。こうした社会経済的な文脈の違いを確認したうえで、それぞれの文脈で参加型資源管理による内発的発展を模索すべきだとする。

一方、秋道（2004）は、同様の問題意識から出発しつつ、文化と生態の相互作用系に着目する。地域住民による伝統的なコモンズ管理を、それぞれの生態環境の中で生きることによって育まれた在地の知恵と捉えるのである。資源をめぐる宗教的な禁忌、共同体内部での規制・分配のルール、それらをめぐるさまざまな社会秩序も含めて、人々が協同で生きるための工夫そのものをコモンズと見なすような、生態学的なコモンズの分析視角を提唱する。秋道は、コモンズをめぐる具体的な政策論を提示するわけではないが、その含意するところは、井上・宮内と同様に、地域の人々の主体性を重んじることで環境の持続性が図られる、という基本的視座であろう。こうした問題意識をベースにしながら、グローバル化の中で、多様な主体の協働によりローカル・コモンズを守ってゆく社会のあり方を理論化する動きも見られる（三俣他編著 2010; 室田編著 2009; 三俣編著 2014）。

　このようなこれまでのコモンズ研究では、生態環境と社会の相互作用系全体を見通しながら、その結節点としてのコモンズのあり方を追求してきた。しかし、そうした全体を「仕組み」あるいは「システム」として捉えることに力点が置かれ、仕組みが作られたり、仕組みが実施されたりする場面で、それぞれ思惑の異なる当事者間の間に働くポリティクスにはあまり注意が向けられてこなかった。次節以下では、こうした問題意識も踏まえて、東南アジアにおいて、地域の人々のコモンズとしての森林管理がどう議論され、実際にどう展開したのかを見てゆく。特に、森林や自然環境をどのように持続的に管理するかという政策論と、地域に暮らす人々の側が自らの共有資源であることを主張する権利論という2つの側面から整理する。

II　政策論としてのコモンズ

　東南アジアの多くの国では法律上、森林は国有である。政府による独占的な管理のもとで、国立公園のような保護区に指定されたり、木材伐採の許可が企業に与えられたりした。しかし実際には、人々は森林を開墾して農地を広げ、生活に必要な資源を森林から採取してきた。政府がこうした地域の人々による森林利用を完全に禁止することは、人々の生存という点からも、

それに必要な予算や人員の点からも現実的ではなかった。こうした国家による独占のため、森林を大切にしようという人々の意欲がそがれる、という指摘もなされた。コモンズ研究の進展に伴い、森林を、国家の独占的管理から地域の人々の共有資源とするほうが持続的に管理・利用される、という考え方が広がった。コモンズ研究の成果を反映し、政策ツールとしてマニュアル化・パッケージ化され、東南アジア各国の政策にも取り入れられていった。井上（2003）は、各国の事例を比較分析し、共有の森林管理に特化した組織を作ることが多いこと、二次林・荒廃林を対象にしたものが多いが、天然林での商業伐採を委託された事例もあり、また、焼畑が認められている事例もあること、天然の植生の管理と植林活動・植林地の管理の両方があること、などを示す。このような多様性を反映してか、その呼称もさまざまである。ここでは、それらを包含する語として、「地域住民主体の森林管理」を用いる。

具体的な政策論として地域住民主体の森林管理が実質的に初めて唱えられたのは、国連食糧農業機関（Food and Agriculture Organization: FAO）による「コミュニティ林業」（community forestry）であろう。地域住民が何らかの形で森林管理に関わるということは、それ以前からあった。例えば、植民地期にイギリスがビルマで行ったタウンヤーやそれを模倣してオランダがジャワ島で行ったトゥンパンサリと言われるチーク植林のスキームでは、まだチークが小さい間、苗木の間の土地を耕作することを認める代わりに、チーク植林地の管理を農民に行わせた。1970年代頃からインドで行われた「社会林業」（social forestry）では、村人が薪炭材などに用いるための樹木を村内の公共地や道端に植樹させた。しかし、こうしたスキームは、政府が策定したものをトップダウンで実施したものだった。そうではなく、地域住民が計画策定段階から参加し、より彼らのニーズに即した植林や森林管理を行うことで、持続的な森林管理と農村開発の両立を図ろうとした。それが「コミュニティ林業」である。1970年代からFAOを中心にさまざまな国際会議で議論が重ねられ、1987年にはForest, Trees and People Programが始まり、実践的なスキームが開発された（FAO 1992）。FAOは、地域住民との接点が全くなかった途上国の森林官が「コミュニティ林業」を実践できるよう、各種出版物を製作・

配布し、研修を実施した。

　東南アジア地域でそうした活動の中心だったのが、タイ・バンコクに設立されたRegional Community Forestry Training Center for Asia and Pacific（RECOFTC）である。RECOFTCは、国際連合、FAO、スイス政府、タイ国立カセサート大学によって1987年に設立された。設立以来、アジア・アフリカ地域の森林官やNGOスタッフなどを対象に、「コミュニティ林業」に関する実践的な研修を行ってきた。「コミュニティ林業」の理論と実践を総合的に学ぶ長期のコースのほか、紛争解決、所得向上など、トピックごとの短期のコースが実施された。1990年代後半、筆者はこの研修を見学したことがある。そこでは、以下のような点が強調されていた。農村開発で用いられるrapid rural appraisalという調査スキームで村の社会経済や自然資源利用の実態を簡便に把握する。村の人々とのミーティングで、民主的に資源の利用や管理に関するルールや組織を決めてゆく。その際に、村の有力者など、特定の人の意見や利害に偏らず、特に貧困層や女性など、政治・経済的に弱い立場にある人々の意見が十分に主張され反映されるように留意しなければならない。こういった地域住民主体の森林管理の根幹である村落社会をベースにした住民の組織化の手法に加え、各種紛争処理や非木材林産物を活用した所得向上などについても含むものだった。そのようにして、地域住民の1人1人にとって森林を価値のあるものにすることにより、森林の持続的利用が実現される、という趣旨である。

　RECOFTCのほか、「コミュニティ林業」を直接扱うわけではないが、International Center for Research in Agroforestry（ICRAF）やCenter for International Forestry Research（CIFOR）といった国際的研究機関もそれぞれ、アグロフォレストリーによる持続的な自然資源利用と農民の経済的脆弱性の軽減、地域住民の森林利用の実証研究や森林政策の評価・提言という面で、地域住民主体の森林管理を後押ししてきた。こうした国際社会の動きにも影響され、途上国の政府も地域住民主体の森林管理を導入するようになったのである。

Ⅲ　権利論としてのコモンズ

　前節で見たような地域住民主体の森林管理に関する政策論は、森林を保全することを最終的な目的とし、その手段として地域住民に資源管理を委ねるものである。地域住民の生活の向上や安定は、それが持続的な森林管理に資する、少なくとも害にはならない、という限りで追求されるべき副次的なものとなる。これに対して、地域の森林資源を近隣の住民がコモンズとして利用・管理することは、人々の権利である、というアプローチがある。そうした権利の承認を求める声が、地域住民主体の森林管理のもう一方の推進力となった。

　東南アジアにおいて地域住民主体の森林管理が政府の政策に取り入れられたのは、主として1990年代以降である。例えば、タイでは1989年に天然林の商業伐採が全面停止されたのち、地域住民による慣習的森林利用を「コミュニティ林」(pa chumchon) という形で公的に認めていった。フィリピンでは1970年代より、徐々に国有林での伐採跡地管理を地域コミュニティに託すようになったが、1995年の行政命令により、地域住民主体の森林管理が制度化された（葉山 2012）。インドネシアでは1998年のスハルト政権崩壊後、「コミュニティ林」(hutan kemasyarakatan) として、地域コミュニティによる森林資源管理を認めるようになった（島上 2015）。他方で、マレーシアのように、先住民の慣習地を除き、地域住民の森林資源への権利を認めない国もある。

　政治的民主化や地方分権化の流れの中で、地域の人々が、自らの生活に密着した自然資源に対する慣習的権利を主張し、運動を展開していった。例えば、タイの場合、1989年に、北部のチェンマイ県フアイケーオ村での村人たちの運動をきっかけに、「コミュニティ林」が政府・森林局に公的に容認されるようになった。村人たちが慣習的に共同で利用し、また、水源林として保護してきた森林において、企業が早生樹植林を行うプロジェクトを計画し、森林局が許可を出した。これに対し、村人は反対運動を起こし、自分たちの森であると主張した。その結果、森林局も「コミュニティ林」とすることを容認した。これは、それまでに展開していた木材伐採反対運動の帰結でもあった。このとき、タイはちょうど、議院内閣制に復帰したばかりだった。

このチャートチャイ政権がクーデターで倒されたのちの軍事政権下では、「農民のための土地分配プロジェクト」（通称、コーチョーコー）により、国有林地内に居住・耕作する農民が、劣悪な条件の土地に強制的に移住させられる。1992年5月の流血事件に至る民主化運動に呼応するように農民たちの「コーチョーコー」反対運動も展開し、最終的に、プロジェクトの全面的撤回と、農民たちのもとの土地への帰還が実現する。その後、民主化が進む中で、コミュニティ林の実践も急速に広がり、地域コミュニティの自然資源に対する権利も盛んに主張されるようになり、1997年憲法にも明記されることになった。

　インドネシアでの地域住民主体の森林管理「コミュニティ林」もこれに似た経緯をたどっている。もともと森林は国有であり、地域の人々の慣習的権利は法律上、一応の定めはあったが、政府による資源開発が優先され、軽視されていた。スハルト政権末期の1995年には、「コミュニティ林」が政策として始められていたが、目立ったものではなかった。ところが、1998年にスハルト政権が崩壊し、民主化・地方分権化が進むと、この状況が変わる。1999年に制定された森林法では、依然、森林は国有であり国家が独占的に管理するとしているものの、「慣習法社会」や「住民参加」に関わる規定を設けた。その後、何度か大臣決定や省令・政令などが出され、現場は混乱したが、2007年の林業大臣規則後は「コミュニティ林」が実質的に動き出した（島上 2015）。こうした国レベルでの制度・政策の動きとは別に、2001年に地方分権化が始まると、県政府が独自に地域住民に森林に対する権利を付与する施策をとった。地域住民に対して木材伐採許可を乱発し、森林の荒廃を招いた自治体もあったが、東カリマンタン州西クタイ県のように、県政府・NGO・大学の研究者・企業職員・住民代表からなるワーキンググループによる森林政策立案や条例制定、各村落に対し慣習的な森林管理の権利の公的な認証を行うなど、当時、非常に先進的な森林政策を実行する自治体も現れた（井上 2004）。こうした動きは、スハルト政権崩壊後、それまで抑圧されていた地域の人々が、自らの権利を強く主張するようになり、また、分権化により、そうした人々の声を無視できなくなったことによる。単に経済的・物質的な意味だけでなく、人々の文化的アイデンティティとして、各地で慣

習を尊重し復興させようという動きが盛んになった。各地の「慣習社会」の間の繋がりもでき、政治的に力を持つようになった（島上 2015）。

　タイ、インドネシアとも、地域住民による森林への権利の主張が盛り上がった背景には、NGOや大学の研究者など、知識人との連携があった。地域住民の主張に政府や世論に対する説得力を持たせるため理論武装をしたり、地域住民の組織化を行ったりするのに、外部の知識人が大きな役割を果たした。彼らは必ずしも、その地域や民族の出身ではなかった。しかし、人権や民主主義といったより大きな理念に基づき、地域の人々を支援したのである。そうした理念に共感する都市中間層が一定の成長を遂げていたタイやインドネシアでは、地域住民の権利主張が社会的にインパクトを持った。しかし、民族によって分断されたマレーシアでは、そうはならなかったのである（藤田 2008a）。

IV　政策論と権利論の交錯

　このように、東南アジア諸国において、森林を地域住民のコモンズとして利用・管理することを公的に認め促進する動きは、森林を管理する側（＝政府）からの視点と、森林に対する権利を主張する側（＝住民）からの視点の議論が交わるところに展開した。しかし、全体としての森林管理という目的と、個々のコミュニティのレベルで人々が望む森林利用は、いつも一致するとは限らない。

　森林資源の持続的管理と地域住民の権利の主張を両立させるために、実際に、どのようなことが行われてきたのだろうか。例えば、タイでは前述のように、1990年代以降、地域住民が管理・利用する「コミュニティ林」を認めるようになった。その際、単に、慣習的に行われてきた人々の森林管理・利用をそのまま承認したわけではなかった。森林局、地域住民を支援する研究者の双方により、各地の慣習的な森林管理の事例が調査され「再発見」された。そのうえで、森林局やNGOは地域の人々を支援し、成文化された規則や罰則規定、資源管理のための住民組織、「コミュニティ林」の境界標識などを整備し、より「洗練」されたものにしていった。そうすることで、「持

続可能性」を担保しようとしたのである。他方で、地域住民を支援する研究者やNGOは、地域住民には森林資源を持続的に管理する能力がある、ということを強調した。商品作物栽培の普及により、地域の人々が森林を過剰に開墾したことなどは、資本主義によって本来の共同体が弱体化されたからだとされ、伝統的な互助関係を基礎とする地域共同体を復興することで本来の持続的資源管理能力が発揮される、と考えられた（Ganjanapan 2000）。つまり、持続可能な森林管理・利用の条件を想定し、それを実現しようとしていたのである。他方で、「政策論」「権利論」とも、地域住民による持続的森林管理が不可能な場合についての議論はせず、一種の予定調和を崩さなかった。こうした矛盾の中にポリティクスが隠蔽されていたのである。

　「持続的」とは何か、それを実現するためにはどうすればよいか、といった知識は、一見、「科学的」な真実として政治的に中立であると考えられがちである。しかし、実際には、そうした知識は、一握りの知識人が常に作り変え続ける。知識を生み出す側とそれを押しつけられる側の非対称的な関係が持つ政治性は巧妙に隠蔽されるのである（Forsyth 2003）。客観性・非政治性をまとった知識は、権威として人々の間に浸透し、自発的にそれに沿った行動をとらせるようになる。アグラワル（Agrawal 2005）は、インドでの地域住民主体の持続的森林管理政策が成功した要因に、知識が持つそうしたソフトな権力の作用を見出し、「環境統治性」（environmentality）と呼んだ。「政策論」と「権利論」は、それが交わるところで、「環境統治性」の権力、言い換えれば、知識人の権力に転化する。しかし、そうした構図に、時としてほころびが生じることもある。地域の人々も、実はそうした権力に無抵抗なわけではない。次節では、そうした様子を、筆者が実際にタイで調査した事例をもとに詳細に見てみよう。

V　タイでの「コミュニティ林」の展開
　　　——政策論と権利論の相克

1　パーテム国立公園周辺地域での「コミュニティ林」実践
　すでに述べたように、タイでは1989年に初めて公式に「コミュニティ林」

が認められて以降、急速に地域の人々によって認知・実践されるようになった。多かれ少なかれ、人々が以前から利用してきた身近な森林を、「コミュニティ林」として整備していったものであった。筆者が調査していたタイ東北部ウボンラチャタニ県パーテム国立公園周辺の地域でもそうした実践が見られた。この地域の住民はおおむね、低地での天水田農耕を主な生業としてきた、ラーオ系の人々である。緩やかな波状丘陵地帯の底の部分で水田、高みの部分では畑作が営まれてきた。最近ではゴム栽培が急速に広がっている。岩盤があって土壌が浅く耕作が難しい土地を中心に自然の森林も残され、人々は、生活に必要な物資を採取してきた。ところが、1991年に、NK村（現在は、NK村から分村したNN村）にある、そうした森が破壊されそうになった。国の林業公社によるユーカリ植林地の計画を森林局が許可したのである。NK村の人々は、郡役所に訴え出るとともに、反対運動を展開した。その結果、翌1992年に、郡役所の判断により計画は撤回され、対象の森林は、NK村のコミュニティ林として、人々の手によって管理されることになった。コミュニティ林に理解が深かった森林局の職員やNGOの助言を得て、成文の規則、管理のための委員会、防火帯、標識などがつくられた。輪番で見回りも行った。

　NK村のコミュニティ林の設立を見て、周辺の村々でも相次いで、自村のコミュニティ林を設立する動きが広がった。すると、隣接する村同士で、コミュニティ林の境界争いが生じた。双方の村のリーダーにNGOスタッフも加わり解決のため話し合う中で、村落間の連絡・協力のための枠組み作りの気運が高まった。その結果、1996年に、タムボン（行政村の1つ上のレベルの行政単位）内の9カ村からなる「ドンナタムの森ネットワーク」(khrueakai pa dong na tham)が作られた。「ドンナタムの森ネットワーク」は、当初は、村落間の情報交換、視察・研修などを行っていた。その後、この地域で活動していた森林局のプロジェクトと共同で、付近の村々でのコミュニティ林の普及・振興を行った。1999年にタイ政府が世界銀行の融資を受けて実施したSocial Investment Fundの助成事業の受け皿となったこともあり、2003年までに、4つのタムボン、40カ村の規模に拡大した。多くの村が「コミュニティ林」設置に動いたのには、プロジェクトの予算目当てという部分もあったが、

稀少になってゆく森林を、自分たちが使える資源として確保しておきたいという意識の芽生えもあった。その証左に、現在までこの地域の「コミュニティ林」は人々によって維持・管理されてきている。しかし、当初の9カ村も含め、「コミュニティ林」のありようが、純粋に人々の主体的意志によるのかには疑問の余地が残る。最初のNK村の「コミュニティ林」設立時から、森林局やNGOのスタッフが外部の知識を持ち込んだ。その中には、村社会の実情とそぐわない部分もあったにもかかわらず、各村では、若干のアレンジをしながらも、寄合による「村人たちの自発的意志」で、基本的なモデルとしてそれを受け入れた。政府や、広く外部の社会に、持続的に森林を管理・利用するということを説得的に示すためである。それが「科学的」に正しい、という認識もあった。目に見えるやり方での強制ではなく、「環境統治性」が作用したのである。

　しかし、村人たちは、「コミュニティ林」の正当性を確保するために、外部の知識の権力にただ従属するばかりではなかった。実情にそぐわない知識は、表向き、受け入れはするが実行はしない。例えば、多くの村の「コミュニティ林」の規則には、無許可で木材を切り出すなどすれば、罰金を科す、などという罰則がある。しかし、文字どおりに罰則を実行する村はない。2、3回は、説諭をするにとどめ、それでやめない場合のみ罰金を科すのが普通である。規則で縛るのではなく、「コミュニティ林」の意義を理解してもらえるまで我慢強く対応するのである。また、違反を繰り返す人は、そうせざるを得ない経済的な事情を抱えている場合も多い。多額の罰金を科すことが、さらに違反に向かわせるという悪循環は避けなければならない。いずれにせよ、一応、村人の会議で、自発的意志という形でこうした規則を制定したにもかかわらず、そのとおりに実行しない。実行しないことを誰も疑問視しない。外来の知識そのものに真っ向から抵抗できないことはわかっているので、こうした実践レベルでの抵抗を行うことが、彼らの間では暗黙の了解となっていたのである。その結果として、現在では、特に見回りなど必要ないまでに村人たちは「コミュニティ林」の意義を理解し、ゴム栽培が急速に拡大する中でも、「コミュニティ林」は破壊されずに存続しているのである。いわば、環境統治性に対する弱者の抵抗である。

2 「コミュニティ林法案」をめぐって

こうした村落での実践と並行して、「コミュニティ林」は社会運動の争点にもなった。特に、「コミュニティ林」を法的に明確に位置づけるための「コミュニティ林法案」の中身をめぐっては、長年、地域の人々の権利を重視する立場（ここでは「住民派」）と自然保護を重視する立場（ここでは「保護派」）が対立した。その過程には、上記のような、地域住民主体の森林管理の「政策論」と「権利論」の矛盾が表れていた。

「コミュニティ林法案」は、1990年に、政府が検討を始めた。前述のファイケーオ村の事件が起こり、また、天然林の木材伐採を全面的に停止した翌年である。当初、森林局が法案を起草したが、住民派NGOが反発した。国立公園などの保護区内でのコミュニティ林設置を認めない内容だったからだ。住民派NGOは、どのような区域でもコミュニティ林設置を認める独自案を策定した。この、保護区内にコミュニティ林をどこまで認めるのかをめぐる綱引きが延々、2007年まで続いたのだった。保護区内のコミュニティ林を認めない、という考え方は、最初は森林局が草案として出したものだったが、住民派の圧力に政府が押され気味になると、代わって保護派のNGOが議論を主導した。住民派は、コミュニティ林を実践する農民の団体である「北部農民ネットワーク」（khrueakhai klum kasetkon phak nuea）、全国の開発系NGOの連絡調整のための組織である「NGO連絡協議会」（khana kamakan prasanngan ongkon phatana ekachon）の環境部会のメンバー団体、支援する大学教員ら（チェンマイ大学のアナン・カンチャナパン教授ら）が中心だった。これに対し、保護派には、大企業による開発の圧力から国立公園を守ろうとして、最後は自ら命を絶った国立公園長の遺志を継ぐ「スープ・ナーカサティアン財団」、環境保護関連の出版・教育を行う「緑の地球財団」、北部チェンマイを拠点とし、仏教の考え方に基づく自然保護啓発を行う「タマナート財団」など自然保護NGOに加え、多くの森林官を輩出するカセサート大学林学部のOB・OG会などの団体があったが、団体間の協調はあまりなく、個別に動いていた。この住民派、保護派、双方が、広報、セミナー、政治家へのロビー活動などにより、法案を自説の側に引き寄せようとしたため、決着しないまま、時間が過ぎたのである。

保護派の人たちは、まず、さまざまな生態系のうち、人間の生業活動から隔離して保護すべきものがあると考える。だから、現在の保護区全域とは言わないまでも、一部、絶対にコミュニティ林を認められない区域があるという。また、地域住民の資源管理能力そのものについても懐疑的だ。彼らは、現場で自然保護活動を行ってきており、その中で、地域住民がどのような場合でも自然資源を持続的に利用するわけではないことを経験的に知っている。だから、アプリオリな形でどこにでもコミュニティ林が設置できる権利を認めることに強い危惧を抱いたのである。一方、住民派は、どのような土地でも、そこで暮らしている人々が生活に必要な資源にアクセスする権利は認められなければならないと考える。また、前述のような、各地の実践例や豊かな民俗知を根拠に、地域住民には持続的な資源管理能力がある（はずだ）と考える。これまで持続的に利用・管理してきた実績がなくても、権利をきちんと認め、政府やNGOなど外部者と協力しながらそれを実現してゆくプロセスが重要だ、地域住民はそのチャンスを与えられるべきだ、と主張する。住民派は、こうしたプロセスが、民主主義を発展させることにもなると考えていた。1999年に、それまで政府案をもとに修正を求める圧力をかけていたのを、一転、国民が起草した法案を直接、国会に提出するという方針に切り替えた。1997年に成立した憲法で初めてそうしたことが可能になったのだ。結局、一から各地の村人と会合を重ね、ボトムアップで法案をまとめたため、余計に時間がかかった。しかし、これも、民主主義の発展のために必要だったというのである。

　住民がアプリオリにコミュニティ林を持続的に管理する能力があるという確証はない。しかし、実際問題、人々の生活はどこであろうと自然資源が必要だ。そのうえで、いくつかの条件が課せられてはいるが、非常に貴重な生態系も含めいかなる森林にもコミュニティ林が設置される可能性がある。つまり、地域の人々の生活と持続可能な森林管理が両立するのかどうか、見方によってどちらともとれる状況である。これが「政策論」と「権利論」の潜在的な衝突・矛盾をあぶり出した。これに加えて、住民派の人々には、地域の人々の代弁者という立場をとりながらも、田舎の農民は無学で遅れた存在だから、自分たちが教育してあげなければならない、というパターナリズム

があった。つまり、知的な権力関係という意味では、保護派・住民派は、ともに、地域住民に対して優越的地位にあった。1つの社会の中で実際にコモンズを議論し実践する、そこでは、政府の独占を止めて人々の権利を認めるという単純な図式ではなく、このような多様なアクターの間のねじれた関係性が反映されるのである。

おわりに

　これまで見てきたように、コモンズは、自然資源管理の理論と実践の両面で、普遍的なモデルとして議論されてきたのと同時に、それぞれの国や地域の社会と生態環境の中に埋め込まれて、その変化の中でさまざまに意味づけをされ直してきた。持続的森林管理のための手段として、地域住民のコモンズとしての管理を取り入れる「政策論」も、地域住民が生きるために必要な資源へのアクセスを認めるべきだという「権利論」も、それ自体は普遍的な議論である。また、それが人々によるコモンズ管理の実践の現場に浸透する際、その知識が持つ権威によって人々をそれに従属させるという権力関係が生じるのも、具体的な社会の文脈を越えて、ある程度、普遍的に見られる構図である。このようなコモンズをめぐる議論・知識の枠組みは、実践論としてそれぞれの国・地域の社会に埋め込まれる。タイの事例はまさにその顕現であった。「コミュニティ林法案」をめぐる論争も、村での実践も、1980年代以降の地域住民主体の森林管理の国際的な認知度の向上、タイでの森林資源の劣化による地域住民の生活への悪影響、1989年の政党政治の復活、1992年の流血事件以降の民主化、といった出来事の連鎖の中で生起してきたのである。

　では、地域の社会・生態の結節点としてのコモンズとして、タイの「コミュニティ林」の将来をどのように展望することができるだろうか。再びパートム国立公園周辺地域から考えてみよう。最近、この地域の農村で顕著な動きは、ゴム栽培の拡大である。村々の周辺にあった、焼畑放棄後の古い二次林が次々とゴム園になった。ただし、これはみな、個人が慣習的に占有していた土地であり、各村の「コミュニティ林」は、従前のとおり、管理・

利用されている。ゴムやキャッサバなどの商品作物栽培が広がったため、村の人々の現金収入は増大した。それと同時に、人々の生活スタイルも変化した。生活必需品をより多く買うようになったのである。結果として、「コミュニティ林」をはじめ、自然資源への依存度が下がった。今後、タイだけでなく、発展途上国の農村・農民の所得や教育水準などが向上し、都市中間層的な生活スタイルを送るようになれば、生活物資の源としてのコモンズの重要性は低下するであろう。しかし、だからといって、コモンズがその役割を終えると考えてもよいのだろうか。裏返せば、資源の所有形態としてのコモンズだけを議論することの是非が問われているとも言える。「コミュニティ林」は問題なく維持管理されていても、地域の生態環境が乱されることで、人々にとっての生活環境の安全性が損なわれつつあるかもしれない。パーテム国立公園周辺地域では、近年、洪水が増えた。村人たちの見解は分かれるものの、天然林がゴム園に置き換えられたことが原因ではないかと疑う人もいる。生態環境には所有権による境界はない。地域の生活環境が良好な状態で保たれるよう、私有のものも、共有のものも、国有のものも、統合的に考える必要がある。そうした生態環境の安全性（例えば洪水が起きないこと）は、社会や経済の状況が変わっても、重要なコモンズであり続ける。

　統合的な生態環境の安全性というコモンズを守ってゆくためには、政府、NGO、地域住民の協働による「協治」（井上 2004）がこれまで以上に鍵となる。ただ、そこでは、「環境統治性」の問題に注意を払い、地域に暮らす人々が、自らの経験に立脚した知識と外来の知識の中から何が必要か、自ら選び取りながら生活世界を構築してゆかなければならない。そうした協働の仕組みについて議論を深めてゆくことが、これからのコモンズを、地域の問題として考えるうえでの中心的課題と言えるだろう。

引用・参考文献

秋道智彌（2004）『コモンズの人類学——文化・歴史・生態』人文書院.
井上真（2001）「自然資源の共同管理制度としてのコモンズ」井上真・宮内泰介編『コモンズの社会学——森・川・海の資源共同管理を考える』新曜社.
井上真・宮内泰介編（2001）『コモンズの社会学——森・川・海の資源共同管理を考える』

新曜社.
井上真（2003）「森林管理への地域住民参加の重要性と展望」井上真編『アジアにおける森林の消失と保全』中央法規.
井上真（2004）『コモンズの思想を求めて——カリマンタンの森で考える』岩波書店.
島上宗子（2015）『インドネシア農山村における地域社会組織の動態に関する研究』愛媛大学博士論文.
多辺田政弘（1990）『コモンズの経済学』学陽書房.
葉山アツコ（2012）「地域の組織力からみるフィリピンのコミュニティ森林管理事業」重冨真一・岡本郁子編『アジア農村における地域社会の組織形成メカニズム』調査研究報告書（アジア経済研究所）.
藤田渡（2008a）「悪評をこえて——サラワク社会と「持続的森林管理」のゆくえ」『東南アジア研究』46(2), 255-275.
藤田渡（2008b）「タイ「コミュニティ林法」の17年——論争の展開にみる政治的・社会的構図」『東南アジア研究』46(3), 442-467.
藤田渡（2011）「ローカル・コモンズにおける地域住民の「主体性」の所在——実践コミュニティの生成と権力関係について」『文化人類学』76(2), 125-145.
三俣学編著（2014）『エコロジーとコモンズ——環境ガバナンスと地域自立の思想』晃洋書房.
三俣学・菅豊・井上真編著（2010）『ローカル・コモンズの可能性——自治と環境の新たな関係』ミネルヴァ書房.
室田武編著（2009）『グローバル時代のローカル・コモンズ』ミネルヴァ書房.

Agrawal, Arun (2005) *Environmentality: Technologies of Government and the Making of Subjects*, Duke University Press.
Food and Agriculture Organization of the United Nations (FAO) (1992) Community Forestry: Ten Years Review.
Forsyth, Tim (2003) *Critical Political Ecology: The Politics of Environmental Science*, Routledge.
Fujita, Wataru (2013) Islands of the Commons: Community Forests and Ecological Security in Northeast Thai Villages, the paper presented at the 14th Global Conference of the International Association for the Study of Commons.
Ganjanapan, Anan (2000) *Local Control of Land and Forest: Cultural Dimensions of Resource Management in Northern Thailand*, Regional Center for Social Science and Sustainable Development, Faculty of Social Sciences, Chiang Mai University.
Hardin, Garrett (1968) "The Tragedy of the Commons," *Science* 13, 1243-1248.
McCay, Bonnie J. and James M. Acheson eds. (1987) *The Question of the Commons: The Culture and Ecology of Communal Resources*, The University of Arizona Press.
Ostrom, Elinor (1990) *Governing the Commons: The Evolution of Institutions for Collective Action*, Cambridge University Press.

9章

「隠れた物語」を掘り起こす
ポリティカルエコロジーの視角

笹岡正俊

はじめに——1枚の森林消失の写真から

　まずは1枚の写真に写し取られた「森林破壊」をどのように理解するか、ということから話を始めてみたい。図9－1はインドネシア・スマトラ島ジャンビ州のアカシア植林地の中につくられた新しい集落（以下B集落と表現する）の農地を写した写真である。左側に見える森林はアカシアの植林地だ。ここは、もともとL村の住民が慣習的に利用する地域で、農地と二次林が混在する景観が広がっていた。しかし、住民によるゴム園やアブラヤシ園の拡大と、植林企業によるパルプ原料となるアカシアの植林により、2000年代半ば以降、広大な森林が失われてしまった。この景色を見た方は、森林消失の

図9－1　アカシア植林地の中につくられた集落の遠景

出所：筆者撮影（2015年9月）。

原因に関してどのようなことに思いを巡らせるだろうか。

　森林消失は、多様なアクターが関与する複雑なプロセスであり、そのどの側面に着目して理解するかは見る者によってさまざまな立場がありうる。ある人は、域外から多数の移住者が流入してくることによってこの地域の人口が増加していったことや、より多くの現金収入を求める人々の欲望の高まりを背景に世帯当たりのゴムやアブラヤシの植栽面積が増加していったことに着目してこの景観形成の原因を理解しようとするかもしれない。

　実際、この地域には、2000年頃からスマトラ島の南スマトラ州やアチェ州、そしてジャワ島から多くの人々が移住してきているし、近年になって住民たちはアブラヤシの植栽を精力的に進めてきた。したがって、人口増加と世帯当たりの経営農地面積の増加が森林消失の一原因であるという説明は一面では正しい。しかし、住民の土地利用から少し視野を広げ、より広い歴史的、政治経済的文脈に目を向けると、別のストーリーが浮かび上がってくる。

I　森林消失の背後にある農民と企業・国家の非対称的力関係

　L村の住民の生業は、陸稲を主作目とする焼畑耕作、換金作物のゴムやカカオの栽培、ドリアンなどの果樹栽培・管理であり、それら農地の周囲には、建材や籐やハチミツなどを採取する二次林があった。しかし、世界有数のパルプ・製紙企業であるAPP（Asia Pulp & Paper）社にパルプ原料を供給する企業（サプライヤー）、W社が、2006年、住民が農業や林産物採取を行っている地域に進出し、アカシアやユーカリの植林地の造成と植栽を開始した。その過程で、村人の陸稲栽培用の焼畑やゴム園の一部が破壊された。住民たちは植えられたアカシアの苗木を夜間に引き抜いて、そこにバナナやキャッサバなどを植えて抵抗を続けるが、取り戻せた農地はわずかであった。植林地が拡大していく中、住民たちは2007年にW社の重機を焼き討ちし、植林事業を実力で阻止しようとした。

　こうした事態を受けて、州政府主導の調査チームが結成され、当時の林業大臣も土地紛争の解決を約束した。ジャンビ州では、植林企業と農民との間に同様の土地紛争が各地で起きている。土地をめぐって争っている同州の5

つの県の農民が2008年に共同戦線を張り、州知事庁舎にデモを行うなど土地返還を求める運動を続けた。その後、州知事は、事業地の一部を住民の土地とし、別の一部を一定の条件のもとで住民が管理・収益する「住民林業」対象地とする和解案を提示した。しかし、最終的に合意には至らず、2010年、農民側はW社の植林事業許可（コンセッション）の撤回を要求し、原料用木材のパルプ工場への搬入を阻止するために道路封鎖を行うに至った。その後、州政府、企業、住民による係争中の土地の位置や現在の利用状況などを調べるための現地調査や土地紛争解決のための話し合いが重ねられたが、見るべき成果はなかった。

　W社が原料供給を行っているAPPが生産する紙、ティッシュペーパー、梱包用紙などの紙製品は世界約120カ国で消費され、インドネシアでの紙生産量は年間900万トンに上る（鈴木 2016）。APPはこれまで多くの天然林を伐採し、原料調達地でさまざまな環境・社会問題を引き起こしてきたことから、いくつかの国際環境NGOから強い非難を受けてきた。特にグリーンピースによるAPP社製品のボイコットを求める大規模な市場キャンペーンを受け、APPは2013年2月に、天然林伐採の停止、泥炭地保全、社会紛争の回避と解決に向けた責任ある対応など4つの柱からなる「森林保全方針（Forest Conservation Policy: FCP）」を策定し、APPのサプライヤーにもこの原則が適用されることになった（Dieterich and Auld 2015; 鈴木 2016）。

　FCPで定めた約束事項をAPPが履行しているかをモニタリングしたり、社会紛争解決のための協議の場を設定したりするのは、企業の「責任ある」生産・流通を支援する国際的な団体、TFT（The Forest Trust）であった。TFTは、FCP策定の前の2012年からW社と住民の土地紛争の解決に向けた協議の場の設定などを行ってきたが、住民にとっては話し合いばかりで、事態の進展はなかった。農民たちは生きてゆくために、土地に作物を植えなければならない。L村の農民たち約50世帯は、2013年9月、集落から約7キロメートル離れた、アカシア収穫直後の土地に入植し、陸稲、トウモロコシ、ゴム、アブラヤシを植え、新たに集落をつくっていった。それがB集落である。その後の話し合いで、TFTは入植者に対して、入植地から出ていくこと、そして、アカシアと陸稲のツンパンサリ（造林木の間に農民が農作物を間作すること）

を提案したが、アカシアが大量の水を吸うことから間作作物の生育が良くないことや、成長の速いアカシアとの間作では数年しか農業ができないことから、彼らはその提案を受け入れなかった。また、「APPにより資金提供を受けた非中立的なコンサルティング会社であるTFTは、常に企業サイドに立った介入をする」として、今後、紛争解決に向けたTFTの仲介を一切拒否することも表明した。

こうしてB集落の住民はW社の事業地内に約500ヘクタールの土地の「占拠」を続けた。写真を撮影した2015年9月、入植者たちはモスク（イスラム教の礼拝所）や学校の建設を始めており、植林企業の事業地内に新たな村落の建設を進めていた。

占拠地の農民たちは、アカシア収穫後の土地に陸稲やバナナやキャッサバなどを植えたのち、ゴムやアブラヤシを植えていた。かつてこの地域は陸稲の一大生産地で、米は主要な収入源であった。しかし、陸稲は焼畑で育てられる作物であり、収穫後はその土地を放棄し、別の場所に耕作地を移動させなければならない。農民たちによると、植林企業と土地をめぐって争っている状況では、陸稲栽培を以前のように行えば、土地を再びW社にとられる危険性が高い。放棄地に対する土地の権利を主張しにくいからである。そのため今はゴムやアブラヤシの植栽面積を増やしているのだという。以前は、売るほど作っていた米を今は買っている者もいるという。

B集落周辺の地域は、もともと住民がジェルナン（*Daemonorops* spp.）、籐、ハチミツなどの林産物や建材を採取する共有林が広がっていた。しかし、植林企業との土地争いの中、住民は、陸稲栽培、ゴムなどの換金作物栽培、そして、二次林からの林産物採取といったさまざまな生業を組み合わせた生活から、永年性換金作物の栽培を中心とした生活にシフトさせようとしていた。林産物利用が可能な共有林があればさまざまな恩恵に与ることができることを認識しつつも、農民たちは、取り戻すことのできた土地にそうした森を復活させることを考えていなかった。焼畑放棄地と同様、林産物採取林は人々による土地利用の存在を明確に示す証拠が示しにくく、植林企業に土地を取られるリスクが高いからである。

写真の中の森林破壊の風景を生み出した一要因には、このように、企業と

農民との長い土地紛争がある。

　産業造林（パルプ原木など産業用材の生産のための造林）の事業許可の発給が可能な土地は、国有林（インドネシア国土の約7割）の中の生産林（アブラヤシプランテーション用地などに転換できる転換林を除く）である。スマトラ島では土地面積の実に約4分の1が生産林である（藤原他 2015）。インドネシア全土で産業造林の事業許可総面積の約4割に相当する約350万ヘクタールの森林は、シナールマスとリアウパルプの2つの企業グループが支配している（藤原他 2015）。W社が原料を供給するAPPは、シナールマスの主力企業の1つである。

　事業許可が与えられた土地は、すでに住民が生活の基盤を築いている場所であることが少なくない。しかし、植林企業と農民との間で土地紛争が起きたとき、土地の違法な「略奪者」とみなされ、治安部隊（軍や警察）によって取り締まりの対象になるのはほとんどの場合が農民だ。企業と農民の長引く土地紛争の背景には、ごく少数の巨大企業グループによって森林が囲い込まれていることや、農民たちの土地に対する権利が国の法制度の中でしっかりと保障されていないこと、そして、それらの原因でもあり帰結でもある、農民と企業・国家との非対称的な力関係がある。

II　アポリティカルエコロジーとポリティカルエコロジー

　ローカルなレベルで起きている環境変化や人間と環境の相互作用のあり方の変化は、地域の人口や土地資源需要の増加に着目して説明することも可能だが、より広い政治経済的文脈やアクター（国家、企業、農民などの行為者）の力関係に着目して説明することも可能だ。別の言い方をすると、前者のように、環境変化を引き起こしている至近的な要因（農民の土地利用など）に関心を向け、利用可能な資源量と需要量の関係から環境をめぐる問題を扱おうとするアポリティカル（非政治的）な——すなわち「政治」への関心を欠いた——立場もあれば、環境変化を引き起こしている背景的・構造的要因（先の例では土地資源の不平等な分配や土地制度など）に注目し、異なる利害と力を持つさまざまなアクターの政治過程の産物として環境問題を捉えようと

する立場もある。

　ロビンス（P. Robbins）は前者のような立場からの環境研究をアポリティカルエコロジーと呼んだ（Robbins 2012）。ポリティカルエコロジーは、主に地理学、文化生態学、政治経済学など複数の学問分野を出自として、1970年代になって形作られた学際的分野であり、それが扱うテーマや理論的視点は大変多岐にわたる[1]。また、近年、ポリティカルエコロジー分野の研究は多様な展開を見せており、扱うテーマも研究視点もさまざまで、一掴みに理解できない難しさがある。しかし、それらに共通しているのは、アポリティカルエコロジーへの対抗的研究アプローチにある。この分野の多様性に富む研究蓄積をすくい上げることのできる緩やかで包括的な定義を与えるならば、ポリティカルエコロジーとは、環境変化や人間と環境の関わりあいの変化についてのアポリティカルな言説に対して対抗的な見解・説明を提示する学問だと言える。別の言い方をすれば、環境の変化と人間と環境の相互作用のあり方の変化とがどのように関連しているのかを「政治」に着目して明らかにしていこうとする学問的アプローチであると表現できる。

　ロビンスは、環境をめぐるアポリティカルな言説の中で最も強い影響力を持つ議論として、「生態学的欠乏（ecoscarsity）」と「近代化」をめぐる議論を挙げている（Robbins 2012, 14-19）。生態学的欠乏論は、環境収容力を超える人口増や資源・エネルギー消費量の絶対量の増加を現在の環境危機の主要原因と捉える。こうした議論は、古くはマルサス（T. R. Malthus）の『人口論』（1798年）に始まり、後のローマクラブの『成長の限界』（1972年）などにも現れている。人口や資源・エネルギー消費量の増大こそが環境劣化・破壊の原因であるとみなす議論は、今日でも、より洗練された形でさまざまな分野で展開されている。

　また、ロビンスの言う「近代化」論は、環境の価値を市場に内部化する経

1）　島田周平によると、ポリティカルエコロジーの発展経路には、ネオ・マルサス主義への反発を背景としたラディカル地理学から発展してきたもの、生態人類学内部での「閉鎖生態系」の視角に対する批判から出発したもの、そして、従属理論や世界システム論などのネオ・マルクス主義の諸理論とローカルな実証研究を統合しようとした研究の流れをくむもの、の3つの源流がある（島田 2007, 12）。

済政策を進めたり、科学技術を発展させたりすることで現在の環境危機は克服できるとする考え方である。前者については、森林の破壊や劣化を回避することで蓄積された炭素量に応じて先進国が途上国に対して経済的支援（資金支援など）を行うREDDプラスや、野生動物や自然景観が提供するサービスを、市場を介して売買できるようなしくみを整備することで保全への経済的インセンティブを与えるといったネオリベラルな保全政策などが該当する。

　生態学的欠乏論も近代化論も、環境変化の原因を説明しようとする際に「政治」への視点は希薄である。ポリティカルエコロジー論者の多くは、環境危機克服のための方法として、人口抑制策、市場メカニズム、そして技術革新に過度な期待を寄せる議論に対しては懐疑的である。また、そうした脱政治化された言説そのものが、本来的に「政治」的な問題であるにもかかわらず、それについて考える際に人々との目を「政治」からそらす働きを持つものであり、そのことによって、不均衡な力関係を温存したり、特定のアクターの力を強化したりしてしまうと批判してきた。ポリティカルエコロジーを形作ってきたのは、このような環境をめぐるアポリティカルな言説やそれを生み出す研究実践に対する批判的精神であった。

　砂漠化、熱帯林消失、土壌侵食、野生動物の減少など環境をめぐる問題は、政治的文脈と切り離して捉えることができない。このことを『第三世界のポリティカルエコロジー』の著者、ブライアント（R. L. Bryant）とベイリー（S. Bailey）は「政治化された環境（politicized environment）」という言葉で表現している（Bryant and Bailey 1997）。彼らによると、ポリティカルエコロジー研究には、3つの基本的想定がある。すなわち、①環境変化は政治的に中立的なプロセスではなく、それに伴う便益と費用（被害）は、人々の間で不平等に配分されるということ、②そうした便益と費用の不平等な配分は、現在の社会的経済的不平等を強化したり、あるいは緩和したりするということ、そして、③このように人々に異なる政治的経済的インパクトを与える環境変化は、単に、ある人たちを豊かにし、別の人たちを貧困化させる、というだけではなく、アクターたちの力関係を変える（ある人々が他者をコントロールしたり、他者に抵抗したりする能力に変化をもたらす）政治的含意を持つ、という認識である（Bryant and Bailey 1997, 28-29）。

ところで、ここまで「政治」という言葉を、何の定義も与えないで使ってきたが、本章ではパウルソン（S. Paulson）らに従って、ポリティカルエコロジーが着眼する「政治（politics）」を、「さまざまな形で人々が権力を行使したり、権力をめぐって交渉したりする実践やプロセス」と捉える（Paulson et al. 2003, 209）。ここで言う「権力」は、ある主体を強制したり、服従させたりするものであり、資源やリスクの不平等な分配の上に築かれる社会関係でもある。また、権力の作用は、主体の外側からそれを強制・抑圧するという形で現れるだけではなく、なんらかの規範を内面化し自らの行動を自ら律する主体が形成されることで発揮される場合もある（Paulson et al. 2003, 209）[2]。

III ポリティカルエコロジーの研究視点

安部竜一郎は、途上国をフィールドとするポリティカルエコロジーの代表的研究視角として、世界経済アプローチ、制度分析アプローチ、アクター分析アプローチ、そして、言説分析アプローチの4つを挙げている（安部 2001）。以下、安部の整理に依拠しながらも、他のポリティカルエコロジー論者の議論を適宜補足しつつそれらを概観していこう。

第1は、途上国の環境変化をより世界経済と関連づけて理解するアプローチである。ここでは環境問題は世界経済の「中心─周辺構造」における、「中心」による「周辺」の収奪の結果として捉えられる。

第2は、途上国の森林や土地、環境をめぐる政治経済諸制度に注目し、その歴史的過程と環境変化のつながりを読み解く制度分析のアプローチである。例えば、途上国の環境劣化の背景には植民地時代に宗主国によって導入された森林政策・土地政策があるが、そうした政策がローカルな環境劣化をどのように導いたのかを明らかにしようとするような研究はこのアプローチを援

---

2) この点については、アグラワル（A. Agrawal）の「環境統治性（environmentality）」をめぐる議論が参考になる。彼は、インドのある地方の森林管理の歴史を調べ、国家が新たな管理技術を用いることで、個人が国家の求める価値を内面化させ、森林管理主体として形作られていく様子を、フーコーの統治性（govermentality）の概念を援用しながら描いた（Agrawal 2005）。

用した研究と言えよう。

　第1と第2のアプローチに関連して、ブレイキー（P. Blaikie）とブルックフィールド（H. Brookfield）は、「説明の連鎖（chain of explanation）」と彼らが呼ぶ記述分析の方法を提示している（Blaikie and Brookfield 1987, 48）。これは、土壌劣化といった物理的なプロセスとその政治経済的コンテクストを、さまざまなレベルのつながりに着目して描くものである。例えば、作付け体系や経営面積など土地利用者と土地の関係についての説明から始め、他の土地利用者や土地利用のあり方に影響を与えるより広域の制度との関係、それと国家（土地政策、法の強制力、など）や世界市場（海外の債務）との関係、といった具合に、より広域・高次の組織・制度との関連性に視点を移しながら記述することで、ローカルな環境変化をより広範なコンテクストに埋め込んで描こうとするのである。[3]

　以上述べた世界経済アプローチや制度分析アプローチに対しては、ともすると、主体をとりまく政治経済構造が主体のあり方や行為を一方的に規定してしまうという決定論的な見方に陥り、個々のアクターの行為主体性（agency）——構造や秩序の影響を受けつつも、構造や秩序に働きかけ、場合によってはそれを変えていくような行為者のアイデンティティや実践——を見落としてしまいがちである、という批判がなされてきた（Robbins 2012, 90）。

　この点に関わる議論として（また、後のポリティカルエコロジー研究に大きな影響を与えた議論として）、スコット（J. Scott）のモラルエコノミー論と日常的抵抗論がある。モラルエコノミーは、スコットが東南アジアの農民反乱を説明するために提示した概念で、「互酬性の規範」と「生存維持権」という2つの道徳原理に基づく農民社会の経済形態を指す言葉である。東南アジ

3）「説明の連鎖」の方法により描き出されてきたものの1つに「周縁化（marginalization）」がある。周縁化は、政治的・社会的力を持たない人々が、生態学的に脆弱で不安定な場に押しやられ、また、経済的に従属的な地位に押しやられることによって、ますます生産性の低い土地・資源基盤への依存を高めてゆくプロセスである。その結果、押しやられた人々の貧困化と、土地・生態系の荒廃が相互に連関して進む。そしてその相互関係は、ローカルな力関係（例えば、男性と女性、富者と貧者）により媒介され、影響を受ける（Robbins 2012, 171-175）。

アの農民にとって、生存が脅かされる可能性が存在する状況下では、利潤最大化よりも、暮らしの安定的な維持のためのリスク回避が行動選択の原則となる。東南アジアの農民社会は（東南アジアに限られたことではないが）、コミュニティメンバー間の相互扶助関係や、有力者が庶民に一定の社会的責務を負うパトロン－クライアント関係など、リスク回避のための社会的仕組みを維持してきた。こうした仕組みを支えてきた道徳原理が「互酬性の規範」である。また、農民たちは、「生き残るための権利」は他の権利よりも優先される、という考えを持っている。この生存維持権の道徳原理が脅かされるときに、農民たちは地域のエリートや国家に対して反乱を起こすのだとスコットは言う（スコット 1999）。スコットは、農民反乱を理解するのに、搾取の客観的な実態よりも、当事者の主観に着目しており、行為を決定する構造から行為主体へと、研究の視点を移したのである。

　その後、スコットは、「反乱」というドラマチックで積極的な抵抗から、人々の個人的で消極的な抵抗に目を向けていく。マレーシアの一農村での研究をもとに、彼は、農民の不服従や偽装された無知（知らぬふり）、そして、誹謗やゴシップといった「日常的抵抗」が、闘争のための正式な手段を持たない人々にとって有効な抵抗手段であることを示した（Scott 1985）。スコットの日常的抵抗論は、抑圧的な構造とそれに抵抗する「弱者」の相互関係を描く際に、「弱者」の行為主体性に着目することの重要性を示すものでもあった。

　第3の研究アプローチは、各利害関係者の主体的活動に光を当てるアクター分析である。これは、世界経済アプローチや制度分析アプローチに対する先述の批判を背景に、そうした既存の視点に代わるものとして注目を浴びるようになった手法である。アクター分析では、政府、私企業、NGO、住民、学者などさまざまなアクターの利害関係に着目し、環境利用、また、それがもたらす環境劣化、そして、それへの対応としての環境政策によって、誰が被害を受けて誰が利益を得るかを明らかにしようとする。これによって、アクター間の不均衡な力関係が描き出される。しかし、その関係は必ずしも固定的なものではなく、状況によっては変化しうるものでもある。近年のポリティカルエコロジー研究の多くは、分析の深度に程度の差はあれ、何らかの

9章　「隠れた物語」を掘り起こすポリティカルエコロジーの視角　　205

形でアクター分析の視角を取り入れている。

　第4は、分析の焦点を、環境をめぐるさまざまなアクターの言説（discourse）に当てたアプローチである。ここで言説とは、特定の見地から表明された言語表現であり、現実を表明するものであると同時に、私たちが生きる世界を作り出すものでもある（Robbins et al. 2014, 126）。言説分析アプローチの中心課題の1つは、どのような要因によって、どのように環境が変化しているのか、そしてそれが社会にどのような影響を与えるのかといった環境変化についての知見とそれに付随する言説が、誰のどのような利害関係を反映しながら生産され、普及していくのか、また、環境をめぐる支配的な言説によって、誰のどのような利益が守られたり、損なわれたりするのかを描き出すことである。

　何が支配的言説になるかはアクター間の力関係および利害と密接に関わる。例えば、地域の生活者が自然資源を持続的に利用する能力を欠いているという言説は、それを積極的に支持するアクターが政治的に大きな力を持っていれば、たとえそれが正しくなくとも、広く社会に浸透していく。そうした言説は、地域の人々に代わって中央政府によるローカルな資源のコントロールを正当化し、中央政府の権限を高めることにつながるであろう。東南アジアが研究対象地ではないが、また、言説分析だけを行った研究ではないが、「地域住民による森林破壊の結果」としてそれまで理解されてきた、ギニアの半乾燥地に島状に点在する森の景観の成り立ちを読み替え、なぜそうした誤った景観解釈が長期にわたり支持されてきたのかを分析したファアヘッド（J. Fairhead）とリーチ（M. Leach）の研究は、こうしたテーマを扱った研究として大変有名である（Fairhead and Leach 1995）。

　言説分析では、環境をめぐる問題は、ある環境変化を「問題」だと主張する人々の言説実践によって社会的に構築されたものとして扱われる。その点で言説分析は構築主義と立場を共有している。しかし、ポリティカルエコロジー論者が、どの程度まで構築主義の見方を厳格に適用するかは幅がある。ある環境「問題」が定義される際には、その前提となるなんらかの「事実」認識があるが、それを可能にする環境研究は政治的な相互作用の中で行われる（Forsyth 2003）。厳格な構築主義の立場では、環境科学によって得られた

知見（土壌劣化や森林消失など）も、政治化された場で作り出された社会的構築物であるため、経験科学によって明らかにされる（とこれまでみなされてきた）環境の「実態」をどれだけ正確に反映しているかという点から言説の妥当性を評価することはしない。しかし、ポリティカルエコロジー論者の多くは、経験科学の成果を全否定するこのような相対主義の立場には立たず、経験科学が政治過程に埋め込まれていることを認めつつも、争われるさまざまな言説をテストするうえでそれが一定程度役に立つと考える「ソフトな構築主義（soft constructivism）」の立場をとっている（Robbins 2012, 128-129）。

以上、4つのアプローチについて述べてきたが、これらは相互に排他的ではない。多くの研究はこれらのアプローチのいくつかを併用している[4]。

IV　グローバル環境ガバナンスのポリティカルエコロジー

近年のポリティカルエコロジー研究のテーマはますます多岐にわたっているが、その中でも、筆者が特に強い関心を寄せているのは、グローバル環境ガバナンスのポリティカルエコロジーとでも呼べる問題領域である。

「環境ガバナンス」は、立法や行政といった手段を通じて政府が権力を行使する統治のあり方に代わるものとして、政府および政府以外のさまざまな主体が協働で環境をめぐる問題への対処や持続可能な発展を図る新たな統治のあり方に注目が高まってきた、1990年代に広く用いられるようになった言葉である。「環境ガバナンス」は多義的な概念だが、ここでは、「環境に対して何らかの利害を持つさまざまな関係者（地域住民、私企業、NGO、政府組織など）が、公式・非公式の制度を活用しながら、環境利用の持続可能性の向上、環境利用における社会的公正性の確保、環境・資源をめぐる対立の解消などの実現を目指すプロセス」といった意味で用いる。グローバル環境ガバナンスは、その中でも関与する利害関係者の相互作用のネットワークが特定の地域や国を越えて、広い範囲に拡大しているものを指す。

4）東南アジアをフィールドとしたポリティカルエコロジー研究にはさまざまなものがあるが、特に日本語で書かれた熱帯林に関する著書としては、佐藤（2002）、市川他（2010）、金沢（2012）、増田（2012）が挙げられる。

話を再び冒頭のジャンビの森林消失問題に戻す。B集落が存在する土地を含むAPPの原料供給地における熱帯林破壊や土地紛争といった環境・社会問題については、その解決を目指すガバナンスの仕組みができてきている。

先述のとおり、国際環境NGOや市民社会からの強い非難を背景に、2013年、APPは「森林保全方針（以下、FCP）」を策定した。FCPの履行状況の継続的なモニタリングは先述のとおり、TFTが主に行っている。その他にも、APPが所期の目標をどの程度達成できたのかの評価を国際環境NGOレインフォレスト・アライアンス（Rainforest Alliance）が、いくつかのNGOの協力を得て行っている（The Rainforest Alliance 2015）。なお、2015年に出された評価書（2014年8月までの履行状況が対象）は、天然林伐採の停止やグローバルサプライチェーンの評価手法の開発などいくつかの点でAPPは約束を履行したが、事業地に居住する農民との紛争の解決にはほとんど前進が見られなかったとしている（The Rainforest Alliance 2015）。

APPはFCPの履行状況に関するグリバンス（苦情）を受けつけ、それに対応するための手続きを定めている。これは、紛争当事者である住民やNGOなどが、APPやAPP傘下のサプライヤーがFCPの原則を守っていない事実を確認した場合、そのことをAPPに報告でき、APPは寄せられたグリバンスの妥当性を、第三者を交えて検証しなくてはならない、というものである。

以上の他に、森林認証もAPPの原料調達地における環境・社会問題に対処するためのガバナンスの重要な要素である。他の認証制度と比較して評価が厳しいFSC（Forest Stewardship Council）は、APPが国際社会に対して森林保全を約束しながらそれを反故にしてきたこと、そしてそのことに対してさまざまな環境NGOから強い批判が寄せられたことを受け、2007年、APPとの関係を断ち切ると宣言した。その後、かねてから森林認証取得を試みてきたAPPは、いくつかの子会社に、FSCのライバルと言ってよい認証制度であるPEFC（The Programme for the Endorsement of Forest Certification）のCoC認証（加工流通過程の管理認証）や森林管理認証を取らせている（Dieterich and Auld 2015）。また、APPのサプライヤーでジャンビ州に広大なコンセッションを持つW社は、2009年、同社のジャンビ州における全コンセッションエリアの約8割を占める土地で、インドネシアエコラベル協会（LEI）の森林管理認証をとっ

ている（Dieterich and Auld 2015）。なお、このLEI認証の取得に対しては、認証審査中に対象地に残された天然林の多くが伐採されたことや、認証の条件が比較的緩いこと（土地紛争が起きていても、改善勧告はするが認証は可能であることなど）から、インドネシアの環境NGOや国際環境NGOからは、「グリーンウォッシュ」（環境に配慮していることを装い、消費者をミスリードする企業行動）だとして、強い批判の声が上がった（KKI Warsi et al. 2009）。

　PEFCやLEIといった民間の認証制度に加えて、国家認定委員会（KAN）が認定した認証機関が持続可能な森林経営や生産される木材の合法証明のための基準を満たしているかどうかを審査する木材合法性証明制度（SVLK）もある。国有林にコンセッションを持つ企業はその取得が義務づけられている。なお、SVLKについても、合法性を欠く対象地に認証が与えられるなど、その理念と現実との間に乖離があることが指摘されている（Anti Forest-Mafia Coalition 2014; Meridian et al. 2014）。

　このようにグローバル環境ガバナンスを支えるさまざまな制度的枠組みが整えられるにしたがい、原料生産・製品製造企業、政府組織、地域住民、原料生産地で生じている問題を告発するNGO、消費国市民といったアクターだけではなく、企業の取り組みの監視・評価、グリバンスの検証、紛争の調停、森林認証、認証そのものの信頼性を確認するための第三者組織による独自調査など、さまざまな活動に関わる多様な個人・組織（ローカルNGO、国際NGO、企業、研究者など）が、新たなアクターとしてガバナンスに関わるようになってきた。なお、こうしたアクターの中でも、企業の取り組みや認証制度が目指すものと現実との間に存在するギャップを明るみに出し、ガバナンスのあり方を改善することを目指してきた、高い調査能力を持つNGOの役割は、今後、ますます大きくなるはずである。また、APPは自社の環境対策を広く社会にアピールするために、ブランドマーケティングやメディアキャンペーンを専門とする会社（Cohn & WolfeやERMなど）を利用して環境CSR広報を行っているようだが（Eyes on the Forest 2011）、これらCSR広報支援企業も今後のガバナンスに影響力を持つ新たなアクターの1つである。このように、ガバナンスを構成するアクターは多元化し、アクターが志向する価値や「問題」の捉え方も多様化し、アクター同士の相互作用も複雑化して

きていると言えよう。

　こうした中、ガバナンスの全体像はますます把握しにくいものになってきている。そのことは、ともすれば、原料生産企業、製品製造、輸入販売企業のグリーンウォッシュの機会を与えることにもつながる。APP社製品の大手バイヤーである日本のある企業は、同社が販売するコピー用紙の原料生産地で多くの土地紛争が起きている問題を日本の環境NGOに指摘され、パルプ原料に認証材を優先的に用いていることをもって「責任ある調達」を行っていると主張し、自社のホームページでもその環境配慮活動を宣伝している。[5] 通常の消費者市民が、そうした宣伝がどれだけ現実を反映したものなのかを判断することは難しい。それは、ガバナンスを支える諸制度が複雑であり、その全体像を理解するのにかなりの労力がかかることに加えて、さまざまなアクターの言説実践が多様に展開し、さまざまな情報が氾濫する中で、何が重要で信頼すべき情報なのかを選り分けることが困難だからである。

　今後、ローカルな環境変化や人と環境との関わりあいの変化は、こうした多元的アクターの複雑な相互作用からなるガバナンスのあり方から強く影響を受けつつ進んでゆくことは間違いない。そうしたプロセスとその帰結を、ガバナンスに関わるさまざまなアクターの利害、権力関係、相互作用、言説実践などに着目して明らかにするポリティカルエコロジー研究の重要性は、生産と消費の社会関係がグローバルに拡大している今日、ますます高まってゆくものと思われる。

おわりに――「小さな民」の視点でグローバル環境ガバナンスを考える

　筆者は、環境ガバナンスが実現すべき最も重要な理念のひとつは「環境正義」、すなわち、環境利用による便益と被害が不平等に配分される構造（特定の人々が、環境利用によって便益を享受する一方、別の人々が、そうした環境利用に伴って生じる被害を受忍するという状況）の解消にあると考える。この

---

[5] 熱帯林行動ネットワーク（JATAN）代表原田公氏へのインタビュー（2015年7月1日）および熱帯林行動ネットワーク（JATAN）（2014）に基づく。

前提に立つと、グローバル環境ガバナンスのポリティカルエコロジーにおいては、ローカルな環境変化によって最も深刻な影響を受ける「地域の生活者」の視点からガバナンスのあり方を問うような研究が求められるであろう。

最後に、この点に関連して、B集落での聞き取りを通じて見えてきた2つの問題について触れておきたい。

1つは、情報発信力の差を背景に、土地や資源をめぐる紛争当事者の一方の主張のみが公共圏を流通していくという問題である。

B集落の代表者たちは、2013年11月にグリーンピースインドネシア事務所を通じて、APPにグリバンスを送った。その内容は、W社が天然林を伐採して生産された木材を、別の社名を使って、パルプ工場に運んでいる、河川沿岸地域では植林が禁止されているが、W社は河岸で植林を行っている、解決プロセスが遅く、また、企業側に立っていることから、住民はTFTの紛争解決の調停を拒否する、などの内容を含むものであった。

これを受けて、TFT、APP、グリーンピースインドネシア事務所、住民代表などからなる検証チームが調査を実施し、その結果を2014年1月に発表した。そこでは、W社が天然木材を輸送・販売している事実は認められないこと、河岸地域と住民が考えている地域は空間計画によると河川が記載されておらず、保護が必要な場所ではないこと、B集落住民がかつて加わっていたジャンビ農民組合の代表が「組合員は現行の紛争解決プロセスに従う」と述べている（したがって、TFTが支援する紛争解決を住民たちが拒否している事実はない）ことが述べられていた。

上記の前二者についての事実関係を判断する材料を筆者は持たない。しかし、3つ目の点は、明らかに住民の意識と食い違っていた。筆者が2014年8月に現地を訪問した際、事業地内の約500ヘクタールの土地を「占拠」しているB集落の住民たちは、口々にTFTをファシリテーターとする紛争解決プロセスを拒否すると述べていた。B集落の住民と、テボ県で同様の土地紛争を抱えている住民たちは、ジャンビ農民組合がB集落住民に無断でTFTと協力して紛争解決を図ろうとしたり、企業との話し合いのプロセスを進めるために「占拠」している土地からひとまず退去するよう勧めたりしたことから、同組合を脱退し、2013年に新たにテボ農民組合を作った。B集落住民はジャ

ンビ農民組合の仲介による紛争解決を拒否しており、もはや同組合はB集落住民の声を代弁する組織ではない。にもかかわらず、「検証結果報告書」ではその点をあいまいにしたまま、ジャンビ農民組合代表の証言をもとに住民があたかもTFTが進める紛争解決プロセスを支持しているかのように結論づけている。

　このような検証結果に不満を抱いたB集落住民代表らは、「検証結果報告書」を拒否する声明を2014年3月に出した。しかし、その後、APPやTFTからのこの件についてのフォローアップはなかった。また、APPのホームページでは、グリバンスの検証結果のみが掲載され、それを拒否する声が上がっていることには一切触れられていない。

　もう1つは、土地紛争の解決プロセスで焦点化されている「問題」から、地域の生活者が現実の暮らしの中で経験しているさまざまな「被害」が漏れ落ちている、という問題である。

　B集落滞在中、女性を含む複数の住民から、産業造林企業による森林開発そのものに対するさまざまな不満を聞くことができた。それらの中には、河川水量の不安定化（乾季の渇水と雨季の洪水）、植林地での農薬散布やアカシア残材の河川投棄による河川の水質汚染、またそのことによる家計への悪影響（飲み水を購入しなくてはならなくなったことや、自家消費される魚の漁獲量の減少）、アカシア収穫後に大発生する甲虫による農作物への食害、木材搬出用トラックが巻き上げる砂埃による健康被害、慣習林の減少による林産物入手可能性の低下や米自給システムの崩壊による家計支出の増大などである。

　植林企業の事業そのものが、生活環境の悪化や食料安全保障の弱体化など多方面にわたる「被害」を発生させている可能性がある。しかし、FCP策定後の土地紛争解決のプロセスでは、企業と農民との間の土地配分の割合をどのようにするか、また、パートナーシップ用地（収穫を企業と農民との間で決められた割合で分ける土地）ではどのような分収方式を導入するか、といった点が焦点化されている。農民が事業地内の一定の土地を取り戻すことができても、広大なアカシア植林地に囲まれて生活する以上、上で述べたいくつかの「被害」を今後も受け続けることになるだろう。しかし、おそらくそうした「被害」の存在を科学的に証明することが困難であることや、自らの生存

基盤を奪われつつあるという切羽詰まった状況の中、農民代表自身が土地の返還こそ第一に実現すべき目標であると考えていることから、それらの問題は土地紛争をめぐる交渉過程では主要焦点になっていなかったのである。

　このような事態を前に、ポリティカルエコロジーの視角で研究を行う地域研究者ができることは何か。筆者は、綿密なフィールドワークを通じて、環境ガバナンスをめぐる「隠れた物語」——力のあるアクターの言説実践によって構築される「現実」とは異なる、現場の名もなき人々の語りにより浮かび上がる、当事者が経験する開発や紛争解決の姿——を丹念に掘り起こすことであると思う。地域の人々は、植林事業や長引く土地紛争によってどのような「被害」を総体として経験してきたのか。紛争解決のプロセスは地域の人々にどのようなものとして理解されているのか。彼らにとって本当の「問題」解決とはどのようなものか。現在のグローバル環境ガバナンスは、そうした「問題」の解決にどのような影響を及ぼしているのか。そもそも、グローバル環境ガバナンスの進展によって、誰によって何がどのように統治されることになったのか。これらの問いの答えを、「小さな民」(村井 1982)——「強大な権力と市場、それらがもたらした価値観によって生活圏を歪められ、権力側からの差別を受けながらも、日々の生活をたくましく生きる人々」(甲斐田他 2016, 2)——の視点から探ることを通じて、今後のグローバル環境ガバナンスのあり方を照射するような研究が求められよう。

引用・参考文献

安部竜一郎 (2001)「環境問題が立ち現れるとき——ポリティカル・エコロジーへの構築主義アプローチの導入」『相関社会科学』11, 34-50.

市川昌広・内藤大輔・生方史数編 (2010)『熱帯アジアの人々と森林管理制度——現場からのガバナンス論』人文書院.

甲斐田万智子・佐竹眞明・長津一史・幡谷則子 (2016)「『小さな民のグローバル学』が目指すもの」甲斐田万智子・佐竹眞明・長津一史・幡谷則子編『小さな民のグローバル学——共生の思想と実践をもとめて』上智大学出版, 1-9.

金沢謙太郎 (2012)『熱帯雨林のポリティカル・エコロジー——先住民・資源・グローバリゼーション』昭和堂.

佐藤仁 (2002)「希少資源のポリティクス——タイ農村にみる開発と環境のはざま」東京大学出版会.

島田周平(2007)『アフリカ　可能性を生きる農民　環境―国家―村の比較生態研究』京都大学出版会.
スコット，ジェームス著，高橋彰訳(1999)『モーラル・エコノミー――東南アジアの農民反乱と生存維持』勁草書房.
鈴木遙(2016)「インドネシアにおける紙パルプ企業による森林保全の取り組み――実施過程における企業とNGOの関係」『林業経済研究』62(1), 52-62.
熱帯林行動ネットワーク(JATAN)(2014)「アスクルの《安心して使えない》格安コピー用紙――紙原料向けの植林がインドネシアの熱帯林と暮らしにあたえる大きな影響」.(http://www.jatan.org/?p=2927)(2016年7月31日最終アクセス)
藤原敬大、サン・アフリ・アワン、佐藤宣子(2015)「インドネシアの国有林地におけるランドグラブの現状――林産物利用事業許可の分析」『林業経済研究』61(1), 63-74.
増田和也(2012)『インドネシア　森の暮らしと開発――土地をめぐる〈つながり〉と〈せめぎあい〉の社会史』明石書店.
村井吉敬(1982)『小さな民からの発想――顔のない豊かさを問う』時事通信社.

Agrawal, Arun (2005) *Environmentality: Technologies of Government and the Making of Subjects*, Durham and London: Duke University Press.
Anti Forest-Mafia Coalition (2014) SVLK Flawed: An Independent Evaluation of Indonesia's Timber Illegality Certification System, Anti Forest-Mafia Coalition. (http://eyesontheforest.or.id/attach/Anti%20Forest%20Mafia%20Coalition%20 (18Mar14) %20SVLK%20 Flawed%20FINAL.pdf　2016年6月22日最終アクセス)
Asia Plup and Paper ホームページ (n.d.) (https://www.asiapulppaper.com/grievance-verification-reports　2016年8月16日最終アクセス)
Blaikie, Piers and Harold Brookfield (1987) *Land Degradation and Society*, London: Methuen.
Bryant, Raymond L. and Sinead Bailey (1997) *Third World Political Ecology*, New York: Routledge.
Dieterich, Urs and Graeme Auld (2015) "Moving beyond Commitments: Creating Durable Change through the Implementation of Asia Pulp and Paper's Forest Conservation Policy," *Journal of Cleaner Production* 107, 54-63.
Eyes on the Forest (2011) The truth behind APP's greenwash, Eyes on the Forest. (http://www.eyesontheforest.or.id/attach/EoF%20(14Dec11)%20The%20truth%20behind%20APPs%20 greenwash%20HR.pdf　2016年6月22日最終アクセス)
Fairhead, James and Melissa Leach (1995) *Misreading the African Landscape: Society and Ecology in a Forest-Savanna Mosaic*, Cambridge: Cambridge University Press.
Forsyth, Tim (2003) *Critical Political Ecology: The Politics of Environmental Science*, New York: Routledge.
KKI Warsi, FZS Indonesia Program, PKHS, Jikalahari, Walhi Riau, Walhi Jambi and WWF Riau (2009) Indonesian NGOs: Even with LEI certification, APP paper products are unsustainable. (http://japan.ran.org/wp-content/uploads/2012/02/7_Riau_Jambi-NGOs-19Nov09-LEI-APP-Certification1.pdf　2016年7月22日最終アクセス)
Meridian, Abu, Marid Minangsari, Zainuri Hasyim, Arbi Valentinus, Nike Arya Sari, Uni Sutiah and

Muhamad Kosar (2014) SVLK in the Eyes of the Monitor: Independent Monitoring and a Review of the Implementation of the Timber Legality Verification System, 2011-2013, Indonesia Independent Forestry Monitoring Network. (https://eia-international.org/wp-content/uploads/SVLK-Monitoring-Report.pdf　2016年7月25日最終アクセス)

Paulson, Susan, Lisa L. Gezon and Michael Watts (2003) "Locating the Political in Political Ecology: An Introduction", *Human Organization* 62(3), 205-217.

Robbins, Paul (2012) *Political Ecology: Critical Introductions to Geography Second Edition*, West Sussex: Wiley-Blackwell.

Robbins, Paul, John Hintz and Sarah A. Moore (2014) *Environment and Society: A Critical Introduction* Second edition, West Sussex: Wiley-Blackwell.

Scott, James C. (1985) *Weapons of Weak- Everyday Forms of Peasant Resistance*, New Haven and London: Yale University Press.

The Rainforest Alliance (2015) An Evaluation of Asia Pulp & Paper's Progress to Meet its Forest Conservation Policy (2013) and Additional Public Statements: 18 month Progress Evaluation Report (Period Covered: February 1, 2013 to August 15, 2014). (http://www.rainforest-alliance.org/sites/default/files/uploads/ 4 /150205-Rainforest-Alliance-APP-Evaluation-Report-en.pdf　2016年7月22日最終アクセス)

Walker, Peter A. (2007) "Political Ecology: Where is the Politics?" *Progress in Human Geography* 31(3), 363-369.

10章

「緑」と「茶色」のエコロジー的近代化論
——資源産業における争点と変革プロセス

生方史数

はじめに

　私たち地域研究者は、地域の現場で起こっていることをもとに社会や人間のあり方を見つめ、地域独自の論理を見出す現場主義の立場をとっている。地域の現場こそがリアリティを体現する場だと信じているからだ。それゆえ私たちは、現地語を習得し、現地に長期滞在し、現場で情報を仕入れる術を身につけてきた。

　しかし、いざ現場に入ってみると、対象地域を見ているだけではそこで起こっている現象を十分に理解できないことがよくある。多くの場合、その現象は地域の外とのかかわりの中で生じている。もちろん、昔からそのようなことはあったのだが、グローバル化が進む昨今では、地域研究者が明らかにしようと追い求めてきた地域独自の論理（のように感じたもの）の中に、外から比較的最近やってきた概念や現象を数多く見出すことも珍しくなくなってきた。

　環境問題に関して言えば、グローバルなレベルで決定された政策の導入や、ある種の環境主義（環境を守るべきだとする考え方）の浸透、先進国由来の制度や技術の移植などが例としてあげられるであろう。東南アジアにおいても、地域内外における環境問題への関心の高まりを反映して、このような動きがときに現場のあり方に大きな影響を与えるようになっている。本章では、上記のような動向を理解する1つの枠組みとして、「エコロジー的近代化（ecological modernization）」と呼ばれる概念を紹介する。そして、大きな環境問題を引き起こしてきた資源産業、中でも特に紙パルプ産業の事例を見てい

くことで、東南アジアの環境問題をこの概念を通して見ることの有効性と問題点を考察したい。

I　エコロジー的近代化論と東南アジア

1　エコロジー的近代化論

　エコロジー的近代化は、1980年代以降に西欧の環境社会学者が提唱するようになった概念である。ひとことで言えば、それは「資本主義の政治経済をより環境に配慮した道筋へと再構築する」（Dryzek 2005, 167）近代化のプロセスとでも言えよう。従来の環境社会学では、過去の環境破壊に対する反省から、近代化自体に内在する構造的な矛盾を批判し、脱近代化をめざした根本的な社会変革が必要であるという急進的な見方が支配的であった（cf. Schnaiberg 1980）。しかし、エコロジー的近代化論の提唱者は、そうした「環境問題の持つ構造的な矛盾を認識しながらも、既存の政治・経済・社会制度は環境への配慮を内部化することができる」（Hajer 1995, 25）とし、急進的な見方とは一線を画したのである。

　このような考え方の根拠になったのは、企業による環境技術や制度の革新とその適用、政府当局の「指令と制御（command and control）」アプローチからの脱皮と民間部門や市場インセンティブの活用、消費者運動やNGOによる社会運動の勃興、メディアによる情報伝達と社会民主主義的な政党による「政治の近代化」といった、当時の西欧の社会・経済・政治領域における変化であった。エコロジー的近代化論者は、以上のような変革を通じた社会全体の能力形成の可能性を強調した。「近代化がある段階を超えると、政府と企業と市民が合意形成をはかりながら、環境に配慮した行動や政策をとり、より良い環境未来を目指すようになる」（満田 2005, 181）という立場に立ち、環境問題との対立を超える近代化の道筋がありうると主張したのである。

　なお、この概念が、「環境クズネッツ曲線（environmental Kuznets curve）」を提示した環境経済学者たちの考え方と多くの点で整合的であったことも、特筆すべきであろう。ただし、経済・社会・政治の領域における広範囲な変革を提唱している点において、「自然のネオリベラル化（neo-liberalization of nature)」と呼ばれるような市場原理主義的な路線とは主張が異なっている。また、上にあげた変革のうち、どの側面を重視するかに関しては、エコロジー的近代化論者の中にも見解の相違が存在する。例えば、クリストフ（P. Christoff）はエコロジー的近代化を「弱い」ものと「強い」ものとに分類している。前者は技術的な解決方法を重視し、財界・学界・政界のエリートによる協調主義（コーポラティズム）的な政策形成を志向する[1]。一方で、後者は社会制度の変革や市民参加の機会を重視し、オープンで民主的な意思決定を志向する（Christoff 1996）。

ともあれ、エコロジー的近代化の考え方は、この学派による研究枠組みとしてのみならず、規範的な言説としても西欧に定着していった。ヘージャー（M. A. Hajer）は、英国とオランダにおける酸性雨をめぐる議論を通して、財界・学界・政界のエリートがエコロジー的近代化の言説にどう「相乗り」していったかを明らかにしている（Hajer 1995）。彼が示すように、エコロジー的近代化の言説は、環境問題に関する否定的な見方と文明批判的な見方を旋回させ、エリート層が彼らの権力基盤を保持しながら環境と開発の「両立」を可能にするための現実的な制度や方策を提供するようになった。そしてこの言説は、冷戦崩壊後のマルクス主義的なイデオロギーの衰退と「第三の道」（Giddens 1998=1999）の台頭、経済や環境問題のグローバル化といった時代の流れの中で、環境対策の方向性を示す規範的な概念として、西欧のみならず多くの国の政策当局者に歓迎されたのである。

2　エコロジー的近代化論への批判と東南アジア

一方で、エコロジー的近代化論に対しては、当初から多くの批判が提出されてきた。モル（A. P. J. Mol）らはそれらを①技術偏重主義、②生産過程偏重で消費サイドの軽視、③社会的不平等や権力関係の軽視と西欧中心主義的

1）　協調主義（corporatism: ファシズムに関連する旧来のものと区別するためにネオ・コーポラティズムとも言う）とは、国家と社会的諸集団とが協力して競争を制限し、自発的に協調体制を築くことによって円滑な政策決定・遂行を図り、より強力かつ統制された国民経済を実現しようという体制を指す（新川 2004, 241）。具体例としては、かつての北欧諸国やオーストリアなどがよく知られている。

な見方、④環境関連の変革のみに注目した見方、⑤個別事例の記述に終始する方法論上の問題、⑥環境破壊を引き起こす根本的で構造的な要因の無視、そして以上からくる⑦持続可能な社会構築への楽観的すぎる見通しとして総括している（Mol et al. 2014）。

これらには①のように現在の論者には必ずしも当てはまらない批判もあるが、いずれも重要な論点であることは疑いない。本章では、東南アジアとの関連を考察するうえで重要だと考えられる西欧中心主義的な見方への批判に着目したい。例えば、エコロジー的近代化論が提唱するようなプロセスを可能にする社会政治的な前提として、協調主義的な合意形成の存在が指摘されている（Dryzek 2005）。この理論を西欧以外の地域、あるいは先進国以外の国々に適用することの問題点が、学派内外から指摘されるようになったのである（Mol and Spaargaren 2000）。

実は、このような批判を受けて、1990年代末ごろよりエコロジー的近代化論者は西欧以外の国々への理論の適用を視野に入れるとともに、グローバル化と一連の社会変革との関係を強く意識するようになった（cf. Mol and Sonnenfeld eds. 2000; Mol 2001）。その結果、彼らは東欧諸国や東南アジア、中国などの「成長する周辺域」において、地道な実証研究を積み重ねるようになっている。それらは、東南アジアに関係する研究に限定しても、ベトナムの経済特区における環境対策（Dieu et al. 2009）や安全な野菜生産の市場ガバナンス（Pham et al. 2009）、タイの電子産業（Foran and Sonnenfeld 2006）、エビ養殖業とグローバル消費社会（Oosterveer 2006）、パーム油産業の変革（Oosterveer 2015）や後述する紙パルプ産業など、さまざまな産業や政策形成過程を取り扱っている。したがって、対象の幅に関して言えば、この学派はすでに西洋中心的な立場を超えつつあると言ってもよい。

では、これらの事例から何がわかったのだろうか。ソーネンフェルド（D. A. Sonnenfeld）らは以下のように総括している（Sonnenfeld and Rock 2009, 362）。

① アジアや他の新興国でも、政府は従来の「指令と制御」的な手法を用いて環境問題に対処することができなくなっている。しかし、グローバル・ローカルな市場や市民組織との関係性が先進国とは著しく異なるた

め、この政府の「失敗」が先進国とは異なる形で現れている。
② 先進国においては、多国籍企業が生産と消費における環境志向の変革に大きな影響を与えているが、対照的に新興国では、地元の中小企業が根本的に異なる役割を担っている。
③ 環境関連の変革へ圧力をかける際に、国内のNGOや消費者団体が非常に異なる役割を担っている。

以上の総括は決して間違っているわけではないが、腑に落ちる説明でもないだろう。上のような違いを生じさせる原因が説明されていないからである。社会組織やその関係性といった普遍的な要因に注目しすぎているため、なぜそれらが異なるのか、という地域の側からの視点が抜け落ちているのである。
では、なぜ違いが生まれたのだろうか。ここでは地域という地理的なくくりをやや異なる視点から浮かび上がらせるために、グリーン・イシューとブラウン・イシューという環境イシュー（争点）の違いに着目したい[2]。前者は土地利用や森林、水産業などの天然資源に関連する「緑色」の環境問題であり、後者は廃棄物などの汚染物質に関連する「茶色」の環境問題である。
東南アジアという地域は、歴史上相対的に天然資源の豊富な地域であった。そして、そのような自然環境が、「フロンティア世界」(田中 2002)と呼ばれるような社会の基層を創り出す大きな要因になってきた。現在でも、この地域は石油や天然ガスをはじめ、木材・紙パルプ産業、パーム油産業、エビ養殖業、製糖業などの資源産業が盛んで、グリーン・イシューの相対的重要性が高い地域である。
このうち、特に紙パルプ産業は、工場からの廃液が水質汚濁の原因になる一方で、森林破壊の原因として批判されるなど、グリーンとブラウンの両争点を併せ持つというユニークな特徴を持つ。このような特徴は、環境イシューの違いがエコロジー的近代化とみなされうる変革をどう可能にするのか、あるいは制約するのかを考察するための格好の事例を提供する。よって次節では、関連研究を簡単に振り返ることで、環境イシューとエコロジー的

---

2) グリーン・アジェンダ (green agenda) とブラウン・アジェンダ (brown agenda) とも呼ばれる。

近代化の関係について考察してみたい。

II　東南アジアの紙パルプ産業とエコロジー的近代化

　東南アジアの紙パルプ産業は、1980年代末以降急激な勢いで拡大してきた。図10-1は世界全体における紙パルプの生産量の動向を、表10-1は紙パルプ生産における主要国と東南アジア諸国の推移を示している。世界全体の紙パルプ生産量は、2000年代まで順調に拡大してきた。しかし、生産構造は1990年代以降変化してきている。主要生産国であるG7や北欧諸国における生産が停滞する一方で、BRICsや東南アジア諸国などの新興国のプレゼンスが急激に拡大しているのである。

　中でもインドネシアは、この20年で世界有数の生産規模を備えるようになった国の1つである。一方、規模は数段小さくなるが、タイもいくつかの有名な企業を抱える国として地域内で存在感を示してきた。なお、輸出量（2014）は、インドネシアは木材パルプが358万8,000トン、紙・ペーパーボードが384万5,000トンと、それぞれタイの14万1,000トン、95万2,000トンを大幅に上回っている。インドネシアは輸出志向が強く、タイはより内需志向で

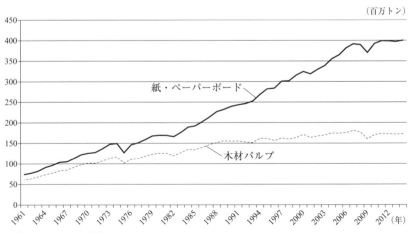

図10-1　世界の紙パルプ生産量の推移

出所：FAOSTATより作成。

表10-1　主要国と東南アジア諸国の紙パルプ生産量

(千トン)

国	木材パルプ				国	紙・ペーパーボード			
	1995年	順位	2014年	順位		1995年	順位	2014年	順位
米国	60,866	1	47,803	1	中国*	28,517	3	108,750	1
カナダ	25,429	2	17,686	2	米国	85,526	1	73,093	2
ブラジル	5,903	6	16,831	3	日本	29,664	2	26,477	3
スウェーデン	10,506	4	11,531	4	ドイツ	14,827	5	22,540	4
フィンランド	10,180	5	10,471	5	韓国	6,878	9	11,653	5
中国*	2,630	9	10,369	6	カナダ	18,713	4	11,102	6
日本	11,118	3	9,058	7	スウェーデン	9,159	7	10,419	7
ロシア	5,073	7	7,053	8	フィンランド	10,942	6	10,408	8
インドネシア	1,933	13	6,677	9	ブラジル	5,856	12	10,368	9
チリ	2,113	11	5,209	10	インドネシア	3,425	16	10,247	10
					インド	3,025	18	10,247	10
タイ	160	38	1,010	23	タイ	1,970	22	4,525	18
ベトナム	59	49	540	28	マレーシア	665	35	1,750	24
マレーシア	105	44	235	36	ベトナム	125	53	1,742	28
その他	122	−	1	−	その他	715	−	935	−
東南アジア計	2,379		8,463		東南アジア計	6,900		19,199	
G7+北欧2国計**	123,992		101,453		G7+北欧2国計**	190,353		175,270	
BRICs計	16,679		39,134		BRICs計	43,342		139,645	
世界全体	161,709		172,926		世界全体	280,709		400,237	

注：*中国は、台湾と香港を含む。**北欧2国とはフィンランドとスウェーデンのこと。
出所：FAOSTATより作成。

あると言えよう。輸出先は、両国ともに中国をはじめとするアジア諸国が上位に名を連ねている。

　さて、両国の紙パルプ産業は、拡大の過程で国内外において環境運動の格好の標的になってきた。その争点の1つは、塩素化合物という有毒物質であった。塩素化合物は、紙パルプを漂白するときに排出され、製品に残存することもある有毒廃棄物である。特にダイオキシン類は毒性が強く、さまざ

3）　FAOSTATによる。なお、輸出統計の紙・ペーパーボードは新聞印刷を除く。

まな健康被害を引き起こすことで知られる。エコロジー的近代化論者の1人であるソーネンフェルドは、東南アジアにおける紙パルプ企業が、1990年代に無塩素漂白パルプ（エコパルプ）の生産技術の導入を含む環境対策を行うようになった経緯を明らかにしている[4]。以下では、彼の研究に基づいて、その経緯を説明しよう[5]。

1 紙パルプ産業における生産の「無塩素化」

　彼によれば、この問題が最初に争点として取り上げられたのは、欧米の先進国においてであった。まず、1980年代後半に、紙パルプ産業から生まれるダイオキシンの問題が明らかになり、1990年代初頭にはアメリカで訴訟にまで発展した。やがて、廃棄物の問題に以前から取り組んでいたグリーンピースなどの国際NGOがこれを取り上げた。グリーンピースは、直接行動のような過激なパフォーマンスと、独自の環境モニタリング、消費者への啓発や企業・政府当局との交渉のようなソフトな戦略を組み合わせながら、紙の無塩素化のキャンペーンを実施した。その結果、トイレットペーパーや生理用品の安全性に敏感な婦人団体や消費者団体、この問題を懸念する政府当局者、企業の技術者らが、国を越えて問題を共有することに成功した。紙の無塩素化が、多くの人や資金を動員しながら、重要な争点として欧州など世界各地に広がったのである。

　東南アジアでは、紙パルプ企業による環境問題は、後述する資源をめぐる住民との紛争や河川の汚染として当時すでに現れていた。塩素とダイオキシンの問題は、上記のキャンペーンが功を奏す形で追加的な争点となった。グリーンピースなどの国際NGOは、住民と活動をともにしてきたインドネシアやタイのNGOをキャンペーンに巻き込んでいった。地元で行われたキャンペーンは、工場の操業停止を要求するような強い行動から、被害者への補

4）　無塩素漂白パルプは、塩素を使用せずに漂白する技術によって生産されたパルプのこと。ダイオキシンを含む有害な塩素化合物の排出を抑制する。分子状塩素を使用しないECF（Elemental Chlorine Free）と、すべての塩素を使用しないTCF（Total Chlorine Free）がある。

5）　以下、無塩素漂白パルプ技術の導入過程に関する記述は、特に言及のない限りSonnenfeld（2002）に基づく。

償要求や規制強化の要求といった穏健なものまでさまざまであった。これらによって、企業の活動が正規の法律や規制を超えた監視にさらされることを許容するような政治的雰囲気を作り出すことに成功した。

　その結果、政府も対処に乗り出してゆく。東南アジア各国の政府当局は、無塩素化を推進するための方針を打ち出すようになった。違反の著しい企業や事故を起こした企業に操業停止などの強い措置をとると同時に、NGOとの監視活動の協同実施、新たな環境評価基準の導入、国際的な認証制度取得の奨励といった施策を打ち出していった。一方で企業側は、技術の開発や導入で対処した。まず、1990年代初頭には、環境主義の影響が強い北欧諸国においてECFやTCF（注4参照）の技術開発が進んだ。実は、このような新技術が開発される可能性は当時すでにあったが、特に関心が払われてはいなかった。キャンペーンが広まり、規制や基準がより厳しくなる可能性を認知することで、技術者は「市場の需要に答える」としてただちに開発に乗り出すことになった。こうしてわずか数年のうちに無塩素漂白パルプ技術の開発が進み、販売されるようになったのである。

　東南アジアの紙パルプ企業は、こうして生み出された新技術を積極的に利用するとともに、独自に塩素の使用を抑制する方法を模索した。グリーンピースや地元NGOは、企業のこのような動きを支援した。当時欧州の紙パルプ業界は不況に直面していたため、東南アジアの新規企業の多くは、幸運にもこの最新技術を比較的格安で北欧諸国から導入することができた（Sonnenfeld 2000）。一方で、国内需要向けの小規模企業（多くは国営）は、資本の不足からこれらの技術を導入することができず、無塩素化の対策は放置されることになった。

　以上がソーネンフェルドによる分析の概略である。このように、東南アジアにおける紙の無塩素化は、欧米主導の社会運動が世界各地に広まることで取り組むべき課題となり、各国政府や企業が制度・技術の両面で対策を行うという形で進行した。このプロセスには、製品である紙パルプのグローバルな商品連鎖を介した各アクターの強い連関を見ることができる。また、技術的な手段が解決策として有効に機能したという特徴も見られる。産業廃棄物という、発生源や原因が見えやすく技術や制度による制御可能性が高い「モ

ノ」を扱うブラウン・イシューの特徴が生かされた事例だと言えるだろう。

2　パルプ産業における原料調達

一方、先述したように、紙パルプ産業にはもう1つ重要な争点が存在する。グリーン・イシュー、すなわち原料調達の問題である。紙パルプ産業は大量の原料を必要とするが、その多くは森林からの木材によって賄われる。東南アジアでは、原料調達によって生じる森林破壊や、林地をめぐる地域住民との紛争が絶えず、1980年代後半以降大きな問題となっていたのである。

当時東南アジアでは、紙パルプ産業のブーム期を迎えており、多くの企業がすでに参入を開始していた。その原料基盤として企業が期待したのは、自社の森林であった。東南アジアでは、森林のほとんどは国有管理のもとにあり、企業はコンセッション（財産を一定期間管理運営する権利）という形で国から長期の利用権を得て森林を開発することになる。しかし、森林内における土地や資源の実際上の権利は非常にあいまいであり、地域住民による慣習的な利用に供されてきた土地が含まれていたため、企業と住民との土地紛争が顕在化することになった。また一方では、森林開発が行き過ぎた森林破壊を引き起こしているとして、企業は国内外のNGOから批判された。東南アジアの企業や政府はこの問題にどう対処してきたのだろうか。以下では、おもに1980年代後半から2000年代前半にかけてのタイとインドネシアのパルプ産業を比較してみよう。[6]

(1) タイ

タイのパルプ産業は、1980年代以降、稲わらやバガス（サトウキビの搾りかす）などの農産物残渣から木材（ユーカリ）への原料転換、民間の造林事業を推奨する政府の政策、高度経済成長による企業の新規参入などによって大規模化し発展してきた。当初、参入したパルプ企業は、バージンパルプの原料基盤として、国有保存林（以下、保存林）における自社林の造成を計画

---

[6] 自然からの原料調達の問題に焦点を絞るため、ここでは対象をパルプ産業（紙とパルプの一貫生産も含む）に限定する。以下、特に言及のない限りタイに関しては生方（2007）に基づく。

した。しかし、これは保存林の利用権を巡って住民と政府・企業の間の紛争を誘発し、1980年代後半には、住民によるユーカリ植林反対運動が地元NGOなどの支援を受けながら東北部や東部で頻発するようになった。保存林に居住する住民の強制排除や、保存林のリースを巡っての業界と政治家との癒着もマスコミに糾弾され、リースの正統性が大きく揺らいでいった。また、ユーカリは農業生態系にとって好ましくないとも言われ、国王もユーカリ植林に懸念を示すようになったのである。

　このような世論に配慮して、1990年以降、政府は業者への保存林のリースを抑制する姿勢を打ち出すようになっていく。1992年には保存林における8ha以上の造林を禁止する内閣決議が出され、パルプ企業は事実上新規造林することができなくなった。あいまいだった保存林の再区分の方針も出され、その一部は農地改革地域として農民に分配された。一方で、企業は農民へのユーカリ栽培の推奨や契約造林制度など、農民からの原料調達に方針を切り替えた。1994年以降は政府も農民による造林を支援するようになり、当時価格が低迷していたキャッサバへの代替作物として、ユーカリは農民の一部に受け入れられていった。最近ではユーカリの生産はおもに農民によって行われており、プランテーションによる生産は36％にすぎないという推計もある（Barney 2005, 16）。これによって、タイ国内におけるユーカリ関連の新たな土地紛争は見られなくなった。企業も、原料が農地で農民によって生産されており、森林破壊を起こしていないことを紙パルプ製品の品質とともに強調し、他国（特にインドネシア）の製品との差別化を図っている。

(2) インドネシア

　インドネシアのパルプ産業は、スハルト（Suharto）体制下で政権に近い企業家がその支持を受けることで、1990年代以降急激に発展してきた。各企業は、政権との関係を利用して、スマトラ島やカリマンタン島に広大な森林コンセッションを取得し、その資源を原料基盤として大規模な工場を設立した。しかし、これによって、同時にコンセッション内における住民との土地紛争を抱え込むことになった。

　当初、企業はコンセッション内の天然林を伐採してパルプを生産していた

が、工場の生産規模は過剰で原料調達の問題を軽視したものであった。「予算外の」支出や補助金を含む政府当局のルースな金融管理や企業の国際的な資金へのアクセスが、この部門の過剰投資を誘発したとも言われている（Barr 2001）。そのため、自社コンセッション内の森林伐採では原料調達が間に合わず、違法な森林伐採を繰り返す企業もあった。このような過剰なプランテーション開発（アブラヤシ開発も含む）によって、スマトラ島のリアウ州では、1982～2007年の25年間で65％の原生林が消えたという報告もある（Uryu et al. 2008）。

1998年のスハルト政権崩壊後、経済危機に陥ったインドネシアでは、パルプ企業は莫大な外貨建て債務を抱え経営危機に陥った。同時に住民との土地紛争が激増し、違法な森林伐採に対しても国内外から厳しい批判にさらされるようになった。スハルト政権下でそれまで抑制されていた反対運動のエネルギーが、政権崩壊を機に一気に噴き出したのである。内憂外患を抱えた企業の中には、この時期に経営に行き詰まり、売却を余儀なくされたところもある。しかし、すでに「大きすぎてつぶせない」規模にまで成長していた多くの企業は、追加的な融資を受けながら、操業を存続・拡大していくことで経営再建をめざすことになった（Barr 2001）。

ポスト・スハルト期のパルプ企業は、原料調達の問題に対して硬軟織り交ぜた対応をしている。例えば、森林破壊や地域住民との紛争で批判の対象となっているAPP（Asia Pulp & Paper）社は、天然林伐採をやめるためにコンセッション内の伐採跡地でアカシア造林を加速させ、植林木の原料調達を行うようになった。住民対策に関しては、周辺コミュニティへの寄付、住民の雇用といった対策を講じており、別の企業ではアカシア林の分収契約なども実施している。しかし、これらがコミュニティ内の対立をかえって助長し問題を複雑にしている事例も見られ、中には軍や警察を動員した自衛策に出ざるをえないところもある[7]。

近年になって、インドネシアの森林破壊は、関連する泥炭地火災とともに、

---

7) 例えば、筆者が訪問した南スマトラ州のある企業では、伐採収益の分収契約や周辺住民の雇用を実施していたが、住民間で意見対立が表面化し、対立する住民による抵抗が収束しないという状況を生み出していた。

近隣諸国への煙害の拡散や二酸化炭素排出によるグローバルな気候変動の原因として、再び国際的な関心を集めるようになっている。中でも紙パルプ産業は、パーム油産業と並んで重要な標的となっている。グリーンピースは、2003年よりネスレやユニリーバなどの多国籍企業に対して、問題のある企業からの原料調達をやめるよう働きかけてきた（グリーンピース　ホームページ）。

このような国際的なキャンペーンは、2010年代になって企業や政府の方針を劇的に変えつつある。例えば、ネスレは前述のAPP社との取引を停止し、2011年には責任ある調達方針（RSG）の中で紙パルプ製品のトレーサビリティを高めることをうたった（Nestle Homepage）。インドネシア政府も、ノルウェー政府との交渉を経て、ユドヨノ（S. B. Yudhoyono）大統領が2011年5月に森林伐採を一時凍結するモラトリアムを発表し、REDDプラス（11章参照）実施に向けた制度整備に着手した[8]。また、政府は泥炭地の火災問題を重視し、2015年10月には泥炭地の新規開発を禁止する通達を出している（Jacobson 2015）。国内企業からも、対策へのコミットを強めて企業イメージの改善を図る動きが出てきている。大手各社の取引停止を重く見たAPP社は、2013年2月に森林保護方針（FCP）を打ち出し、天然林伐採と泥炭地開発の停止や現地住民の権利尊重を宣言した（APP Homepage）。

以上の新しい動きは、今後の改善に期待を抱かせるものではある。しかし、これらの対策の実効性が今後問われていくことになるのは間違いない。すでに、政府によるモラトリアムの効果を疑問視する指摘も出てきている（Greenpeace 2015）。インドネシア政府やパルプ企業にとって、原料問題への対処と現地社会との共存の問題は依然として大きな課題として残っていると言えよう。

(3) 両国の相違

以上からもわかるように、パルプ原料の問題に対しては、タイとインドネ

---

[8] モラトリアムは、その後2013年、2015年と2度の延長を経て継続中である（Saturi et al. 2015）。

シアでは異なる対応がとられてきた。前者は企業が原料基盤を自社林から農家にシフトすることによって、新たな紛争を回避することに成功したが、後者では、企業は対策へのコミットを増やしてはいるが効果は限定的で、依然として森林減少や住民との紛争は続いている。

このような相違を生む原因は何であろうか。第1にあげられるのは、変革への政治的機会が訪れた時期が両国で異なっていたということである。タイの場合はそれが1990年代初頭の民主化の時期に訪れたのに対して、インドネシアでは、スハルト政権が崩壊する1998年以降に問題が深刻化し国際的に注目されるまで訪れることはなかった。

第2は、その産業がもたらす利権構造の違いである。インドネシアの木材やパルプ産業は、スハルト政権という強力な政権下で巨大な利権を生む産業であった（Ascher 1999=2006）。一方、タイの場合はそのような強力な政権が生まれなかったため、そこまで大きな利権は生み出さなかった。また、1990年代以降に森林局の権限が後退し、森林を含む土地や資源の権利画定作業が進んだことも利権の抑制に働いたと考えられる。

そして第3は、そもそもの産業規模の違いである。インドネシアの産業規模は、タイのそれに比べてパルプで約6倍、紙でも約2.3倍の大きさになっている（表10-1）。資源賦存量の差に加えて、当初のあまりに野心的な計画が、原料調達におけるタイのような選択肢を消滅させたことは間違いないだろう。

3　「無塩素化」と「原料基盤」――争点間の比較

とはいえ、パルプ企業の原料基盤の問題は、社会運動によって取り組むべき課題として認識されるようになり、政府や企業が技術的・制度的に対応することで変革が動機づけられたという点では、紙パルプの無塩素化の問題と共通していたと言える。しかし、無塩素化がそれほど問題なく東南アジアの大企業に受け入れられたのとは対照的に、原料基盤と土地紛争の問題は、明らかにより多くの困難をはらんでいる。

両争点を比較すると、以下の3点において大きな相違があったと考えられる。その第1は、なんといっても技術的解決の可能性である。無塩素化の場

合は、ECFやTCFといった技術の開発が、社会対立を回避するwin-winの状況をつくる可能性を持っていた。これに対して原料基盤の場合は、そのような可能性がつくられる余地が小さい。タイでは農家による生産へのシフトという制度的な妥協が可能ではあったが、インドネシアではそれが困難な状況にある。土地利用や資源の権利に関する関係者の合意を地道に積み重ねていくしかないのである。

　第2は、その争点が巻き込むアクターの力関係である。原料基盤の問題は、資源や土地の性質に加えて、地域住民、地元NGO、地元政治家といったローカルなアクターの利害関係がより密接かつ複雑に絡んでいるため、彼らの意向を重視した慎重な対応が求められる。一方で、無塩素化の場合は、一連の過程でより大きな影響力を持ったのはローカルなアクターよりも国際NGO、先進国の消費者および企業であり、そのような配慮の重要性は相対的に低かった。言いかえれば、前者はこの点においてローカルな問題であり、後者はグローバルな問題であったということになろう。ただし、近年になって前者の問題が、煙害や気候変動との関連から、よりグローバルで「ブラウン」寄りの複合的な課題として取り組まれるようになってきているのは興味深い。これによって、インドネシアの問題に対する国際的なアクターの関与が強まり、それに刺激を受ける形で国内の取り組みも活発化している。

　第3は、生産規模が技術や制度的な解決策にもたらす影響である。無塩素化で解決策となったECFやTCFの技術は導入に多額の資金が要るため、生産規模の大きい企業にとって有効な解決策となる。対照的に、土地紛争や森林破壊の批判を避けながら原料基盤を確保するのは大規模であるほど難しいため、タイでなされたような制度的解決策をインドネシアで本格的に実行に移すのは難しい。この問題の背景には、規模の経済性が非常に大きいという紙パルプ産業の技術的特徴がある。大量生産への傾斜とプラント設備という技術的な「ロックイン」が、紙パルプ産業を高度に資本集約的かつ資源使用的な産業へと変貌させ、2つの争点の間にジレンマを内在させるようになったのである。

　このように、東南アジアの紙パルプ産業の「エコロジー的近代化」は、先進国における消費者の関心を引きやすく、技術的な解決が容易で既存の発展

経路を阻害しないブラウン・イシューの解決には一定の貢献をする一方で、ほぼ正反対の特徴を持つグリーン・イシューの解決には大きな課題を抱えている。さらに言えば、この変革は、産業がいつしか持つようになった技術的特徴や発展の方向性を変えることはできていない。実際に、古紙や農産物残渣の利用といった資源節約的な側面は、発展の中でむしろ後退してしまった。ソーネンフェルドの言葉を借りれば、それは「脱物質化（dematerializing）」の道ではなく「超物質化（supermaterializing）」の道であったのである（Sonnenfeld 2000, 254）。

4　資源産業と制御可能性

このようなエコロジー的近代化の「蹉跌」は、大なり小なり他の資源産業にも見られると考えられる。例として、東南アジアで紙パルプ産業と並んで環境破壊的とされるパーム油産業をあげよう。この産業における環境対策の1つとして、搾油工場からの廃棄物の削減があげられるが、これは技術的・制度的手法による制御が可能である。しかし、扱う対象を原料調達に拡大すると、多くの場合制御の可能性は狭まってゆく。

筆者らは、マレーシアのパーム油搾油工場における温室効果ガスの排出量を、自社プランテーションと農家という2つの原料調達方法で推定した。その結果は、初期の森林開発の影響を考慮するかどうかで著しく異なっていた。工場における排出量の影響よりも、初期の森林開発における排出量の影響のほうが圧倒的に大きかったのである（Ubukata and Sadamichi forthcoming）。また、最近ではパーム油産業を変革する制度的な取り組みとして、パーム油の認証制度（RSPO）によるサプライチェーンの川下からの制御が行われている。しかし、この取り組みも、認証済み工場やプランテーションといった「飛び地」では有効だが、農家や仲買人、非認証企業を含めたローカルなアブラヤシの生産ネットワークへの普及と制御には課題を抱えていた（生方 2016）。

本来、グリーン・イシューは、場所ごとに特性の異なる天然資源や土地に加え、そこに居住する多様な住民を包含した空間自体が対象となるきわめてローカルな問題である。また、問題の発生源やメカニズムが外からは見えにくく複雑であるため、画一的な処方箋が機能しにくく、技術や制度の現地

化・翻訳・運用や、関係者の参加・交渉といった、非定型で息の長い取り組みが必要となる。そのため、ブラウン・イシューの解決に有効な工学、企業経営、基準や法制度といった普遍的な要素の強いフォーマルなツールのみに頼るやり方では、限界が生じやすい。場合によっては、「住民参加」の名のもとに行われる公式な場での討論ですら、取り組みとしては不十分である。

　前項で、最近インドネシアの森林破壊がグローバルで複合的な争点を伴う課題になってきていることに触れた。もちろんこの動き自体は、1つの政治的機会として見ることができよう。しかし、このような課題に対して、「弱い」タイプのエコロジー的近代化言説や、市場原理主義的な「自然のネオリベラル化」言説が、グローバルなネットワークを通じて無批判のまま浸透すると、外部から見えやすい技術や制度への選好が高まり、グリーン・イシューの解決において重要なカギとなるローカルなネットワークがこぼれおちる危険性をはらんでしまう。そして実際、このような懸念は考慮に値するものになりつつある（cf. Fairhead et al. 2012）。

　西欧で成功した処方箋がなぜアジアで通じないのか。人はしばしば定型的なツールに言及し、それらの不備や使いこなす能力の欠如を問題にする。しかし、ツールは万能の道具ではない。以上で見たように、前節でソーネンフェルドらが総括した「違い」の多くは、産業にかかわるローカルな要因の大小や制御可能性に由来し、これらは環境イシューとも密接な関係があった。ただし、環境イシューは厳密に区別できるわけではなく、これによって環境問題や対策への見方を過度に単純化・一般化するのは危険であろう。インドネシアの例で見たような複合的な争点を伴う課題も増えており、小規模鉱業による環境破壊や人権侵害などの例に見られるように、どちらかと言えばブラウン・イシューに近い課題であってもローカルな要因が大きく制御が難しい場合もある。むしろ、ここでより重要だと考えられるのは、環境イシュー自体というよりも、これらが課題として認識され対処されてゆくプロセスである。

　本章の冒頭で、外部からの環境対策を促す動きが、ときに現場のあり方に大きな影響を与えるようになっていることに触れた。以上で紹介した事例は、多かれ少なかれそのような動きを含んでいる。もちろんこの動き自体を批判

する気はないが、少なくとも、本章で紹介したグリーン・イシューの例のように、外部者が用いる定型的な処方箋だけでは対処が難しい、一筋縄ではいかない課題が存在することは認識しておくべきだろう。そのような課題にこそ、すでに地域にあるもの——すなわち地域の視点や発想が生きてくるのではないだろうか。今後地域研究者の持つ現場主義は、そのような視点に立つ人々を支援する方向へと向かうべきである。

おわりに——エコロジー的近代化の「蹉跌」を超えて

　本章では、西欧で生まれたエコロジー的近代化と呼ばれる概念を紹介するとともに、東南アジアにおける事例として、紙パルプ産業が環境問題に対処していくプロセスを検討した。その結果、一連のプロセスが、紙の無塩素化のようなブラウン・イシューの解決には一定の貢献をする一方で、資源の保全や土地紛争の回避といったグリーン・イシューの解決には依然として大きな課題を抱えていることを見出した。また、このような傾向は、パーム油産業のような資源産業にもある程度共通して見られることも確認した。

　自然が豊かな東南アジアでは、経済構造の転換が進んだ現在でも、資源産業が依然として一定の経済的重要性を保っている。そのような地域である種のエコロジー的近代化——より極端な場合、「自然のネオリベラル化」——を無批判に導入することは、時として、外部から見えやすい技術的解決策や、先進国由来の制度的解決策をおしつけることになりかねない。それは結果的に、技術的な解決が困難で、制御しにくくローカルな要因の大きいグリーン・イシューの特質を軽視し、大きな混乱と失敗をもたらす危険をはらんでいる。

　そもそも資本主義発展の黎明期において、最も制約要因になったのは人間の体を含めた自然であった（cf. Polanyi 1957=1975; Castree and Braun eds. 2001）。今回私たちが見たエコロジー的近代化におけるグリーン・イシューの制約を、資本主義の黎明期と重ねてみるのは運命論的に過ぎるだろうか。特に、グローバル化が進む現代においては、そのような制約や矛盾は、新たな近代化へと向かう「中心域」ではなく、東南アジアのような「成長する周辺域」に

現れると考えるのは直感的に過ぎるだろうか。以上のように考えると、エコロジー的近代化言説の描く未来は、その規範的な価値はさておき、やはり楽観的すぎると言わざるをえない。

とはいえ、今後この言説が示唆するような近代化のプロセスが地域で進行していく可能性は高い。その場合に重要なことは、このプロセスが何に貢献し、どこに弱点を抱えがちなのかを十分に理解することである。また、そのような理解をふまえ、変革方法自体を変革していく再帰的なプロセスが必要になるだろう。さらに言えば、場合によっては目標（エコロジー的近代化）とプロセス（エコロジー的近代化に向けた基盤整備）を逆転させるような発想が求められるかもしれない。いずれにせよ、この地域における開発と環境とのバランスがどのような方向へと向かうのか、エコロジー的近代化の概念や手法がそれをどのように変え、かつ自らをどう変革していくのか、今後注視していく必要がある。

引用・参考文献

生方史数（2007）「プランテーションと農家林業の狭間で――タイにおけるパルプ産業のジレンマ」『アジア研究』53(2), 60-75.

生方史数（2016）「開発フロンティアにおけるRSPOパーム油認証――マレーシア・サラワク州を事例に」大元玲子・佐藤哲・内藤大輔編『国際資源管理認証制度――地域の潜在力を引き出すプラットフォーム』東京大学出版会, 200-220.

グリーンピース　ホームページ「インドネシア大統領がグリーンピースと協力（2013年6月10日掲載）」. (http://www.greenpeace.org/japan/ja/news/blog/staff/blog/45517/　2016年6月8日閲覧）.

新川敏光（2004）「協調主義」猪口孝・大澤真幸・岡沢憲芙・山本吉宣・スティーブン・R・リード編『縮刷版　政治学事典』弘文堂, 241-242.

田中耕司（2002）「フロンティア世界としての東南アジア――カリマンタンをモデルに」坪内良博編『地域形成の論理』京都大学学術出版会, 55-83.

満田久義（2005）『環境社会学への招待――グローバルな展開』朝日新聞社.

Ascher, William (1999) *Why Governments Waste Natural Resources: Policy Failures in Developing Countries*, Baltimore: The Johns Hopkins University Press (= 2006, 佐藤仁訳『発展途上国の資源政治学――政府はなぜ資源を無駄にするのか』東京大学出版会）.

Asia Pulp and Paper Homepage "APP Forest Conservation Policy." (https://www.asiapulppaper.com/sites/default/files/app_forest_conservation_policy_final_english.pdf　2016年6月8日閲覧).

Barney, Keith (2005) *At the Supply Edge: Thailand's Forest Policies, Plantation Sector, and Commodity Export Links with China*, Forest Trends, Washington D.C. (http://www.forest-trends.org/documents/files/doc_141.pdf 2016年6月13日閲覧)

Barr, Christopher (2001) *Banking on Sustainability: Structural Adjustment and Forestry Reform in Post-Suharto Indonesia*, Washington D. C. and Bogor: WWF and CIFOR. (http://www.cifor.org/publications/pdf_files/books/cbarr/banking.pdf 2016年6月13日閲覧)

Castree, Noel and Bruce Braun eds. (2001) *Social Nature: Theory, Practice, and Politics*, Malden: Blackwell Publishing.

Christoff, Peter (1996) "Ecological Modernization, Ecological Modernities," *Environmental Politics* 5, 476-500.

Dieu, Tran T. M., Phung T. Phuong, Joost C. L. van Buuren and Nguyen T. Viet (2009) "Environmental Management for Industrial Zones in Vietnam," Arthur P. J. Mol, David A. Sonnenfeld and Gert Spaargaren eds., *The Ecological Modernization Reader: Environmental Reform in Theory and Practice*, New York: Routledge, 438-455.

Dryzek, John S. (2005) *The Politics of the Earth: Environmental Discourses, Second Edition*, Oxford: Oxford University Press.

Fairhead, James, Melissa Leach and Ian Scoones (2012) "Green Grabbing: A New Appropriation of Nature?" *The Journal of Peasant Studies* 39(2), 237-261.

Foran, Tira and David A. Sonnenfeld (2006) "Corporate Social Responsibility in Thailand's Electronics Industry," Ted Smith, David A. Sonnenfeld and David Naguib Pellow eds. *Challenging the Chip: Labor Rights and Environmental Justice in the Global Electronics Industry*, Philadelphia: Temple University Press, 70-82.

Giddens, Anthony (1998) *The Third Way: The Renewal of Social Democracy*, London: Polity Press (=1999, 佐和隆光訳『第三の道——効率と公正の新たな同盟』日本経済新聞出版社).

Greenpeace (2015) *Indonesia's Forests: Under Fire*, Amsterdam: Greenpeace International. (http://www.greenpeace.org/international/Global/international/publications/forests/2015/Under-Fire-Eng.pdf 2016年6月8日閲覧).

Hajer, Maarten A. (1995) *The Politics of Envirionemental Discourse: Ecological Modernization and the Policy Process*, Oxford: Oxford University Press.

Jacobson, Philip (2015) "Jokowi Turing Over a New Leaf for Indonesia on Haze but Details Still Foggy," Mongabay Environmental News. (http://news.mongabay.com/2015/11/jokowi-turning-over-a-new-leaf-for-indonesia-on-haze-but-details-still-foggy/ 2016年6月8日閲覧)

Mol, Arthur P. J. (2001) *Globalization and Environmental Reform: The Ecological Modernization and the Global Economy*, Cambridge: The MIT Press.

Mol, Arthur P. J. and David A. Sonnenfeld eds. (2000) *Ecological Modernization Around the World: Perspectives and Critical Debates*, Portland and London: Frank Cass.

Mol, Arthur P. J. and Gelt Spaargaren (2000) "Ecological Modernization Theory in Debate: A Review," *Environmental Politics* 9(1), 17-49.

Mol, Arthur P. J., Gelt Spaargaren and David A. Sonnenfeld (2014) "Ecological Modernization Theory: Taking Stock, Moving Forward," Stewart Lockie, David A. Sonnenfeld and Dana R. Fisher eds., *Routledge International Handbook of Social and Environmental Change*, New

York: Routledge, 15-30.
Nestle Homepage "Progress Report on Responsible Sourcing of Pulp and Paper," July 2014. (http://www.nestle.com/asset-library/documents/creating-shared-value/responsible-sourcing/paper-progress-report.pdf 2016年6月8日閲覧)
Oosterveer, Peter (2006) "Globalization and Sustainable Consumption of Shrimp: Consumers and Governance in the Global Space of Flows," *International Journal of Consumer Studies* 30 (5), 465-476.
Oosterveer, Peter (2015) "Promoting Sustainable Palm Oil: Viewed from a Global Networks and Flows Perspective," *Journal of Cleaner Production* 107, 146-153.
Pham, Van Hoi, Arthur P. J. Mol and Peter J. M. Oosterveer (2009) "Market Governance for Safe Food in Developing Countries: The Case of Low-pesticide Vegetables in Vietnam," *Journal of Environmental Management* 91, 380-388.
Polanyi, Karl (1957) The *Great Transformation: The Political and Economic Origins of Our Time*, Beacon Press (= 1975, 吉沢英成・野口健彦・長尾史郎・杉村芳美訳『大転換——市場社会の形成と崩壊』東洋経済新報社).
Saturi, Sapariah, Ridzki R. Sigit, Indra Nugraha and Philip Jacobson (2015) "Indonesia Extends Moratorium on Partial Forest Clearing," *The Guardian*, May 14, 2015. (http://www.theguardian.com/environment/2015/may/14/indonesia-extends-moratorium-on-partial-forest-clearing 2016年6月8日閲覧).
Schnaiberg, Allan (1980) *The Environment: From Surplus to Scarcity*, Oxford: Oxford University Press.
Sonnenfeld, David A. (2000) "Contradictions of Ecological Modernization: Pulp and Paper Manufacturing in South-East Asia," Arthur P. J. Mol and David A. Sonnenfeld eds., *Ecological Modernization Around the World: Perspectives and Critical Debates*, Portland and London: Frank Cass, 235-256.
Sonnenfeld, David A. (2002) "Social Movement and Ecological Modernization: The Transformation of Pulp and Paper Manufacturing," *Development and Change* 33, 1-27.
Sonnenfeld, David A. and Michael T. Rock (2009) "Ecological Modernization in Asian and Other Emerging Economies," Arthur P. J. Mol, David A. Sonnenfeld and Gert Spaargaren eds., *The Ecological Modernization Reader: Environmental Reform in Theory and Practice*, New York: Routledge, 359-371.
Ubukata, Fumikazu and Yucho Sadamichi forthcoming, "Cash Flows and Greenhouse Gas Emissions of Oil Palm Production in Sarawak, Malaysia: Comparison between Estate and Smallholding," Noboru Ishikawa and Ryoji Soda eds., *Planted Forests in Equatorial Southeast Asia: Human-nature Interactions in High Biomass Society*, Springer, (in press).
Uryu, Yumiko, Claudius Mott, Nazir Foead, Kokok Yulianto, Arif Budiman, Setiabudi, Fuminari Takakai, Nursamsu, Sunarto, Elisabet Purastuti, Nurchalis Fadhli, Gobar Maju Bintang Hutajulu, Julia Jaenicke, Ryusuke Hatano, Florian Siegert and Michael Stüwe (2008) *Deforestation, Forest Degradation, Biodiversity Loss and CO_2 Emissions in Riau, Sumatra, Indonesia*, WWF Indonesia Technical Report. WWF: Jakarta. (http://assets.worldwildlife.org/publications/750/files/original/WWF_Indo_(27Feb08)_Riau_Deforestation_-_English.

pdf?1426774206&_ga=1.257403784.2086626725.1465625894　2016年6月8日閲覧）

コラム

インドネシア中部ジャワにおける実証的レジリエンス研究に向けて

内藤大輔

はじめに

　3.11以後、「レジリエンス（Resilience）」という言葉が、盛んにテレビや紙面を賑わすようになった。そして、レジリエンスという言葉は「国土強靱化（ナショナル・レジリエンス）」として国家戦略に採用され、東日本大地震によって引き起こされた大津波への対応として、「強靱化」政策のもと、岩手、宮城、福島の3県で15mもの高さの巨大防潮堤建設という形で現実のものとなりつつある。

　しかし、「レジリエンス」は強靱化だけを意味するものではない。ショックから物理的に防御する仕組みをつくるだけでなく、例えば「津波てんでんこ」のような津波避難に関する伝承なども含まれる。また塩をかぶった田畑を干拓前の姿である「潟」へ戻すというような（赤坂 2012）、あるシステムが維持できなくなったときに、大きな転換を可能とする力も、重要なレジリエンス概念の1つである。

　「レジリエンス」という言葉は、1973年にホリング（C. S. Holling）によって生態学の分野で提案された概念で、その後、工学、社会科学などにおいても取り入れられ、現在は開発、環境問題、資源管理、災害復興などさまざまな分野で利用される言葉となってきた（梅津他 2009）。ウォーカー（B. Walker）らは、レジリエンスの概念を、「レジリエンスとは、攪乱を緩和し、同じ機能、構造、同一性およびフィードバックを保持できるシステムの能力」（Walker et al. 2004）と定義し、複雑な社会・生態システムへの適用が試されている。

　本コラムでは、「社会・生態システム」における「レジリエンス」につい

て紹介するが、ショックに際し、社会・生態システムを維持する潜在的な対応能力に加えて、生態的、経済的、社会的状況がある閾値を超えもともとのシステムを支えられなくなった場合に、まったく新しいシステムを構築する能力、「変容力（Transformability）」（Walker et al. 2004）についても焦点を当てる。

日本は古くからさまざまな自然災害、戦乱の多い地域であり、自然に抗うだけではなく、ショックをいなす力を備えてきた。日常の生活では忘れられがちな自然と社会とのつながりを、震災、台風、津波などの巨大な災害に直面したとき、その重要性を再認識させられる。現在、東南アジアの事例においてレジリエンスを研究する意義は、東南アジアではショックをいなす力が日常の生活の中で培われており、そこから多くのことを学ぶことができるためである。

本コラムでは、はじめにレジリエンスについて概説をしたのち、Ⅰ節で、社会・生態システムとレジリエンスの概念について紹介し、Ⅱ、Ⅲ節でインドネシアにおける事例を挙げて、レジリエンス研究の取り組みを紹介する。具体的には、インドネシア、グヌン・キドゥルにおける長乾季と、ムラピ山の噴火に対するレジリエンスの事例をもとに、異なるタイプのショックに対し、どのようなレジリエンスが構築されているのかを紹介する。

Ⅰ　社会・生態システムとレジリエンス

1　レジリエンスと実証的研究

レジリエンスという概念は、ホリングによって、Stabilityと対峙する概念として提起されたもので、攪乱を受けた生態システムが、攪乱以前の初期の均衡に戻る回復時間として定義されていた（Holling 1973）。レジリエンスの概念では、すべてのものは変化するものとして捉えることを前提としており（Walker and Salt 2006）、レジリエンスを将来の予期せぬショックや攪乱に対応可能な仕組みとして捉えている（Holling 1973）。

自然資源管理において、持続的と考えられていた管理がしばしば、単一品種による集約化をもたらし、効率化、最適化によって、短期的な経済収入の増加をもたらす一方で、社会環境システムの脆弱性を高め、レジリエンスは

低くなり、長期的にはうまくいかなくなることが多く指摘されている。レジリエンスは、こういった持続的な自然資源管理の困難さを克服する新たな概念が必要との理解から、変革を起こすための世界観を提供することを目指している（Resilience Alliance 2007）。

また自然資源管理を考えるうえで、生態システムだけでなく、人間を含む統合的な社会・生態システムとして、複雑な相互のフィードバックと相互依存の関係を持つものとして捉えるよう提案されている（Berke and Folke 1998）。そのためレジリエンスの概念は社会的、政治的、環境的変化による外部からのショックや攪乱に対処する能力などについても適用されるようになり、東南アジアの事例としては、アドガー（W. N. Adger）によるベトナムにおける台風などの災害による海面浸食に対する地域住民による堤防建設に関する研究が行われている（Adger 2000）。

近年、国際開発、気候変動への緩和、適応などの議論においても、レジリエンス研究は注目されてきている。レジリエンス研究は、1998年にストックホルムで設立されたレジリエンス・アライアンスやストックホルム大学などの知識とアイデアの共有を促進する多くの専門分野の科学者と実務者からなるグループが理論的に中心的な役割を果たし、社会・生態システムのダイナミクスを探求するため、概念、ワークブック、評価方法、論文データベースなどを提供してきている。しかし、これまでレジリエンス研究は概念的なものが多く、途上国における実証的な研究は少ないとの指摘がなされている（梅津 2010）。

日本においては、総合地球環境学研究所で梅津らの研究チームがアフリカ、ザンビアの農村地域における定性的・定量的レジリエンス実証研究のアプローチを実践してきた（梅津他 2009; 梅津 2010）。例えば農作物の収量の落ち込み程度に関する研究、食料消費・体重・皮下脂肪の回復についての研究、天水農業に依存したコミュニティの生業選択についての研究（島田 2009）、インドの津波による社会・生態システムについての回復についての研究が行われた（久米他 2010）。また国連大学、東京大学などによって気候変動とレジリエンスに関する研究が取り組まれている（武内 2013）。

近年、東南アジアの自然資源利用を考える際に複雑な社会・生態システム

の理解が求められてきており、生態系や地域社会に対する統合的な分析を目指すレジリエンス研究と地域研究のアプローチは非常に親和性が高いと考えている。

2　研究手法

　本コラムでは、レジリエンスの実証的研究を目指して、インドネシア、中部ジャワ州で異なるタイプのショックや攪乱について、地域住民がどのような対応をしているのかについて、2012年より継続的に行っている調査の一部を紹介する。具体的な調査項目としては、世帯の家族構成、親族関係、生業の変遷と現状についての調査、過去の森林・土地利用および気象データの収集と気象イベントに対する住民の対応について聞き取り調査などを実施している。ショックや攪乱に対応するための地域住民による生業の多様化や出稼ぎなどによる農家の現金獲得戦略の変容を検討するために、農民グループや仲介者の役割、彼らの関与による伝達・情報経路の変化、およびライフスタイルの変化などについても調査している。

Ⅱ　インドネシア、中部ジャワ州、グヌン・キドゥル

　調査村は、インドネシア、ジョグジャカルタ特別州グヌン・キドゥル県に属し、ジョグジャカルタ市内から車で40kmほど南東に向かったところに位置する。石灰岩台地で保水力が低く、乾季が長いことから、慢性的な水不足を経験してきた地域であるため、気候変動の影響に対するレジリエンスが潜在的に高い場所であると想定し、調査地として選定した。調査村は286世帯あり、主にジャワ人が暮らす村である。調査村では、まずキーインフォーマントに集まってもらい、ワークショップを開催したのちに、15世帯を抽出し、世帯主への詳細な聞き取り調査を行った。グヌン・キドゥルのKT村において、伝統的な生業、ホームガーデンやテガラン（混作地）、チーク植林などについて調査を行った。

1　長乾季への対応

　調査村において、住民に彼らの生活にショックや攪乱を与えている事象について聞き取りを行った。その結果、グヌン・キドゥルで、生業に大きな影響を与えている環境要因として、長乾季が挙げられた。グヌン・キドゥルでは、年間降水量自体は約1,500mmと周辺地域と比べてそう低くはないのだが、通常4月下旬頃から10月頃まで長期にわたって乾季が続くため、渇水に悩まされてきた地域である。また石灰岩台地のため水がたまりにくいことも影響している。ただし、住民にとっては、降水量の少なさよりも乾季の長さの方が、農業を行ううえで影響が大きいとのことであった。

　一方で、雨季には降水量が多く、短期的な集中豪雨もショックをもたらしていた。ときに洪水を引き起こし、村の南部に流れるオヨ河（*Sungai Oyo*）が増水し、2007年には10軒が床上浸水となり、また農産物の被害をもたらしていた。毎年の乾季や異常気象の他に自然災害として、地震を挙げる住民もいた。最近では2006年のジャワ中部地震の影響も受けた世帯もあり、三軒の家が倒壊したという。

　自然災害の他に、社会制度の変化も村人に大きな影響をもたらしていた。過去にはスカルノ体制からスハルト体制への移行期にグヌン・キドゥル地域に多かったと言われる共産党関係者が迫害を受けたという。その後のスハルト体制崩壊、アジア通貨危機や近年の地方分権による村人への影響も大きい。そして世帯レベルで言えば、突然の病気や、結婚・離婚、子供の進学なども急な出費を要するショックとして捉えられていた。

2　地域住民の生業策

　毎年訪れる長期の乾季に対しては、村人によって重層的な対応策が培かわれていた。特に予測のできない乾季に柔軟に対応できる農法を導入していた。川に近く、灌漑のしやすい田では水稲耕作を行い、川から遠く、水が抜けやすい田では、陸稲耕作を行っていた。干ばつ・乾季時には小型ディーゼルエンジンの灌漑ポンプで川から水田に水を入れていた。1期目に水稲、陸稲を植え、2期目からは陸稲耕作と畑作を行う。畑作ではキャッサバ、ダイズ、トウモロコシなどを植えていた。陸稲とキャッサバの混作が行われてお

り、仮に米がとれなかったときの予防だと言っていた。通常3期目は畑作のみ行われるが、降水量が少ないときは結果的に捨て植えとなることも多い。実入りの悪いトウモロコシなどは、家畜用の飼料にまわしているとのことであった。毎年米は次の年の米の収穫が確実になるまで保管しておくため、前年の米を食べているとのことだった。

　雨季中の豪雨に対しては、大量の降雨を効果的に排水できるよう畑の周囲にはしっかりとした排水路が整備されていた。また2013年には洪水対策として村に隣接して流れるオヨ河の堤防補強工事が進められていた。

　20年ほど前までは乾季には夜明け前に水源まで2時間もかけて水をくみにいくことが女性の仕事であったというが、現在では深井戸設置や渇水時の給水車の派遣などが実施されており、調査村では2012年に簡易水道の導入が官民連携プロジェクトによって行われ、飲料水の安定的な供給という面ではだいぶ改善された。ただし、塩分濃度が少し高めであったため、長期的な地下水利用による影響を見る必要があろう。

　村に多く植栽されているチーク林は、村人にとってレジリエンスを保つ重要な資源となっていた。チークの生育は、石灰岩土壌や乾季のある気候に適しており、古くは16世紀のオランダ植民地時代の頃から植えられてきたという。チークは、村人が乾季をしのぐ生業戦略の1つでもあった。チーク材は高価であり、村人にとって多額の出費に直面した際に、伐採し換金可能な銀行のような機能を果たしていた。村での聞き取りでは、家族が病気のときや、子どもの学費、家の建設などで大金が必要なときにチークが伐採されていた。村人は代々チークを植えてきており、「チーク林（Kebun Jati）」、屋敷林（Pekarangan）、畑、田の畦など、さまざまな場所に植えられていた。住民によるチーク植林が積極的に行われている背景には、村人の土地権がある程度保障されているという大きな要因がある。土地の権利がはっきりしない状況では、伐採まで20〜30年かかるチークを植えるインセンティブは生まれない。次世代のためにチークを植えるという慣習は、住民の権利が十分に保障されているがゆえに可能となるものである。

　インドネシアのグヌン・キドゥルでの調査から、私有林（Hutan Rakyat）（図1）におけるチークなどの生態資源が生業の中心を担い、住民のセイフ

ティーネットになっており、この地域の社会生態レジリエンスを高める役割を果たした。

図1　私有林（Hutan Rakyat）

出所：筆者撮影。

さらに、2000年と2010年の衛星写真の比較からこの地域での森林被覆が増加していることがあきらかになった。増加しているのは主に二次林であり、チークを代表とする人の手によって植えられた森林である。このことからも住民にとって森林を増やすことが生活基盤の強化につながっているということがうかがえる。チークは建材、家具材などとしての価値が高く、高価格で取引されている。地域住民は自分の土地にチークを植え、何か大きな出費が生じたときに伐採する（Tebang Butuh）という利用方法をとっており、貯蓄機能を果たしている。

グヌン・キドゥルは有数な牧畜地域でもあり、世帯のほとんどがウシ、ヤギを飼っていた。これらの家畜もレジリエンスを高めるものとなっていた。畔に植えているエレファントグラスやトウモロコシを与え、糞尿は肥料として畑に戻す。村人は小規模な出費の際には、鶏やヤギ、アカシアやサンゴン（Sengon）などを売ることで対応し、さらに多額な出費に際しては、牛やチークを売ったり、借金をするなどして対応していた。

また村人は長い乾季を耐えしのぐために、出稼ぎなどの農外就労を行うなど、生業の多様化をはかってきた。出稼ぎ先の多くはジャカルタやジョグジャカルタで、建設労働、店員、警備などの仕事についていた。加えて、家具職人、大工などの手工業や炭焼きなど、乾季のあいだに行える副業を持っている世帯も多くあった。村内には農民組合、チーク組合など、さまざまな住民グループが組織されており、それらが互助機能を担っていることも多く、レジリエンスの強化につながっていた。

III ムラピ山の事例

II節ではインドネシア、グヌン・キドゥルにおけるレジリエンスについて、日常的な、毎年起こる長乾季に対する住民の対応を紹介した。本節では、異なる種類の攪乱を受けた事例として、ムラピ山の噴火による住民への影響とその対応について見ていきたい。

ムラピ山はジョグジャカルタ市から北に30kmほどに位置する、標高2,930mのインドネシア有数の活火山である。1548年から70回の噴火が記録されており（Voight et al. 2000）、過去10年でも、2006年、2010年に大規模な火砕流を伴う噴火が起きている。特に過去2回の噴火では、ムラピ山の南側に流れるゲンドル河の方面への火砕流が顕著であった。

特に2010年の噴火では10月、11月の噴火で、死者は367人、約40万人が避難を強いられた大規模なものであった（Mei et al. 2013）。本節では特に、2010年のムラピ噴火の火砕流の影響を受けたKH村を対象に、噴火による被害の概況とそれに対する住民の対応からレジリエンスについて概観する。

KH村は8つの区（Dusun）からなり、2010年時点で956世帯、3,035人。村はムラピ山火口から約5〜9km北から南に長細く広がって位置している。

1 2010年のムラピ山噴火とその被害

2010年の噴火は、9月20日に4段階ある警戒レベルの2段階目である「注意（Waspada）」レベルへ、10月20日に3段階目の「避難準備（Staga）」に引き上げられた。10月25日に最も高い4段階目の「危険（Awas）」が発令された。その後、12月3月に「注意」に引き下げられ、12月31に「通常（Aktif Nomal）」に戻された。その間10月26日から12月3日にかけて大小さまざまな火砕流、土石流が起きている。

10月25日に警戒レベルが上げられ、翌日の10月26日に、ムラピ山から噴煙が立ち上るとともに、ゲンドル河、クマン河の火口から8kmのところまで火砕流が流れてきた。ムラピ山ではハザードマップ（図2）が設定されており、過去の噴火の影響評価からIからIIIまで設定されている。避難指示を管轄するCenter for Volcanology and Geological Hazard Mitigation（CVGHM）は、

KRB（危険地域）Ⅲゾーンの居住者に対し避難勧告を出した。この時点で3万〜5万人が避難対象となり、KP村も避難対象村となった。このときの火砕流の影響で約40人が亡くなったが、山頂から7kmに位置するKinahrejo村では17人が亡くなり、ムラピ山の山守（Juru Kunci Merupi）として村人から信仰を集めていたMarijan氏が含まれている。彼とともに、避難しないことを選び、災害に巻き込まれた人々もいたという。

その後11月3日に大規模な噴火と火砕流が続き、山頂から15km圏内までの住民に対し避難指示が出された。11月5日の噴火で、火砕流がゲンドル河16kmま

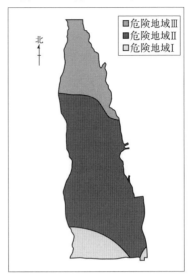

図2　KH村のハザードマップ

出所：KH村資料。

で達したことから、20kmまで避難勧告が出された。しかし、具体的な村名まで明記されていなかったため、避難指示が行き届かなかったという。また多くの避難所が20km圏内に設置されていたこともあり、再度避難を強いられた人が多く、現場では大きな混乱をきたした。11月4日の24万人から5日には38万人が避難民となった。11月4日〜5日の大規模な火砕流により222人もの死者が出ている（Mei et al. 2013）。特に影響が多かったのが15km以上離れているエリアのKRBⅡゾーンの村人で、例えば火口から15km離れたBG村では49人が亡くなっており、避難への不慣れなどから、逃げ遅れて亡くなった方が多かったことが明らかになっている（Mei et al. 2013）。

その後、11月8日以降火山活動は減少し、避難民の数も11月14日をピークに、政府の避難解除に連動して減少し、火山活動が「注意」に下げられた12月3日には約5万人まで減少し、多くの人が避難所から戻っていった。二次被害として、噴火によって積もった土砂が、その後の雨により川に流れ込み、オパ河で土石流による洪水が起きたり、橋脚が流されたりした事象が報告されている（藤田他 2012）。

2　KH村での影響

　調査村であるKH村では、9人が亡くなり、3人が行方不明となった。また村の北部のKA地区が火砕流の影響で居住不可地域となってしまった。中学校も樹林地も、火砕流の影響を受けている。家畜への被害は、牛が約250頭、山羊約250頭であった（Desa Kepuharjo 2010）。

　避難の情報は、主に政府による避難勧告にしたがったとしている。また世帯には無線やラジオ、Kentongan（木製の銅鑼）を設置している村が多かった。川沿いには竹を植えるようにしており、火砕流が来ると破裂して音がするので、避難の必要があることに気付くようにしているという。

　多くの人々が村から避難し、2カ月ほど親族の家や避難所などで暮らしていたが、避難所ではトイレが少ないなどの問題が指摘されていた。

　村の北部に位置するKA地区の人々は、火砕流流で家が埋もれ、居住ができなくなってしまったため、あらたに政府によって集合住宅が建設された。KH村ではBT地区に194戸が建設された。しかし復興住宅の定型サイズが6m×6mで、多くの場合がそれまでの家より狭く、家同士が隣り合っていることなどがストレスになっているという声もあった。

　また世帯主が増えている場合が多く、家を失った世帯全員が入れたわけではなかった。また家畜も提供され、家畜舎も隣接して建設されたため、住宅に隣接して設置されていることで、臭いや汚物処理の問題が出ていた。

　酪農はKP村でも重要な生業の1つであるが、噴火により多くの家畜が被災した。特に避難期間中の家畜の世話が困難なものとなった。灰によってエレファントグラスの収穫が難しくなり、家畜の飼料が高騰したことから、家畜を売ろうとする人々も多く、家畜の値段は下落した。

　噴火後は、政府によって新しい家畜舎や家畜が提供されたものの、引きつづきかつての家で家畜を飼い、餌やりやのため、日常的に戻っている村人が多かった。特に噴火後にはエレファントグラスの生育がよくなり、居住禁止区域においても酪農が盛んに行われていた。

　避難後村に戻ってきた人々の多くが、まず自宅や農地、樹林地に積もった土砂を掘り起こし、売却している。その後、早生樹であるSengonが好まれて植えられている。10年ほどで伐採し、販売できるため、より長期生育期間が

必要とされる樹種に比べると次の噴火までに十分成長することを期待して植えられている。しかし近年Sengonの病気が増えてきつつあるため、マホガニーやJabonなどの樹種も代替として植えられるようになってきている。

新たな生業として、ムラピ山では、これまでの噴火により、頻繁に土石流が発生することから、土砂採取が重要な産業となっている。噴火による土石流が大量に堆積しており、土砂が建設資材として利用されている。この土砂採集が、現在KH村人の重要な生計手段の1つとなっている。

今回の噴火でもインドネシア国家防災庁の推算では、1億4,000万㎥の土砂が排出されたという（藤田他 2012）。主にゲンドル河とオパ河で土砂採集が行われており、個人や村の組合が手掘りで行っているもの、業者が入りショベルカーなどの重機で行うものなどに分かれている。また村ごとに採集のできる範囲が決まっており、石、砂の種類によっても値段が異なる。ある村人は月で50万ルピアほどの収入になっているという。一方、土砂の過剰採取による浸食の問題や、トラックが頻繁に村内の道路を通るため、道路が凸凹になり、日常的な利用に支障も出ていた。

噴火後、KH村でもう1つの産業として脚光を浴びるようになってきたものとして、被災地観光が挙げられる。ムラピ山は古くから観光地であるが、KH村では、2006年噴火後、火砕流被害跡地を巡る被災地観光が始められるようになった。これが2010年の噴火後さらに拡大している。Marijan氏が火砕流で亡くなったこともあり、インドネシア中、また海外でも有名となり、観光客の目的地の1つとなっている。

KH村北部で火砕流によって埋没したKA地区の村人を中心に、観光を行う共同組合を組織し、2006年の噴火で2人が亡くなった避難壕や、Marijan氏の亡くなった場所、火砕流で破壊された家、溶岩、ゲンドル河などを回るツアーが行われている。バイクやジープなどで観光客を案内するツアーで、バイクで1日10万～25万ルピア、ジープで1日25万～45万ルピアのプランなどがある。村人はドライバー、ツアーガイドなどとして働いており、重要な現金収入源となっている。これに付随して受付などのスタッフや売店、飲食店、おみやげ販売など村への経済的な影響は大きい。

世帯調査でも観光業から月100万ルピア以上の収入を得ている世帯が多く、

大きな現金収入源となっていた。もちろん、火砕流の被害をうけたすべての村でこのような観光事業を展開できるわけではないため、観光業による恩恵を得ていない人も多い。また村内をジープが走ることで、日常生活に障害を引き起こしている。噴火による犠牲者に対し失礼だという声も聞かれた。

Ⅳ　レジリエンス研究からの視座

　本コラムでは、主に、インドネシア・中部ジャワにおいて、長乾季に対するレジリエンスと、噴火に対するレジリエンスについて、2つの事例からの比較検討を行った。その結果、異なるレジリエンスの対応が見られた。

　グヌン・キドゥルでは、3期作を導入し、降水量によって2期、3期目の作物を変えるという農法を適用すること、高付加価値を持つチークなどの材を家の周辺に植林することで、貯蓄機能を高めていた。また家畜、家内労働、出稼ぎ、都市での就労などに従事する住民も多く、乾季の収入減を補填する多様な生業に従事しており、重層的なレジリエンス・生業システムが築かれていた。また近年は、簡易水道技術によって、乾季でも水不足が解消されつつあった。これらの活動には住民組織などが大きな影響を持っていた。

　2010年のムラピ山の噴火は100年に1回と言われるほどの大規模なもので、2カ月もの長期間に渡る避難を要した。2006年のムラピ山噴火後に設定された、さまざまな避難計画、避難訓練などが噴火による被害を軽減したといわれている。一方で、ほとんどの避難場所が20km以内の場所に設置されていたため、2010年の噴火では15～20kmの比較的リスクが低く設定されていた地域で、多くの死傷者が出たことからも、想定されていたリスクを超えた被害が及んだときの対処の難しさが明らかになった。過去の被害から想定する際には、それ以上の被害が未来に起こらないということを否定しないということが重要であり、それは、東日本大震災で得られた教訓にも通じる。そもそも予測できないリスクに対し、どう対処するかという点について、科学的なリスク評価やトップダウン型の避難勧告などに加えて、住民自身による分散型の適応型リスクマネジメントが求められている。地域に根ざしたリスクへの対応策を再評価する必要があるのではないだろうか。

コラム　インドネシア中部ジャワにおける実証的レジリエンス研究に向けて　249

　ムラピ山の人々は、この100年に1度と言われる大被害をもたらした噴火のあとも、土砂採集、観光化などに、生業を変容させることで大きなショックに対し適応してきている。こういった変容力は、元々のシステムが機能しなくなる程の大きなショックに対応する際に重要な能力であり、変化と持続の間の相互作用を考える（Gunderson and Holling 2002）うえで、ふさわしい事例であろう。

　リスクの高いエリアへの居住が禁止されるなど、政府によって生活の中から危険を切り離すプロセスはさらに進んでいると言えるが、Doveがジャワの人々はムラピ山の噴火によるリスクを「家畜化」してきたと指摘しているように、噴火はリスクと同時に豊かさももたらしており、ムラピに生きる人々の営みはまさにこの豊かさに支えられている（Dove 2008）。

　ムラピ山でもMarijan氏が亡くなったことに大きな批判があるが、それはムラピとの精神的なつながりという意味で不可避であったのだろう。噴火のリスクを単に排除するのではなく、それを生活の一部として、避けられないものとして受け止めるという考え方も、噴火を避けることのできないムラピに暮らすうえで重要なレジリエンスをもたらす思考である。

　一般的に災害後、リスクを軽減するために、より厳格な居住制限などが実施される傾向にあるが、必ずしもそういった厳格な規制が住民の生活のWell-Beingを改善するものではない。政府として危険な地域なので居住を禁止しているが、農作業、家畜の世話などで、もともとの住居への帰宅などがどうしても必要になってくるため柔軟なリスクマネジメントが求められている。東北の防潮堤建設をめぐる議論においても同様であろう。

　地域研究において、レジリエンス研究に取り組むにあたって重要なことは、地域のコンテクストをどのように複雑な社会・生態システムの理解につなげることができるかという点であると考えている。また自然への精神的なつながりも非常に重要な点である。本コラムの事例ではインドネシア中部ジャワでの研究の概要をレジリエンスという切口で紹介したが、さらなる調査によって、より実証的な検証につなげていきたい。今後東南アジア地域で地域研究に根ざしたさまざまな実証的なレジリエンス研究が進むことを期待している。

謝辞　本コラムの内容は、総合地球環境学研究所（熱帯泥炭プロ）、地球環境研究総合推進費（1E-1101, 4-1506）、科学研究費補助金による研究成果の一部である。調査に協力頂いたインドネシアの調査村の方々、共同研究者であるBudiadi教授、市川昌広教授、嶋村鉄也准教授に感謝の意を表したい。

引用・参考文献

赤坂憲雄（2012）『3・11から考える「この国のかたち」──東北学を再建する』新潮社.
梅津千恵子・真常仁志・櫻井武司・島田周平・吉村充（2009）「アフリカ農村世帯のレジリエンスへの序論」総合地球環境学研究所レジリエンスプロジェクトFR 2 報告書.
梅津千恵子（2010）「半乾燥熱帯地域の農村世帯のレジリエンス社会生態システムの連関」総合地球環境学研究所レジリエンスプロジェクトFR 3 報告書.
久米崇・梅津千恵子・K. Palauisami（2010）「2004年12月の巨大津波によるインドタミルナドゥ州の農地における塩性化被害と回復評価」『農業農村工学会論文集』78(2), 83-88.
島田周平（2009）「アフリカ農村社会の脆弱性分析序説」『E-journal GEO』, 3(2), 1-16.
島田周平（2011）「ザンビアの 1 農村における最近の脆弱性の変化──社会生態システムの脆弱性とレジリエンス」平成22年度FR 4 研究プロジェクト報告.
武内和彦（2013）「アジア農村における伝統的生物生産方式を生かした気候・生態系変動に対するレジリエンス強化戦略の構築」環境研究総合推進費終了報告書.
藤田正治・宮本邦明・権田豊・堀田紀文・竹林洋史・宮田秀介（2012）「2010年インドネシア・メラピ火山噴火災害」『京都大学防災研究所年報』第55号A.

Adger, W. Neil (2000) "Institutional Adaptation to Environmental Risk under the Transition in Vietnam," *Annals of the Association of American Geographers* 90(4), 738-758.
Berke, Firket and Carl Folke eds. (1998) *Linking Social and Ecological Systems: Management Practices and Social Mechanisms for Building Resilience*, Cambridge, UK: Cambridge University Press.
Desa Kepuharjo (2010) Merapi eruption 2010 data.
Dove, Michael R. (2008) "Perception of Volcanic Eruption as Agent of Change on Merapi Volcano, Central Java," *Journal of Volcanology and Geothermal Research* 172, 329-337.
Gunderson, Lance and C. S. Holling eds. (2002) *Panarchy: Understanding Transformations in Human and Natural Systems*, Washington D.C., USA: Island Press.
Holling, C. S. (1973) "Resilience and Stability of Ecological Systems," *Annual Review in Ecology and Systematics* 4, 1-23.
Mei, Estuning T. W. et al. (2013) "Lessons Learned from the 2010 Evacuations at Merapi Volcano," *Journal of Volcanology and Geothermal Research* 261, 348-365. (http://dx.doi.org/10.1016/j.jvolgeores.2013.03.010)
Resilience Alliance (2007) Assessing and Managing Resilience in Social-ecological Systems: A Practitioners Workbook, version 1.0. (http://www.sustentabilidad.uai.edu.ar/pdf/cs/

practitioner_workbook.1.pdf).
Voight, B., K. D. Young, D. Hidayata, Subandriob, M. A. Purbawinata, A. Ratdomopurbo, Suharna, Panut, D. S. Sayudi, R. LaHusen, J. Marso, T. L. Murray, M. Dejean, M. Iguchi, K. Ishihara, (2000) "Deformation and Seismic Precursors to Dome-collapse and Fontaine-collapse Nuées Ardentes at Merapi Volcano, Java, Indonesia 1994–1998," *Journal of Volcanology and Geothermal Research* 100, 261–287.
Walker, Brian, C. S. Holling, Stephen R. Carpenter and Ann Kinzig (2004) "Resilience, Adaptability and Transformability in Social–ecological Systems," *Ecology and Society* 9(2), 5. ([online] URL: http://www.ecologyandsociety.org/vol 9 /iss 2 /art 5 /)
Walker, Brian and David Salt (2006) *Resilience Thinking: Sustaining Ecosystems and People in a Changing World*, Island Press.

第4部
現代的トピックから今後の課題を展望する

11章

森林保全のための国際メカニズム
―― REDDプラスによる新たな動き

百村帝彦

はじめに

　「レッド」と聞いて何を思い浮かべるだろうか。ああ「赤色」のことだな、と思うのが自然なことではないだろうか。自然保全や野生生物に関心を持っている人だと、国際自然保護連合（IUCN）や環境省などが作成する「絶滅のおそれのある野生生物のリスト」の略称である「レッドリスト」のことを思い浮かべるかもしれない。この聞きなれない単語であるレッド＝REDDとは、近年の地球温暖化における国際交渉のもとで生まれた、熱帯林保全に関する新たなスキームのことである。

　熱帯林と地球温暖化が関係していることを不思議に感じるかもしれないが、これら両者を結びつけるのは、森林の持つ二酸化炭素を吸収する機能にある。二酸化炭素など温室効果ガスの過度な排出によって地球温暖化が進んでいると言われているが、森林の持つ炭素貯蔵機能が、世界の森林、とくに東南アジアをはじめとしたいわゆる発展途上国において大きな注目を集めているのだ。科学者グループによる地球温暖化についての最新知見を取りまとめたIPCC評価報告書によって、地球温暖化による危機がいよいよ現実のものとなったと言われる中、その進行を遅らせるための緩和策や、海水面上昇・異

1） 国際自然保護連合（IUCN）が作成した絶滅のおそれのある野生生物のリスト。日本では環境省、農林水産省や都道府県などにおいても同様のレッドリストがある。

2） IPCC（Intergovernmental Panel on Climate Change：気候変動に関する政府間パネル）は、国際連合環境計画（UNEP）と世界気象機関（WMO）が1988年に共同で設立した。本書執筆の時点では、2013年から2104年にかけて発行されたIPCC第5次評価報告書が最新である。

図11-1　カンボジアのREDDプラス
　　　　プロジェクトの看板

出所：2010年2月カンボジア・オッダーミエンチェイ州にて筆者撮影。

常気象や温暖化によって引き起こされる事象への適応策など、さまざまな議論がなされている。これら議論の中で、森林に蓄積された二酸化炭素の排出を抑制しようという緩和策が「途上国における森林減少・劣化による温室効果ガスの排出削減（Reducing Emissions from Deforestation and forest Degradation in developing countries）」すなわちREDDと呼ばれるものである。REDDは、森林炭素蓄積量の保全や増大といった「プラス」の要素（追加的な要素）も包含し、REDDプラスとなり、国際条約での議論のもとでそのルールが定められつつある。このREDDプラスという新しいスキームが、近年の東南アジアでの森林保全において大きなトレンドとなっているのだ。

　REDDプラスは途上国の森林を対象として、効果的な森林保全を行うことによって経済的インセンティブを得ることができるとされており、東南アジアの国々もREDDプラスに大きな関心を持っている。現在、東南アジア各国では、中央政府がREDDプラス戦略策定とその実施やパイロット事業などに取りかかる一方、先進国の援助機関や国際機関はその支援を進めている（図11-1）。また民間企業などもREDDプラスに関心を持ち、炭素市場を目的とするパイロット事業へ参画しはじめている。REDDプラスはこれまでの森林保全システムとはまったく異なる新たな制度であり、またREDDプラスの実施対象とする森林は国全体を想定している。そのため、さまざまなステークホルダーが関与・参画し、東南アジア各国において中央政府からローカルレベルの地域住民まで、その実施に与える影響は非常に大きい。

　本章では、REDDプラスの概要を示し、近年の東南アジアの森林を取り巻くREDDプラスの全体の動向とともに、ラオスでの動向について述べる。そしてREDDプラスの今後の展望について検討する。

I REDDプラスとは

森林が農地などに土地利用転換されて消失したり、森林の有用樹が強度に択伐されて劣化するなど、森林に蓄積していた炭素が大気中に排出されることで地球温暖化が進んでいく。森林破壊など土地利用変化によって発生する地球上の二酸化炭素は、人間によって引き起こされる二酸化炭素の総排出量の2割を超えることがわかっており(IPCC 2014)、非常に高い数値だと言

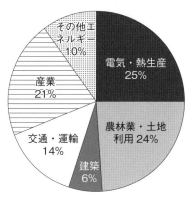

図11-2　セクター別温室効果ガス排出量（2010年）

出所：IPCC（2014）。

える（図11-2）。そこで、森林から排出される炭素量を抑制するため、森林保全や森林管理の強化など対応策を講じるとともに、森林を回復させることで炭素の蓄積を増加させようとする努力が必要となる。

近年、世界で発生している森林減少は、その多くが途上国、中でも熱帯諸国に集中している。2010～2015年の年間森林減少率は、ブラジルの98.4万ha、インドネシアの68.4万ha、ミャンマーの64.6万haを筆頭に上位10カ国は全て熱帯諸国である（FAO 2015）。東南アジアでの森林減少速度は、1990年代や2000年代より鈍化しているが、いまだに減少が続いているのが現状である。

そこで、森林減少や劣化を抑制し、二酸化炭素の排出を削減する活動や対策を行い、そこで保全された森林の炭素量を算出し、実施国政府・事業者や森林利用者に対して経済的なインセンティブを与えようというのが、REDDプラスの基本的な考え方である（図11-3）。森林減少の多い熱帯諸国でのREDDプラスの実施効果は高く、東南アジア各国も大きな関心を持っている。

REDDプラスへの関心の高まりの背景として、途上国側はREDDプラス実施にともなう新たな資金メカニズムが設定されることを期待している。一方先進国側は、自国の産業や生活を変えて排出を抑制するよりも途上国の森林を守る方が安く簡単に済む。また炭素排出権など新たな市場の開拓や自国の

図11－3　REDDプラスのシステム概要

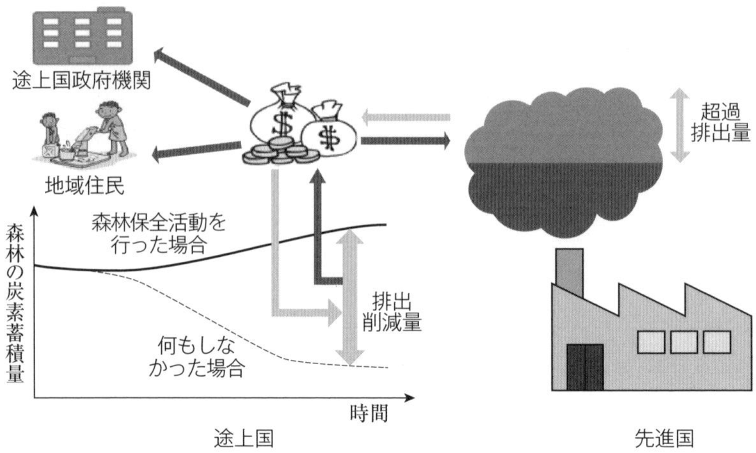

出所：筆者作成。

削減目標への補完といった思惑もある。国際交渉でのREDDプラスの実施に関するルールの合意は成立したとはいえ、参照排出レベルの設定、森林炭素計測方法やREDDプラス戦略の策定、実施体制の構築といった途上国の「実施」能力の向上や、資金メカニズムの策定、途上国と先進国との関係など、さまざまな課題もある。REDDプラスには途上国や先進国の政府機関、援助機関といったステークホルダーだけではなく、炭素による利益を考える企業・団体、森林保全、希少動植物の保護や地域住民の権利保全を推し進めたい援助機関・NGOなど、多くのステークホルダーがそれぞれの関心から関わっている（図11－4）。このようなさまざまな思惑が絡みながら、REDDプラスの実施に向けた準備が進められている。

　REDDプラスの主な目的は、地球温暖化抑止のための二酸化炭素排出削減であるが、森林保全活動を行うことで同時に他の目的の達成も期待されている。貴重な動植物が生息する保護地域の生物多様性が保全されたり、森林周辺に居住する地域住民に対して村落開発を行うことで生計の確保や向上が図られるのである（Brown et al. 2008）。つまりREDDプラスを実施することで、森林の生物多様性の保全や住民の生計向上といった森林に関わる別の重要な

図11-4　REDDプラスをめぐるさまざまなステークホルダーとその思惑

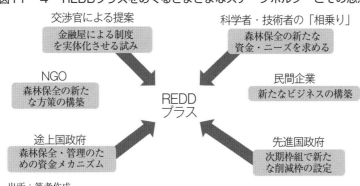

出所：筆者作成。

側面も同時に達成することができる。これらについては、REDDプラス実施による負の影響を防ぐためのセーフガード[3]に含まれている。結果ベースの支払いを受ける場合、国連気候変動枠組条約（UNFCCC）に対してセーフガードをどのように実施しているかを報告することが義務となっており（UNFCCC 2011）、REDDプラス実施国はセーフガード活動を実施しなければならない。これまでの住民参加型森林管理や生物多様性の保全のための活動はセーフガード活動の一環と見なされるので、継続して実施されることになる。近年、保護地域の森林管理や住民参加型森林管理といった森林保全事業に対する援助機関の資金が少なくなっており、REDDプラスは、途上国の森林管理に対して援助・資金を呼び込むポテンシャルを持っている。

II　REDDプラスの動向

REDDが国際社会で注目されるようになったのは、2005年にパプアニュー

3）　セーフガードとは、REDDプラス活動において発生するリスクを回避するための防止措置である。国連気候変動枠組条約（UNFCCC）第16回締約国会議（COP16）での合意（カンクン合意）にて、7項目が定められた。主な内容には、森林ガバナンスの確保、地域住民・先住民の権利の確保と参加、天然林保全や生物多様性の保全が含まれる（横田他 2012）。

ギニアとコスタリカがUNFCCCの第11回締約国会議（COP11）において「森林減少の回避（Avoided Deforestation）」を検討するよう提案したことがきっかけである（IGES 2008）。これ以前にも、熱帯林に関する取り決めは、UNFCCCで定められた京都メカニズム[4]のもとでの植林事業（AR-CDM）[5]があり、このスキームで東南アジアを含めた途上国にて植林活動が行われることになっていた。しかしAR-CDMは、プロジェクト・レベルのみで対象面積（すなわち炭素削減量）が小さく、排出源として多くを占める途上国の森林破壊はまだ注目されていなかったこともあり、新たにREDDのスキームが検討されることになったのである。

　COP11から2年後の2007年、インドネシアのバリで開催されたUNFCCCの第13回締約国会議（COP13）において、途上国の森林問題が主要議題の1つとして取り上げられた。その結果、「バリ行動計画」において、森林減少のみならず森林劣化も検討課題に加えることとなった。さらに2008年の第14回締約国会議（COP14）で、「森林保全、持続可能な森林管理、森林炭素蓄積の増大」のREDDプラスの"プラス"の検討も始まり、ここにREDDプラスの概念が国際的に認識された。

　REDDプラスに関する議論はその後も進み、2010年の第16回締約国会議（COP16）で決定されたカンクン合意では、途上国の実施能力を考慮し、段階を経てREDDプラス活動を実施する段階的アプローチの実施やセーフガードの項目が定められるとともに、途上国に対して国家REDDプラス戦略の策定、国家森林排出レベルの設置、国家森林モニタリングシステムの設計、セーフガードの策定及びセーフガード情報提供システムの構築など、REDD

4）　京都議定書で定められた先進国（附属書Ⅰ国）の温室効果ガス排出削減目標を達成するため、目標達成に不足する分について、削減活動を補足する形で認められた仕組み。先進国が途上国（非附属書Ⅰ国）で行う「クリーン開発メカニズム」（Clean Development Mechanism: CDM）、先進国間で実施する「共同実施」（Joint Implementation: JI）、国際排出量取引（International Emission Trading: IET）に分けられる。

5）　温室効果ガスの削減義務のない非附属書Ⅰ国（途上国）において、附属書Ⅰ国（先進国）が排出削減プロジェクトを実施し、その結果生じた排出削減量に基づいてクレジットが発行される仕組み。クレジットが移転されることで、先進国の総排出枠が増え、途上国側は、事業の投資、技術移転等のメリットがあると言われる。

プラス実施に向けた体制整備を進めるよう要請された。2013年の第19回締約国会議（COP19）において、REDDプラスに関する技術的課題などについて包括的な決定が行われ、REDDプラスの基本的ルールがほぼ完成した。その中で、途上国がREDDプラスを実施した際に、結果（排出削減量）に応じた資金を受け取るための4つの要件（国家森林戦略、森林参照排出レベル、国家森林モニタリングシステム、セーフガード情報システム）についても定められた（UNFCCC 2011）。

　2015年6月に開催された国連気候変動枠組条約（UNFCCC）の第42回科学上及び技術上の助言に関する補助機関会合（SBSTA42）で、残された検討事項についての合意が行われ、同年12月に開催された第21回締約国会議（COP21）の「パリ協定」で採択された。これにより、10年間にわたって続いたREDDプラスの技術・方法論に関する議論が完了とされる。つまり、UNFCCCの国際交渉におけるルール作りは完了したことになる（藤崎・百村 2016）。

　COP21で合意された「パリ協定」では、2020年以降に世界各国が取り組む新たな枠組についても合意が成立した。現行の京都議定書の第二約束期間（2013-2020年）では、日本をはじめ米国も離脱しているため排出削減義務はないが、2020年以降はこれら先進国に加えて、新たに東南アジアを含めた途上国にも排出削減措置をとることとなった。これまでREDDプラスは、先進国が炭素排出権など新たな市場の開拓や自国の削減目標への補完のために途上国が森林保全への資金援助を受けるために行ってきたが、途上国も排出削減目標を定め、国内対策を実施・報告する義務を負うこととなり、REDDプラス実施による先進国と途上国との関係はこれまでとは異なった展開を見せていくことになるであろう。

Ⅲ　ラオスにおけるREDDプラス

　東南アジア各国においても国レベルやプロジェクト・レベルでさまざまな活動を行っている。ここでは事例として、ラオスにおけるREDDプラスの動向を概観する。1940年代に70％台であったと言われるラオスの森林は、1992

表11－1　ラオスにおける森林面積の変遷

(％)

年		1982	1992	2002	2010
北部	森林	38.3	36.3（－2.0）	27.9（－ 8.4）	33.8（＋ 5.9）
	潜在森林	54.3	56.2（＋1.9）	66.6（＋10.4）	57.1（－ 9.5）
中部	森林	54.3	51.7（－2.6）	46.1（－ 5.6）	42.6（－ 3.5）
	潜在森林	25.9	27.8（＋1.9）	37.9（＋10.1）	34.3（－ 3.6）
南部	森林	59.5	58.3（－1.2）	56.7（－ 1.2）	47.4（－ 9.3）
	潜在森林	20.4	21.4（＋1.0）	27.6（＋ 6.2）	41.2（＋13.6）
ラオス全土	森林	49.1	47.2（－1.9）	41.5（－ 5.7）	40.3（－ 1.2）
	潜在森林	36.1	37.8（＋1.7）	47.1（＋ 9.3）	46.0（－ 1.1）

注：ラオスは樹幹被覆率20％を森林の定義としており、周辺国の樹幹被覆率10％よりも多い。
出所：Forestry Sub-Sector Working Group（2014）より筆者作成。

年に47％、2002年に42％、2010年に40％と減少を続けていた（表11－1）。森林減少・劣化の要因としては、産業植林や商品作物による土地利用転換、水力発電、鉱業、違法伐採や焼畑農業が挙げられている（Lao People's Democratic Republic 2016）。

　ラオスがREDDプラスへの取り組みを始めたのは、世界銀行が設立したREDDプラスの準備活動に対する支援である森林炭素パートナーシップ基金（FCPF）[6]の準備基金への応募を決めた2007年11月ごろからである。これはインドネシア・バリでREDDプラスの議論が活発化したCOP13の直前であり、早めに対応を取ろうとしていたことがうかがえる。そして2014年よりFCPFの準備基金からの資金支援が開始された。2015年9月にはさらに、擬似的な炭素クレジット売買を試行するFCPFの炭素基金に対して、申請書類であるER-PINを提出した（Lao People's Democratic Republic 2016）。ラオスはまた国連3機関（FAO、UNDP、UNEP）によるUN-REDDの支援も受けている。

6）　森林炭素パートナーシップ基金（FCPF）とは、途上国がREDDプラスを実施するための基金であり、世界銀行が設置したものであるが、UNFCCCの公式なプロセス外の動きである。FCPFには、途上国がREDDプラスを実施する能力を養成するための支援の準備基金と、パイロット事業での排出削減量に基づいたクレジット獲得・買取を試みる炭素基金の2つがある。2016年の時点でカンボジア、ラオス、インドネシア、タイ、ベトナムを含め47の途上国が参画をしている。

先進国の援助機関の支援によるREDDプラス事業も展開されている。国際協力機構（JICA）は2009年から2015年まで北部のルアンパバーン県の2つの村落群において住民参加型で代替収入向上による森林減少・劣化の抑制を目指したプロジェクト（PAREDD）を実施した。また中央レベルでは、森林セクターの能力強化を図るとともにREDDプラスの政策レベルの支援（FSCAP）を行っていた。2015年より引き続き、ルアンパバーン県を対象とした準国レベルと中央レベルのREDDプラス政策支援（F-REDD）を行い、持続的な森林管理の促進を目指している。

またフィンランドと世界銀行は、13県の生産林を対象に住民参加型で持続可能な森林管理を目指す支援（SUFORD-SU）を2013年から2018年にかけて実施中である。また、ドイツの援助機関であるGIZは、北部のフアパン県において、保護林を含めた準国レベルでのREDDプラスの支援（CliPAD）を2014年から2018年の予定で行っている。FCPFの炭素基金では、JICA、フィンランド、GIZの3つの活動を包含し、ラオス北部6県での準国レベルでのREDDプラス事業の実施を予定している（Lao People's Democratic Republic 2016）。その他に早稲田大学などやUSAIDなどもプロジェクト・レベルでのREDDプラス事業を行っている（Kawasaki et al. 2016）。

REDDプラスの実施体制としては、省庁横断的なREDDプラスタスクフォースが天然資源環境省・森林資源局（DFRM）の下に設置された（図11－5）。REDDプラス事務所は、農林省・林野局（DOF）とDFRM双方に設置されている。これは、2011年に森林を所管する省庁の組織改編があり、それまですべての森林を管轄していたDOFが主に生産林を、新たに設立されたDFRMが保護林と保安林を担当することとなったためである。また、法的枠組み、土地権利・利用、参照排出レベル／MRV、社会・環境セーフガード、利益分配、法執行と緩和策の実施、の6つの課題についての技術ワーキンググループが設置され、それぞれの議題について議論を行っている（Kawasaki et al. 2016）。また県レベルでは、フアパン、チャンパーサック、ルアンパバーンの3つの県でREDDプラス事務所が県レベルの天然資源局に設置されている（Lao People's Democratic Republic 2016）。

今後ラオスのREDDプラスはどのような展開を見せるであろうか。ラオス

図11-5 ラオスにおける国・準国レベルにおけるREDDプラス実施体制

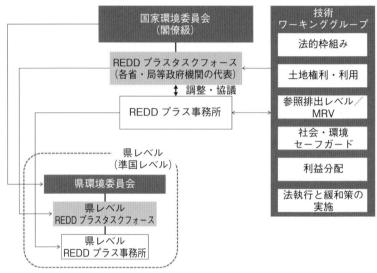

出所：Lao People's Democratic Republic（2016）より筆者作成。

　北部では、複数の主要な援助機関によってREDDプラス事業が実施されているだけではなく、FCPFの炭素基金による擬似クレジットの発行も期待される。これら地域では、異なる援助機関が隣接県でプロジェクト・レベルから県レベルにスケールアップしたREDDプラス事業を実施しており、今後はこれら事業がどのように展開されるのかが重要な鍵となるであろう。またREDDプラスに関する業務を担当する2つの省庁は、今後はDOFに一本化されることとなった（Vientiane Times 2016）。これまで中央レベルだけではなく、県・郡レベルでも業務が分割されており、現場レベルでの森林管理にも混乱をきたしていたが、今後は解決に向かうのではないかと期待される。

　またラオスでは国家土地政策の策定が進められている。これまで、村落レベルの領域の土地を区分する土地森林分配事業、森林セクターによる3区分の森林区分、コンセッションとして民間企業に貸与された土地など、さまざまな土地の権利の分与に関する政策が農・林・土地などを担当する省庁によって実施されてきた。しかしながら、これら事業が十分に機能していなかったり、担当省庁間・部局間の調整が十分になされておらず重複するな

どの課題もあった。このため、地域住民の慣習権があった土地が収奪されたり、保護すべき森林の破壊が進むなどの課題も起こってきた。REDDプラスの実施では、土地や森林の権利も重要なキーとなるので、これら政策がいかに実施されるかという点についても、今後は注視する必要がある。

Ⅳ REDDプラスによって新たに起こること

　REDDプラスは地球温暖化緩和のための取り組みであり、従来の森林保全活動とはまったく異なったスキームであるが、その期待から東南アジアのほとんどの国々が導入を試みている。またREDDプラスでは、国際社会での協調、森林セクター外のステークホルダーの参入、新たな制度設計、高度な森林技術の活用など、これまでの森林保全活動ではなかった活動に取り組む必要があり、これまでなかったことが起こる可能性がある。

　REDDプラスの提案から10年ほど経過したとはいえ、途上国での取り組みはまだ初期段階であり、国連気候変動枠組条約（UNFCCC）のもとでのパリ協定の実施は2020年以降だと考えられている。REDDプラスを総括する段階ではまだないが、これまで実施されたREDDプラスの活動を概観することで、今後の東南アジアの森林保全に対して示唆を与えてくれる。

　まずREDDプラス導入によって、既存の森林保全イニシアティブの資金面での補強が進んだと考えられる。保護地域管理やコミュニティ林業などの従来型の森林保全事業に対してかつては大きな予算がつけられていたが、最近では減少している（Khare et al. 2005）。このため援助機関の多くが、既存の森林保全イニシアティブをREDDプラス事業の一環として取り組み、資金の確保に一定の成功を収めたと言える。援助機関などは現行のプロジェクト・レベルの事業を、REDDプラス活動を通して、希少動植物の保護、生物多様性の保全や、地域住民の生計の維持・向上といった本来の目的を達成するために行っていた。また同時に自主的な炭素市場からの収入を目指す活動なども行っており、これらのニーズが合致すれば双方の利益を達成することができる。

　またREDDプラスでは、森林資源を把握するための基盤整備が、東南アジ

アをはじめ途上国全体に広がるという期待がある。REDDプラスでは、排出削減結果（成果）に対して経済的インセンティブを支払うことが要件であり、炭素排出量を正確に計測するための森林資源調査は必須である。このため東南アジアの多くの国では、リモートセンシング技術の習得や地上調査の実施など、森林資源を把握するためのトレーニングや人材の養成が急速に進んでいる。これによって国土全体の森林資源の把握が可能となり、遠隔地の森林地域の情報も得ることができるようになりつつある。これら新たに整備された技術的な基盤によって、これまでとは異なる「進化」した森林管理の時代が到来すると見られる。これら技術支援は先進国や国際機関から多くなされており、日本も国際協力機構（JICA）や農林水産省林野庁の事業などを通じて幅広く支援を行っている。

　また、REDDプラスの実施は国レベルを想定しており、国土全体の森林がその対象領域となる。このため、森林関連の省庁と他省庁との調整が必要とされており、これら省庁間で話し合う機会が各国のREDDプラスタスクフォースの場で整備されている（Fujisaki et al. 2016）。森林保全を促進するには、その阻害要因となる農地開拓、天然鉱物採取やダム開発など、異なった省庁が所轄する開発事業といかに調整していくかが、従来から重要だと言われていたが、このような制度はほとんど見られなかった。REDDプラスでは、複数省庁間での議論に基づいた事業実施が強調されており、戦略策定に当たって、各国のREDDプラスタスクフォースなどがこの役割を担っている。FCPFなど外部ドナーが、資金援助の条件として、国レベルのREDDプラス制度構築において省庁横断型の組織策定を推奨していた。このように省庁横断型で森林保全について議論をする場を設置したのは、東南アジア諸国でもこれまでなかった試みであり、森林保全にとって新たな潮流となる可能性を秘めている。

　このようにREDDプラスにより、技術・システム・制度などのさまざまな側面で新たな手法が導入され、森林保全が促進される可能性を大いに秘めている。しかし一方で、懸念事項もある。

　最新の地球温暖化交渉の議論の中で、途上国の位置づけに大きな変化があった。2015年の「パリ協定」で定められた2020年以降の新たな枠組みでは、

条約のもとでREDDプラスが実施されるだけではなく、地球温暖化抑止に「共通だが差異ある責任」（UNFCCC 1992）をもって途上国も参画することになった。これまで温室効果ガスの削減義務を負っていたのは先進国のみであったが、新たな枠組みでは途上国も削減目標の設定とそれに向けた努力を負うことになったのである。途上国も自国の削減目標を示す2020年以降の約束（NDC）を策定し、それに基づいて温暖化対策を行い、この対策の一環として、REDDプラスについても実施の検討がなされる。インドネシア、ラオス、カンボジアなどもCOP21の前にUNFCCCに提出した約束草案（INDC）に、REDDプラスの実施を前提とした自国の削減案を策定している（Kingdom of Cambodia 2015; Lao People's Democratic Republic 2015; Republic of Indonesia 2015）。自国の排出削減に援助対象国のREDDプラスの成果の活用を考えている先進国は、今後はこれらの国の政府との交渉が必要になるであろう。

　また事業実施の可否の判断として、森林を保全することによるREDDプラスの利益が、機会費用[7]をカバーすることができるかという点も重要になる。REDDプラスの機会費用をまとめた上野・浅野（2010）によると、ブラジルとカメルーンでは、REDDプラスによる炭素の販売益が機会費用を上回ると推測された。一方インドネシアでは、アブラヤシ農園での1 ha当たりの価値が6,000〜9,000米ドルになるのに対し、森林を維持することで生み出される炭素クレジットは1 ha当たりわずか614-994米ドルと10分の1程度にしかならないという試算もある（Butler et al. 2009）。これらの相違はその農業形態にあるが、農地から生み出される利益の方が炭素の利益より多いとなれば、事業として成り立ちにくい。近年の経済発展によって、REDDプラスの対象地となる森林では、農産物や紙の原料などを確保するため需要が増えており、REDDプラスの実施を困難にしている。

　Dwyer and Ingalls（2015）は、ラオスのREDDプラス事業について分析を行い、その対象地の多くが、焼畑や小規模な土地利用転換など、地域住民や小規模事業者をターゲットとしており、農業開発、鉱業などの大規模な土地利

7）　ある行動を選択することによって失われる、他の選択可能な行動のうちの最大利益を指す概念である。REDDプラスの事例では、森林を破壊して得られる農作物の収入や木材の販売収入などを指す。

用転換による森林破壊を対象としていないと報告している。事業の有効性の観点から、プロジェクト対象地として、実施主体が掌握・管理を行いやすい地域を優先的に選定するのは理に適っている。しかし、REDDプラスでは準国・国レベルでの展開も含め、事業対象地が限定されるとなると、さまざまな不安要素が残る。また選定地が政治的に弱い立場のステークホルダーを対象とするような傾向が続くと、焼畑を営んでいる地域住民が森林破壊の元凶と見なされスケープゴートにされることになりかねない。

また、REDDプラスの主目的は、あくまで炭素の排出削減なので、事業に参画している主要なステークホルダーが炭素の削減を中心に考えていくと、生物多様性や地域住民の生計などが軽視されると指摘される。森林保全に精力を注ぐあまり、地域住民を締め出してしまう可能性もある。REDDプラスプロジェクトの設計書を分析した相楽らの報告（相楽他 未発表）によると、民間企業主体のプロジェクトでは、地域住民や村落組織のプロジェクト運営への関与が少なく、またプロジェクトが設置する紛争解決メカニズムへの関与も少ないことを指摘している。また地域によっては、REDDプラスによる土地の囲い込み競争も進んでいる（天野・田中 2015）。

おわりに――今後のREDDプラス

スターン・レビュー（Stern 2007）で「森林保全は安価で実施しやすい」とされるなど、森林を保全することで炭素の利益が入るというREDDプラスのアイディアは当初、大いに受け入れられた。2010年ごろに日本国内でのREDDプラスに関するセミナーやワークショップの会場では、その期待感が非常に高かったのを覚えている。しかし議論が進むにつれ、技術的な課題、複雑なシステム、途上国のガバナンスなど、さまざまな困難さも浮かび上がってきた。また、資金出所の不明確さや実施主体がしなければならない多岐にわたる業務内容など、実施主体がREDDプラスに参画する点でのいくつかの課題も指摘されるようになった。

REDDプラス事業は今後、どのように進められるのであろうか。REDDプラスによる基盤整備が進むことで森林「資源」を把握でき、それに新たな資

金メカニズムを投入し実施するという点で、REDDプラスの考え方は非常に画期的であったと言える。一方、それは森林の価値を炭素に一元化し、森林を経済的な物差しで計測しようという動きでもある。炭素のみならず、社会・文化的な価値も含めた総合的な価値を検討する必要がある。そのうえでREDDプラス事業が設計され、その実効性を監視するシステムが必要不可欠だ。

REDDプラスがUNFCCC下で実施されるまであと数年であるが、今後も東南アジア各国でさまざまな取り組みが進められると考えられる。これから実施される各国で策定されるREDD戦略やその事業の実施がどのようになるのか、今後も注視していく必要がある。

引用・参考文献

天野正博・田中太郎（2015）「REDD＋は欠かせない――熱帯林で進む陣取り合戦」『日経エコロジー』197, 50-53.

上野隆弘・浅野健二（2010）「REDDのクレジット化は熱帯雨林を守れるか？――熱帯雨林破壊要因に関する文献調査とREDD（森林減少・森林劣化からの排出削減）への示唆」『電力中央研究所社会経済研究所ディスカッションペーパー』SERC10006, 電力中央研究所.

相楽美穂・百村帝彦・横田康裕「REDD+プロジェクトの現場における紛争解決メカニズムの比較分析」未発表.

藤崎泰治・百村帝彦（2016）「REDD+国際交渉とパリ協定におけるその位置づけ」『日本熱帯生態学会ニューズレター』102, 3-7.

横田康裕・江原誠・百村帝彦（2012）「REDDプラスにおいて環境社会セーフガードを促進させるための取組――国際機関やNGO等の主導による原則・基準・指標やガイドライン等の策定の試み」『海外の森林と林業』85, 50-54.

Brown, David, Frances Seymour and Leo Peskett (2008) "How Do We Achieve REDD Co-benefits and Avoid Doing Harm?" IN: Arild Angelsen ed., *Moving Ahead with REDD Issues, Options and Implications*, Bogor, Indonesia: CIFOR, 107-118.

Butler, Rhett A., Lian P. Koh and Jaboury Ghazoul (2009) "REDD in the Red: Palm Oil Could Undermine Carbon Payment Schemes," *Conservation Letters* 2(2), 67-73.

Dwyer, Michael B. and Micah Ingalls (2015) "REDD+ at the Crossroads: Choices and Tradeoffs for 2015–2020," Laos Working Paper 179, Bogor, Indonesia: CIFOR.

FAO (2015) Global Forest Resources Assessment 2015, Rome.

Forestry Sub-Sector Working Group, Lao PDR (2014) *Forestry Strategy to the Year 2020 Review*

Report Part III: Forestry Sector Performance Indicators 2014, Vientiane: Lao PDR.

Fujisaki, Taiji, Kimiko Hyakumura, Henry Scheyvens, Tim Cadman (2016) "Does REDD+ Ensure Sectoral Coordination and Stakeholder Participation? A Comparative Analysis of REDD+ National Governance Structures in Countries of Asia Pacific Region," *Forests* 79(3), 195.

IGES (2008) "Reduced Emissions from Deforestation and Forest Degradation in Developing Countries: Risks and Opportunities for Rural Communities in the Asia-Pacific Region," *Climate Change Policies in the Asia-Pacific*, Institute for Global Environmental Strategies, Japan, 79-103.

IPCC (2014) Summary for Policy Makers, *Climate Change 2014: Mitigation of Climate Change. Contribution of Working Group III to the Fifth Assessment Report of the Intergovernmental Panel on Climate Change*, Cambridge, UK and New York, USA: Cambridge University Press, 8-9.

Kawasaki, Jintana, Kimihiko Hyakumura and Sithong Thongmanivong (2016) REDD+ Readiness and Implementation in Lao PDR「平成27年度二国間クレジット制度の実施のための途上国等人材育成支援業務委託事業報告書」地球環境戦略研究機関, 91-115.

Khare, Arvind, Sara Scherr, Augsta Molnar and Andy White (2005) "Forest Finance, Development Cooperation and Future Options," *Review of European Community and International Environmental Law* 14(3), 247-254.

Kingdom of Cambodia (2015) *Cambodia's Intended Nationally Determined Contribution*, UNFCCC.

Lao People's Democratic Republic (2015) *Intended Nationally Determined Contribution*, UNFCCC.

Lao People's Democratic Republic (2016) *Emission Reductions Program Idea Note (ER-PIN): Lao People's Democratic Republic*, FCPF.

Republic of Indonesia (2015) *Intended Nationally Determined Contribution*, UNFCCC.

Stern, Nicholas (2007) *The Economics of Climate Change: The Stern Review*, Cambridge: Cambridge University Press.

UNFCCC (1992) United Nations Framework Convention for Climate Change. FCCC/INFORMAL/84, United Nations Framework Convention on Climate Change. (http://unfccc.int/resource/docs/convkp/conveng.pdf)

UNFCCC (2011) The Cancun Agreements: Outcome of the work of the Ad Hoc Working Group on Long-term Cooperative Action under the Convention, Decision 1/CP.16, United Nations Framework Convention on Climate Change.

Vientiane Times (2016) "Govt Demarcates New Mandates for Ministries, Adopts Revenue Collection Measures," *Vientiane Times*, May 26, 2016.

12章
認証制度を通した市場メカニズム

原田一宏

はじめに――今、なぜ認証制度なのか

1　グローバリゼーションとプライベート・ガバナンスの台頭

　昨今のグローバリゼーションの潮流は著しく、今まで国という最小単位で収まっていた財・労働・資本・情報などが、国境を越えて世界に拡散している。そのため、私たちは日常生活で必要なモノを容易に、しかも効率的に手に入れることが可能となった。一方で、グローバリゼーションは、国をベースにしていた財や労働などの「場所の喪失」をもたらし、その帰結として国家や政府を持たない、非世界国家を生じさせた（Beck 1997=2005, 32-33）。

　グローバリゼーションは市場経済と密接に関わっている（Giddens 1999=2001, 40-42）。市場経済は、個々の経済主体が所有する財・サービスを市場を通じて自由に売買し、価格の変動により資源配分を最適化してきたが、市場のグローバリゼーションは自由な世界貿易を推奨し、競争原理に基づいた利潤最大化によって財の局在化を加速させた。

　市場のグローバリゼーションは、途上国の生産者と先進国の消費者の間の心理的な「距離」を拡大させ、「非対称」な情報の流れをもたらした。途上国の生産者は、先進国から求められた要望に応えるために、求められた製品をできるだけ効率的に生産し、できるだけ多くの収入を得ようとする。消費者がどのような品質のものを、どのくらい必要としているかといった情報は生産者には入ってこない。先進国の消費者は、製品が手に入りさえすればよく、自分たちが手にする製品がどのような環境で生産され、どのように届けられたか気に留めることはほとんどない。この両者の「距離」は、国をベー

スにした政府による対応や経済原理に基づいた市場では解決できない、地球環境の破壊や人権侵害・貧困・格差といった新たな環境・社会問題を生じさせる契機となった（Beck 1997=2005, 82-83; Gale and Haward 2011, 16-17）。

　政府や市場の失敗を克服し、越境する環境・社会問題を解決する必要性に迫られている中、関わりのある関係者が国という単位を超えて国際的なネットワークを構築し、共同で組織や規則を作成・運営する、いわゆるグローバル・ガバナンスの理念が注目されるようになった（Gulbrandsen 2010, 6-7）。たとえば、地球温暖化防止のための気候変動枠組条約や生態系保全のための生物多様性保全条約、国際的な違法伐採対策は、地球環境という公益をグローバル・ガバナンスによって守ろうとするものである。この場合、各国政府や国際機関といった政府関係機関が主役であり、パブリック・ガバナンスによる地球環境問題への対応と言える。

　パブリック・ガバナンスはグローバルな視点から環境・社会問題に対応してきたものの、問題の根源にある、グローバルとローカルの関係性の強化や市民社会の参加、経済市場との関わりの強化には、必ずしも十分な役割を果たすことはできなかった。そこで台頭してきたのが、非政府組織が主体となったプライベート・ガバナンスである。1990年代以降、環境NGOや企業によって先導されたプライベート・ガバナンスは、グローバルな環境・社会問題に立ち向かうべく、その存在感を急速に高めていった。国際市場における認証制度の導入は、プライベート・ガバナンスの一事例であると言えよう（Auld 2014, 4-5）。

2　市場と認証制度

　認証制度は、社会や環境に関する一定の基準を設け、その基準を満たした管理によって生産された製品を消費者が購入することによって、持続可能な環境保全や社会正義を実現しようとするものである。認証制度は市場のグローバリゼーションを積極的に受け入れ、市場を介して問題解決に挑もうとする。一時的な問題解決のためには、市場で取引される製品のボイコット運動といった、市場に完全に背を向けてしまう方法もあるかもしれない。しかし、グローバリゼーションそのものは避けて通れない時代だからこそ、認証

制度は問題を先送りするのではなく、従来の市場メカニズムをグローバルとローカル、生産者と消費者の関係の中で再構築しようとする。認証制度が「市場をベースにしたガバナンス」や「市場が主導するガバナンス」（Gulbrandsen 2010, 10-11）と言われる所以である。また、認証制度は公権的な国際レジームとは異なり、製品の生産者・輸入業者・加工業者・小売業者などが関わるボランタリーな制度である。したがって、認証制度を受け入れるかどうかは、関係者の私的な決定に委ねられる。

認証制度の特徴は次のとおりである（Gulbrandsen 2010, 11-12）。第 1 に、製造過程における、環境・社会への影響を規制するための基準が設定されている。第 2 に、生産者が基準を満たしているかどうかを、監査者が検証する認証プロセスがあり、基準を満たした生産者に認証が付与される。第 3 に、第三者の認定機関が生産者の活動を監査するための規則が設定されている。第 4 に、会員・認証対象の決定プロセス・基準の設定や改変・審査・問題解決に関する規則が設けられている。第 5 に、認証製品が製造され、消費者に届くまでのプロセスを把握できる追跡システムが設定され、認証製品にはラベルが付与される。

認証制度は森林・海洋セクター・農産物・貿易・労働者の人権などさまざまな分野で利用されているが、その中でも特に、森林・コーヒー・海洋に関する認証制度は世界的に広く普及している（Auld, 2014, 5-13）。

次節からは、森林とコーヒーに関する認証制度を取り上げ、認証制度が形成された歴史的経緯や認証制度の特徴、認証制度が地域社会にもたらす影響、認証制度がかかえている課題について見ていこう。

I 森林認証制度

本節では、森林認証制度が台頭してきた歴史的経緯について整理したうえで、森林認証制度の中でも特に世界的に普及しているFSC（Forest Stewardship Council, 森林管理協議会）に注目し、FSCが途上国の地域社会にどのような影響をもたらしたか検討しよう。

1　熱帯林の減少と森林認証制度の台頭

　森林認証の台頭は、熱帯林の減少と密接に関わっている（Auld 2014, 70-111; Cashore et al. 2004, 9-11; Cashore et al. 2006, 11-12; Gale and Haward 2011, 48-52; Gulbrandsen, 2010, 44-54）。1980年代以降、熱帯林の急速な減少が国際環境NGOによる報告によって明らかになり、地球環境問題として世間の注目を浴びるようになった。さまざまな国際機関が熱帯林保全実現のために行動計画を作成したものの、結局は熱帯林の減少を食い止めることはできなかった。政府機関による熱帯林保全の失敗に批判的であった国際環境NGOは、熱帯材の生産者に森林管理を見直してもらうために、先進国の消費者が熱帯材を購入しないように訴える、熱帯材のボイコット運動を展開した。しかし、ボイコット運動による市場での熱帯材取引の縮小は、森林管理を適切に実施している企業や、森林に生計を依存している地域住民の生活に打撃を与えた。1990年代には、国際機関が主導して、森林減少阻止のための法的枠組みを作成しようと試みたが、失敗に終わった。このような状況を打破するために、国際環境NGOが先導して開発されたのが森林認証制度である。森林認証制度は従来の市場メカニズムを否定するのではなく、木材に認証という付加価値をつけて、木材を国際市場に流通させる仕組みである[1]。

2　FSCの概要

　FSCは1993年に世界で初めて設立された森林認証制度であり[2]、環境と社会に配慮しつつ、経済的価値のある森林管理を支援することを目的としている。FSCには経済・社会・環境に関する基準が設定され、第三者機関の評価に

1）　当初、森林認証制度は熱帯林の持続的な管理や生物多様性保全に寄与することが期待されていたが、現実には森林認証を取得した森林の多くは先進国に偏っており、森林認証を取得した熱帯林面積は世界全体の森林面積の約10％を占めるに過ぎない（FSC 2016a）。途上国で森林認証が普及しない理由には、森林の法制度の不備や、森林管理能力の欠如があげられる（Cashore et al. 2004, 9-11; Durst et al. 2006, 196-197）。

2）　FSC以外で国際的に知名度の高い森林認証制度としては、欧州を中心とした、各国・各地域で作成された森林認証基準を相互認証するPEFC（Programme for the Endorsement of Forest Certification）がある。また、インドネシアやマレーシアでは、国内に特化した森林認証制度（LEI: Lembaga Ekolabel Indonesia; MTCC: Malaysian Timber Certification Coucil）が設立されている。

よって、その基準を満たした森林に認証が与えられる。認証を取得した森林からの木材はFSCのラベルをつけて市場で取引され、消費者はラベルのついた認証材や認証製品を選択的に購入することができる。

　森林認証制度が台頭してきた歴史的背景からもわかるように、FSCは持続可能な森林管理を実現するために、特に環境的な側面を重視してきた。しかし、途上国の森林の問題は、社会や政治の問題や地域住民の生活と密接に結びついているため、地域の社会・経済面も重視する必要がある（Bass et al. 2001, 18）。FSCの10原則には、地域住民の社会・経済面に関する項目が盛り込まれている。原則3には、地域住民の慣習的な土地・森林資源を管理する権利や、地域住民の伝統知や知的財産への尊重が明記されている。原則4には、雇用・サービス・トレーニングを通じて、地域住民が森林から便益を享受すべきことが明記されている。これらの原則からも、FSCでは地域住民の権利や便益を考慮する必要があることがわかる。

　FSCが対象とする主な森林は、天然林・人工林・コミュニティが管理する森林（以下、コミュニティ林）である。そのうち天然林の認証林面積が最も大きく、コミュニティ林の認証林面積は約2％とごくわずかである（FSC 2016a）。東南アジアでは、インドネシアやベトナム、マレーシアなどにコミュニティ林の認証林（以下、コミュニティ認証林）が存在する。

3　コミュニティ林とFSCの認証制度
(1) コミュニティ林を対象とした認証システム[3]

　地域住民が管理する森林は小規模であるがゆえに、森林認証を取得し維持していくにはコストが割高になること、森林認証に関する情報が不足していること、認証に関わる作業量が膨大であることなど、さまざまな障壁がある。この問題を解決するために、FSCは企業が森林認証を取得する際に適用する

---

[3]　熱帯諸国では、森林に依存しながら生活している人々は4.5億人から5.5億人いると言われている。コミュニティ林に認証という付加価値をつけることは、これら多くの人々の生計向上をもたらし、ひいては人々の森林保全に対するモチベーションを高めることにもつながる。コミュニティ林の認証林は現時点での面積自体は少ないものの、地域社会全体の経済や生態に良い影響をもたらす可能性を秘めているため、本節ではコミュニティ林の認証林を取り上げることとした。

基準とは別に、コミュニティ林を対象とした認証システムを開発した（Stewart et al. 2003, 3-4）。それが、小規模な森林管理者を対象としたグループ認証システムと、小規模・非集約的な森林管理に対する認証システム（以下、SLIMF: Small and Low Intensity Managed Forests）である（FSC 2016b）。

グループ認証では、森林を所有する個人が認証を取得するのではなく、代表者のもと、森林の個人所有者がメンバーとなり組織を構成し、その組織が認証を取得する。グループ認証では、認証に要するコストが軽減され、認証に関連する業務が簡略化される。代表者はメンバーがFSCの要件に沿って森林管理をしているか責任を持って監視し、森林管理の現状について監査者に報告する義務がある。メンバーは森林の管理の仕方を含め、グループ内の規則を遵守しなければならない。たとえば、森林組合がグループ認証を取得した場合、森林の個人所有者が組合員となり、森林組合として組合員の認証林を管理することになる。一方、SLIMFは決められた森林面積・年間伐採量以下の小規模な森林所有者を対象とし、認証の取得から評価に至るまでの手順を簡略化し、少ないコストで認証を取得できる認証システムである。これらのコミュニティ林を対象とした認証システムは、認証に関わるコストと手間を削減し、森林に依存しながら生活している人々の生計や森林管理の能力・技術を向上させることが期待されている（Auer 2012, 7）。

(2) コミュニティ認証林の地域社会への影響

コミュニティ認証林は、地域社会の経済面や社会面に加えて、技術・組織面や心理面にもさまざまな影響を及ぼす（Atyi and Simula 2002, 34; Bass et al. 2001, 29-35; Markopoulos 2003, 110-113; Molnar 2003, 13-18; Taylor 2005, 137-138）。経済面に関しては、認証材が高価で取引されることによって収入が増加し、国際市場へのアクセスが容易になる。認証取得により森林の経済的価値が高まり、輸入業者が認証材を割増価格で購入することにより、地域住民への利益が増加する。ベトナムやインドネシアのグループ認証では、森林組合によって設定された割増価格で、企業が森林組合から認証材を購入したことが、組合員の収入増加につながった（Auer 2012; 原田 2010; Harada and Wiyono 2014）。また、今までは仲買人や地元の市場に個人的に売っていた木材が認証を取得

することによって、木材の国際的な認知度が高まり、地域住民は国際市場とつながることが可能となる。社会面に関しては、地域住民の森林管理や、地域住民の権利が国際的に認められる。定期的な認証評価の際に、地域住民が関係者の一人として審査プロセスに参加することで、認証林管理に対する発言権を持てるようになる。また、コミュニティの森林管理が国際的に認知され、信頼されるようになる。さらに、外部からの認証の導入は、それまでは政府に認知されずに、政府から権利が与えられていなかったコミュニティ林が、所有権や利用権を獲得できるきっかけにもなる。技術・組織面に関しては、個々人の森林管理技術や組織の運営能力の向上がある。森林組合に所属する組合員は、森林組合が実施するトレーニングや組合員間の情報や経験の共有を通じて、FSCの基準に沿って森林を持続的に管理するための知識や技術を身につけることができる。心理面に関しては、コミュニティ林の管理が国際的に認知されることにより、地域住民は自らの森林管理に自信を持ち、持続可能な森林管理に対する意識が向上する。インドネシアのグループ認証では、認証材の取得と認証材販売による安定した収入の確保が、森林組合の組合員に自信と安心感をもたらした（原田 2010; Harada and Wiyono 2014）。

　コミュニティ林が森林認証を取得することによって、地域社会には以上のようにさまざまな影響があることが明らかにされてきた。一方で、コミュニティ認証林を継続的に管理し、さらに広く普及させるためには、さまざまな解決すべき課題があるのも事実である（Bass et al. 2001, 29-35; Molnar 2003, 35-40; Taylor 2005, 138）。次節では、インドネシアの事例をあげて、コミュニティ認証林による地域社会への影響とコミュニティ認証林の課題について考えてみよう。

II　インドネシアにおけるFSC森林認証制度

　インドネシアは東南アジアの中でもFSCの森林認証を取得した森林の数・面積が多く、コミュニティ認証林の歴史も長い。ここでは、インドネシアで最初にグループ認証を取得した森林組合が、認証取得後今日に至るまで、インドネシア国内外の木材市場において、どのような運命をたどってきたか見

てみよう。

1　コミュニティ認証林をめぐる動向

　2005年にインドネシアで初めてグループ認証を取得したのは、スラウェシ島・東南スラウェシ州の森林組合である。まずは、この森林組合のグループ認証の現状について見てみよう（原田 2010; Harada and Wiyono 2014）。グループ認証の対象となったのは、21村にわたる、計801カ所、609haのチークの私有林である。対象となったチーク林の所有者が森林組合の組合員となった。組合員の多くは、村の周辺に広がる国有林において、かつては木材の伐採・搬出の日雇い労働者として、外部者による違法伐採活動に従事していた。しかし、森林組合がグループ認証を取得したのを機に、彼らは国有林での違法伐採を完全にやめ、自らが所有するチークの認証林を持続的に管理するようになった。

　森林組合がグループ認証を取得する際には、国際NGOである熱帯林トラスト（TFT: Tropical Forest Trust）が大きな役割を果たした。熱帯林トラストは、森林組合が認証を取得する際に、地元NGOを介して森林組合に資金・技術を供与し、欧州木材市場に関する情報を提供した。熱帯林トラストは、認証取得後も継続的に森林組合を支援した。

　森林組合は、グループ認証取得後、組合員の所有している認証林を持続的に管理するために、チーク認証林の伐採や認証材の販売に関する規則を設定した。規則に基づいた認証林管理は、地域社会の環境や経済に良い影響をもたらした。伐採対象となる認証林は直径30cm以上のものとし、年間伐採量も設定され、認証林の持続的な管理が行われた。森林組合は、通常の木材よりも高値で組合員から認証材を購入した。また、森林組合が組合員から認証材を購入する際には、認証販売の売上額の60％を森林組合が組合員に事前に支払う、前払い制度が導入された。前払い制度によって、組合員は木材伐採・搬送に要する費用を事前に負担する必要がなくなった。さらに、木材の販売価格とは別に、森林組合の木材販売売り上げに応じて、森林組合は組合員に配当金を支払った。支払額はごくわずかではあったが、配当金制度による補足的な収入は、組合員が自らの森林を積極的かつ持続的に管理しようと

いうインセンティブを高めた。それ以外にも、森林組合は組合員に毎年 1 kg のチーク苗を供与し、小規模融資（マイクロファイナンス）の機会を提供した。このような森林組合の努力により、森林組合は組合員からの認証材を国際市場で販売して多くの利益を上げ、組織としての運営能力を高めていった。また、チークの認証林を持続的に管理することにも成功した。しかし、設立後 5 年を経過した2010年頃から、今まで順調だったはずの森林組合の運営の歯車が突然狂いだした。

　2010年から2011年にかけて、中部ジャワ州とジョグジャカルタ特別州にある 3 つの森林組合がSLIMF認証を取得した。ジャワ島でのコミュニティの認証林の台頭は、小規模ながらもチークの認証材を独占的に取引していたスラウェシ島の森林組合の状況を一変させた。2010年にはスラウェシ島の森林組合の認証材の生産量と販売量は激減し、2011年には認証林の生産量・販売量ともにほとんどなくなってしまった。

　ジャワ島の認証材がスラウェシ島の森林組合を追い詰めた理由として次の 3 点が考えられる。第 1 に、スラウェシ島の森林組合が生産する認証材が高価であった。スラウェシ島の木材は、ジャワ島まで船で輸送したのち、海外へと輸出されるため、ジャワ島産のチーク材よりも割高になる。それに加えて、2005年から2009年にかけて、この森林組合が世界市場で独占的に認証材を高値で販売してきたこともあり、ジャワ島の認証材台頭後も、この森林組合は企業への認証材の販売価格を下げなかった。第 2 に、スラウェシ島の森林組合を支援してきた熱帯林トラストが、2010年11月にこの地域から撤退した。そのため、この森林組合は欧州の国際木材市場へアクセスする術がなくなり、認証材需要に関する情報が入りづらくなった。第 3 に、2010年に欧州経済危機の影響で、欧州での木材の売れ行きが芳しくなくなり、認証材の需要自体も減少してしまった。こうして、外国企業の認証材の購入先は、スラウェシ島から、木材輸送の利便性、価格の点で優位にあるジャワ島へとシフトしたのである。

　2011年以降には、ジャワ島の国営林業公社がチーク林の認証を取得し始めたことが、スラウェシ島の森林組合の状況に追い打ちをかけた。2016年になると、ジャワ島の57カ所の森林管理ユニット、計200万haほどのチーク林が

認証を取得した。国営林業公社は長年にわたってチークの生産林を管理し、太くて良質なチークを大量に生産することができる。認証材を購入する側からすれば、できるだけ安く、良質の認証材を購入しようとするのは当然のことである。国営林業公社によるチーク認証材の台頭により、外国企業にはスラウェシ島の認証材を購入するという選択肢がなくなり、2012年以降、スラウェシ島の森林組合からの認証材の生産量・販売量は完全になくなってしまった。

インドネシアの認証材生産・販売をめぐる勢力図の変化は、スラウェシ島の森林組合の組織や組合員の心理に大きな影響を与えた。かつては国有林内での違法伐採に従事していた組合員は、自分たちの管理するコミュニティ林から搬出された認証材が国際市場に認められたことに自信と誇りを持ち、先進国の消費者に認証材を選択的に購入してもらえることに喜びを感じていた。しかし、組合員は自分たちが苦労して築き上げた認証材の生産地が、ジャワ島の生産地に取って代わられたことに落胆し、また、認証制度そのものにやり場のない怒りを感じていた。認証材がまったく生産・販売できない現況で、森林認証を保持するために多くのコストをかけ続けなければならないことに疑問を感じるようになった。そして、2015年4月で森林認証の5年の登録期間が終了したあと、森林組合は登録を延長することはなかった。

認証林からの収入が途絶えた現在、森林組合は組合員から購入した木材を地元市場に販売している。また、かつて地域住民が政府の植林プログラムに参加して植林したチークの国有林を対象に、森林組合は政府と60年間の共同管理契約を締結し、伐採したチーク材からの収入の一部を政府から得ている。

ジャワ島のコミュニティ認証林を管理する森林組合も安泰とは言えない。この森林組合も今後国営林業公社と対抗していかなければならない。現在、この森林組合は国営林業公社との差別化を図るために、細めのチーク認証材を販売していこうとしている。

以上、インドネシアの認証林の現状について見てきた。スラウェシ島の森林組合は、国際市場を通じて、自らの認証材の存在を先進国の消費者に十分にアピールすることができなかった。認証材の生産・販売は一時的にはスラウェシ島の地域経済の向上に貢献したものの長続きはしなかった。

2 コミュニティ認証林の課題

　コミュニティの認証材が、企業によって大量に生産される認証材と差別化され、消費者に選択されることにより、地域社会が安定した利益を確保し、発展するためにはどうすればいいのだろうか。第1に、ラベルを通じて消費者にコミュニティの認証材を認知してもらうことである。FSCの原則では、本来認証制度が掲げていた生産者と消費者の関わりについて触れられてはいない。また、認証ラベルを見ても、企業の管理する森林からの認証材か、コミュニティの管理する森林からの認証材かの区別はできず、消費者は市場にてコミュニティ認証材を選択的に購入することはできない。先進国の消費者には認証材の生産者の「顔」は見えず、生産者の存在がどうしても希薄になってしまう。

　もっとも、コミュニティの認証材を購入することがまったく不可能なわけではない。欧米の企業の中には、ラテンアメリカやアフリカのコミュニティの認証材を輸入したり、認証材から家具を製造し、販売している企業もある（Macqueen 2008, 15-32）。日本の環境NGOも家具製造業者と共同で、インドネシアのコミュニティ認証材を使った家具を販売している。インドネシアには、コミュニティ認証材を使って家具を製造し、海外に輸出・販売している企業もある（原田 2010, 181-182）。しかし、よほど意識しない限り、我々は日常生活の中でこのような製品を目にすることはほとんどない。消費者がラベルを見ることによって、コミュニティ認証材の存在を認識でき、コミュニティ認証材を手軽に購入できる仕組みづくりが必要であろう。

　第2に、企業が割増価格で認証材を購入し、購入額の一部を地域社会の発展に利用するような制度を組み込むことである。FSCには割増価格や割増金といった制度はない。インドネシアの事例では、森林組合が組合員から認証材を割増価格で購入していた。しかし、認証材が常に割増価格で購入されるという保証はない（Chen et al. 2010, 6-7）。コミュニティの認証材を割増価格で購入するか、購入するとしたらいくらで購入するかは、組織の裁量や購入する企業の決定に委ねられており、組合員自らが積極的に関わることはできない。企業や環境NGOの慈善精神に頼るのではなく、購入者が認証材を購入する際には、割増価格を必ず支払うといった制度づくりが必要であろう。

途上国の生産者が認証に積極的に関わることができ、先進国の消費者が認証製品を選択的に購入でき、その結果、地域社会が持続的に発展できるような仕組みはないだろうか。次にあげるフェアトレードに、このような疑問に答えるヒントがあるかもしれない。

Ⅲ　フェアトレード

　本節ではフェアトレードを取り上げ、フェアトレードの概念について整理したうえで、フェアトレードコーヒーを例にして、フェアトレードコーヒーが地域社会に与える影響について考えてみよう。

1　フェアトレードが目指すもの

　フェアトレードは国際的に次のように定義されている（FINE 2001）。

　フェアトレードとは、対話・透明性・敬意を基盤とし、より公平な条件下での国際貿易を行うことを目指す貿易パートナーシップである。特に、南の弱い立場にある生産者や労働者に対して、より良い貿易条件を提供し、かつ彼らの権利を守ることにより、フェアトレードは、持続可能な発展に貢献する。フェアトレード団体は（消費者に支持されることによって）、生産者の支援、啓発活動、および従来の国際貿易のルールと慣行を変える運動に積極的に取り組むことを約束する。

　この定義から見えてくるフェアトレードの特徴は、①国際貿易を通じた生産者と消費者の良好で公平な関係の構築、②製品の適正な価格での取引、③製品の購入を通じた消費者による生産者の支援である。フェアトレードは、経済市場のグローバリゼーションに対抗するために、従来の市場に新たなニッチを求め、南の弱い立場にある生産者を支援しようとする。フェアトレードは慈善事業でも開発援助でもなく、先進国の消費者市場で、製品の購入を介して途上国の生産者の生活向上を支援しようとするビジネスモデルである（佐藤 2011, 13）。フェアトレードは、オルタナティブなグローバリゼーションを提示する（Fridell 2007, 279-280）。

12章　認証制度を通した市場メカニズム

　キリスト教会による地域社会への慈善事業として1940年代に展開されたフェアトレード運動は、1980年代以降には欧州を中心として国際的なフェアトレード団体が設立され、さらに、フェアトレードラベルが開発されたことにより、世界中に急速に普及していった（Jaffee 2007, 12-15; 渡辺 2010, 32-48）。1980年代後半に、オランダのマックス・ハベラー（Max Havelaar）財団が公正な価格、労働条件の遵守、環境への配慮に関する一定の基準を設け、基準を満たして生産・流通・加工されたコーヒーに対して、「フェア」である証としてラベルを付与したのが、フェアトレードラベルの始まりである。フェアトレードラベルの開発により、消費者が商品を購入する際に、フェアであることを客観的に判断し、選択的に購入することが可能となった。1997年には、世界的に広まった各団体独自の認証ラベルや基準を国際的組織として統一する目的で、FLO（Fairtrade International：国際フェアトレードラベル機構）が設立された。FLOは国際フェアトレード基準の設定、フェアトレード市場の開拓・促進、生産者組合に属する零細な生産者への支援といった役割を担っている。FLOは世の中に数あるフェアトレード認証の中で、最も広く普及し、認知度が高い。

　FLOが対象としている主な製品は、コーヒー・紅茶・果物などのさまざまな農産物であるが、その中でもコーヒーは、FLOの代表的なフェアトレード製品である。コーヒーは途上国の熱帯林が分布する赤道地域で栽培されており、途上国と先進国の間の貿易にからんで、環境問題や南北間格差、貧困とも関わりのある農産物である。また、1990年代以降のコーヒー危機に見られるように、国際市場におけるコーヒー価格の変動は著しく、それが地域社会の経済にも大きな影響を及ぼしている（池本 2015, 165-169; Slob 2006, 124）。たとえば、ベトナムでは1990年代に世界的なコーヒー価格に便乗しようと、土地の豊富な中部高原に入植者が移住し、もともとその地に居住していた少数民族を追い出して、大規模なコーヒー栽培を始め、それが中部高原の森林破壊を招いた（Boris 2005=2005, 27-28）。FLOのフェアトレードコーヒーは、このような状況を打破し、環境保全や社会的公正が保障された地域社会を創造することが期待されているのである。

　次節からは、東南アジアのFLOフェアトレードコーヒーの普及状況および、

FLOフェアトレードコーヒーによる地域社会への影響について見てみよう。

2　東南アジアにおけるFLOフェアトレードコーヒーの展開

　東南アジアでのFLOフェアトレードコーヒー生産者組合や組合員は、ラテンアメリカやアフリカに比べて、それほど多くはない。2015年現在、FLOを取得したコーヒー生産者組合は世界に30カ国、445あり、組合員は80万人以上に及ぶ（FLO 2015, 73-76）。その生産者組合の約8割がラテンアメリカ・カリブ諸島にあるのに対して、アジア・太平洋には37の生産者組合しかない。また、アジア・太平洋の組合員は8万人弱である。

　2013年から2014年にかけて、世界で生産されたフェアトレードコーヒーは549,000袋（1袋=60kg, 32,940トン）であり、そのうちの4分の3はオーガニック認証も取得している[4]（FLO 2015, 77）。2015年における世界のコーヒー生産量は約900万トンなので、フェアトレードコーヒーは世界のコーヒー生産量のわずか0.3%である。ただ、世界市場におけるフェアトレードコーヒーの生産量や認知度は増加しており、今後FLOフェアトレードコーヒーがさらに普及することが期待されている。

　現在、東南アジアにおいてFLOを取得したコーヒー生産者組合は、インドネシア、ベトナム、ラオス、タイ、東ティモールにあり、その中でもインドネシアとベトナムの伸びが著しい（FLO 2015, 76）。インドネシアは世界第4位のコーヒー生産量を誇り、FLOフェアトレードコーヒーの生産量も世界第7位である。インドネシアでは、それぞれの地域で独自のコーヒーが栽培されており、特にスマトラ島のコーヒー生産量は、インドネシア全土のコーヒー生産量の約7割を占めている。FLOを初めて取得した生産者組合もスマトラ島にあり、そのほとんどはアチェ州にある。ベトナムは、世界第2位のコーヒー生産量を誇り、その約8割は中部高原で生産されている。2008年に初めてFLOを取得したのも中部高原の生産者組合で、その後も中央高原の生産者組合が次々とFLOを取得している。ラオスでは、1980年以降に政府によ

4）　オーガニック認証とは、生産者が有機の基準に基づいて生産したものであることを、第三者機関が証明した認証で、日本を含め、世界各国で独自の認証が設定されている。フェアトレードコーヒーは、主に欧州のオーガニック認証を取得している。

るコーヒー栽培が推奨され、買い取り制度が設定されたことにより、主要な生業が焼畑での陸稲栽培からコーヒー栽培へと変容し、コーヒー生産者組合も次々と設立されている（箕曲 2014）。コーヒー生産者組合がFLOを初めて取得したのは2008年のことである。

3　FLOフェアトレードコーヒーの地域社会への影響

　FLOは、生産者と輸入業者が遵守すべき、環境・経済・社会に関連した国際フェアトレード基準を設定している。環境に関しては、生産者が自然環境に配慮して農産物を生産することが求められている。たとえば、生物多様性を保全するために、生物多様性が豊かな保護地域などでの農産物の栽培を禁止し、温室効果ガス削減に寄与するような農産物の栽培が推奨されている。経済・社会に関しては、農産物の持続可能な生産と生産者の生計を支える「最低価格」や「前払い金の支払い」、地域社会の発展を支援する「割増金（プレミアム）」を保証している。これら、経済・社会に関する基準は、FLOの基準の最大の特徴となっている。そこで、本項では「最低価格」、「前払い金の支払い」、「割増金」に注目し、フェアトレードコーヒーを例にあげながら、これらのシステムの概要を整理し、そのうえでFLOフェアトレードコーヒーが生産者や地域社会にもたらす影響について考えてみよう。

　「最低価格」では、輸入業者はFLOを取得した農産物を最低価格で購入することが決められている。コーヒーの最低価格は、1ポンドあたり1.35〜1.45ドルに定められている。フェアトレードコーヒーは、気候による不作などの影響によりコーヒーの市場価格が暴落しても、最低価格での購入が保証されているため、生産者は価格暴落によるリスクを回避することができる。コーヒーの市場価格が最低価格を上回った場合には、フェアトレードコーヒーは通常のコーヒーと同様に市場価格で取引される。フェアトレードコーヒーに設定された最低価格の保証は、市場でのコーヒー価格暴落に対するセーフティネットの役割を果たしている。

　「前払い金の支払い」に関しては、輸入業者は生産者組合からのリクエストがあれば、買い取り価格の60％の額を事前に支払う。組合員はコーヒー管理に必要な農機具や肥料、苗などの購入のために必要となる事前資金を工面

するために、仲買人に借金をすることも少なくない。前払い金の支払い制度によって、その資金を組合員自らが調達することができる。

「割増金」に関しては、輸入業者がフェアトレードコーヒーを購入する際に、コーヒーの購入価格とは別に割増金を支払い、その割増金を地域の社会開発に利用する。輸入業者は、割増金として1ポンドあたり20セントを支払う義務がある。2013年から2014年にかけての世界のFLOフェアトレードコーヒー販売による割増金の使途は、生産者組合への投資（44％）、組合員への支援（46％）、コミュニティへの支援（8％）などであった（FLO 2015, 78）。インドネシアの生産者組合では、割増金は子供の奨学金、組合員の能力トレーニング、農機具の購入、農道の整備に使われていた。ベトナムの生産者組合では、割増金はコミュニティ開発プロジェクト、コーヒー豆貯蔵庫や事務所といったインフラ整備、コーヒーの生産性や品質の向上のための生産者支援に使われていた（Cudliemnong 2016）。ラオスの生産者組合では、割増金は事務所の修繕や拡張のための経費に使われていた（箕曲 2014, 145-146）。

フェアトレードコーヒーの生産・販売は、生産者組合に参加していないコーヒー生産者にもよい影響をもたらす（Nicholls and Opal 2005=2009, 241-243）。社会開発によって建設された公共施設は、組合員だけではなく非組合員も利用することができ、地域社会全体の発展に寄与する。また、非組合員は組合員のコーヒー栽培に労働者として参加し、追加収入を得る機会にも恵まれる。インドネシアのコーヒー生産者組合の組合員は、社会開発プログラムで建設された公共施設が地域全体で利用されるのを喜ばしく思っていた。

以上、FLOに組み込まれた「最低価格」、「前払い金の支払い」、「割増金」の仕組みについて見てきた。コーヒー生産者はフェアトレードを積極的に選択し、これら3つの仕組みの恩恵を受けることで、安定した収入が得られるという安心感や、フェアトレードコーヒーを生産・販売する意欲を持ち続けることができた。FSCの森林認証制度には、認証材が従来の市場をどのように変革するか、コミュニティ認証材が市場において企業の認証材に対抗しながら、企業の認証材とどのように差別化するかという視点が欠けていたが（Taylor 2005, 139-140）、FLOフェアトレードコーヒーは、上述の経済・社会的基準があったからこそ、世界のコーヒー市場でその存在感を発揮すること

ができた。FSCのコミュニティ認証材が今後市場で生き残り、地域の持続的な発展に寄与するために、FLOから学ぶべきことはおおいにあるだろう。[5]

おわりに

　そもそも、伝統社会の市場では、富の生産よりも社会的つながりが重視され、経済は社会の中に埋め込まれていた（Polanyi 2001=2009, 100）。元来市場が備えていたこのような理念が、経済の急速なグローバリゼーションによって忘れ去られた結果、生産者と消費者が製品の売買のみでつながった、経済と社会が分断された市場の形成が加速した。森林認証やフェアトレードは、その出自こそ異なるものの、「顔の見えない」非人格化した市場に、元来の生産者と消費者のつながりを取り戻し、それによって地域の社会的公正や環境への負荷軽減を実現しようとした。これまで見てきたとおり、その試みはそれなりの成果をあげたと言えるだろう。

　しかし、認証制度には残された課題もある。第1に、認証制度が市場において主流となるべきかである（Murray et al. 2003, 15-16; Taylor 2005, 134）。FSCやFLOの認証制度の世界的な普及率は必ずしも高いわけではない。これらの認証制度が開発されてから、すでに20年以上が経とうとしているが、認証制度が当初の思惑どおりにスムーズに普及したと言えるかは疑問である。昨今では、フェアトレードなどの認証制度を積極的に取り入れる企業も増えつつある。企業の宣伝力と組織力をもってすれば、認証制度の製品を普及させるのはそれほど難しいことではないかもしれない。しかし、企業による急速な認証制度の普及は、認証制度が時間をかけて変革を試みた市場に新たな問題を引き起こす恐れもある。[6] 認証制度が市場でどこまで主流になるべきかは難しい問題であるが、仮に主流化を目指すにしても、慎重に行わなければならない。

5）　途上国のコミュニティ林の管理者や小規模森林管理者が、国際木材市場での価格競争に巻き込まれず、また市場にアクセスするのを容易にするために、2009年から2013年にかけてラテンアメリカの生産者を対象に、FSCはFLOとともにデュアル認証パイロットプロジェクトを実施した（FSC 2015）。

第 2 に、認証制度は市場で生き残り、地域社会の発展に貢献し続けられるかである。認証制度は一度取得したからといって永遠に維持できるわけではない。定期的に審査を受けて、取得した認証を更新していく必要があり、そのためには継続的に多くのコストと労力をかけなければならない。これは特に小規模な生産者には大きな負担となる。このような圧倒的に不利な条件下で、生産者は市場での競争に挑み続けなければならない。また、認証制度とは別に、市場そのものを否定し、生産者と消費者の連帯に基づいた、オルタナティブな市場を求める動きもある（Jaffee 2007, 26-28; 箕曲 2014, 74-75）。認証制度が従来の市場メカニズムの中で生き残っていくためには、その存在意義をもっとアピールしていく必要もあるだろう。

　いずれにせよ、認証制度は、伝統的な市場とグローバル化する市場のはざまで、刻々と変化するグローバルな市場に変革をもたらす制度であることに間違いはない。市場を通じて、地域社会が認証制度とどのように関わっていくのか、今後とも注視していく必要があるだろう。

引用・参考文献

池本幸生（2015）「認証コーヒーと連帯」池本幸生・松井範惇編著『連帯経済とソーシャル・ビジネス——貧困削減、富の再配分のためのケイパビリティ・アプローチ』明石書店, 163-184.
佐藤寛（2011）「グローバル化する世界とフェアトレード」佐藤寛編『フェアトレードを学ぶ人のために』世界思想社, 10-27.
原田一宏（2010）「インドネシアにおける地域住民を対象とした森林認証制度——地域社会への適用と課題」市川昌広・生方史数・内藤大輔編『熱帯アジアの人々と森林管理制度——現場からのガバナンス論』人文書院, 168-187.
箕曲在弘（2014）『フェアトレードの人類学——ラオス南部ボーラヴェーン高原におけるコーヒー栽培農村の生活と協同組合』めこん.
渡辺龍也（2010）『フェアトレード学——私たちが創る新経済秩序』新評論.

Atyi, Richard E. and Markku Simula（2002）"Forest Certification: Pending Challenges for Tropical

---

6）　フェアトレードは、不公正な貿易をしている大企業が企業イメージをアップし、消費者を引き付ける手段として使われることもありうること、企業の運営する大規模な農園が認証を取得すると、小規模な生産者がつぶされてしまうことが指摘されている（渡辺 2010, 265-268）。

Timber," *ITTO Technical Series* No. 19, Yokohama: ITTO.
Auer, Matthew R.（2012）"Group Forest Certification for Smallholders in Vietnam: An Early Test and Future Prospects," *Human Ecology* 40, 5-14.
Auld, Graeme（2014）*Constructing Private Governance: The Rise and Evolution of Forest, Coffee, and Fisheries Certification*, New Haven and London: Yale University Press.
Bass, Stephen, Kirsti Thornber, Matthew Markopoulos, Sarah Roberts and Maryanne Grieg-Gran（2001）*Certification's Impacts on Forests, Stakeholders and Supply Chains*, London: IIED.
Beck, Ulrich（1997）*Was ist Globalisierung?: Irrtümer des Globalismus-Antworten auf Globalisierung*, Frankfurt: Suhrkamp Verlag（=2005, 木前利秋・中村健吾監訳『グローバル化の社会学　グローバリズムの誤謬――グローバル化への応答』国文社).
Boris, Jean-Pierre（2005）*Commerce Inéquitable: Le Roman Noir des Matières Premières*, Grenelle: Hachette（=2005, 林昌宏訳『コーヒー、カカオ、コメ、綿花、コショウの暗黒物語――生産者を死に追いやるグローバル経済』作品社).
Cashore, Benjamin, Graeme Auld and Deanna Newsom（2004）*Governing through Markets: Forest Certification and the Emergency of Non-state Autority*, New Haven and London: Yale University Press.
Cashore, Benjamin, Fred Gale, Errol Meidinger and Deanna Newsom（2006）"Confronting Sustainability: Forest Certification in Developing and Transitioning Countries," *Yale School of Forestry & Environmental Studies Report* No. 8, New Heaven: Yale University.
Chen, J., J. L. Innes and A. Tikina（2010）"Private Cost-benefits of Voluntary Forest Product Certification," *International Forestry Review* 12(1), 1-12.
Cudliemnong（2016）*Cudliemnong, Vietnam*. (http://www.fairtrade.org.uk/en/farmers-and-workers/coffee/cudliemnong　2016年5月27日アクセス)
Durst, P. B., P. J. McKenzie, C. J. Brown and S. Appanah（2006）"Challenges Facing Certification and Eco-Labelling of Forest Products in Developing Countries," *International Forestry Review* 8(2), 193-200.
FINE（2001）Fair Trade Definition and Principles as Agreed by FINE in December 2001. (http://onevillage.org/fairtradedefinition.pdf#search='Fair+trade+definition+and+principles'　2016年5月26日アクセス)
FLO（2015）*Monitoring the Scope and Benefits of Fairtrade Seventh Edition*, Bonn: FLO.
Fridell, Gavin（2007）*Fair Trade Coffee: The Prospects and Pitfalls of Market-driven Social Justice*, Toronto, Buffalo and London: University of Toronto Press.
FSC（2015）*The FSC-Fairtrade Dual Certification Pilot Project*, Bonn: FSC.
FSC（2016a）*FSC Facts & Figures*, Bonn: FSC.
FSC（2016b）*Certification: Options for Certification and Steps to Getting Certified*, Bonn: FSC. (https://ic.fsc.org/en/smallholders/certification-01　2016年5月25日アクセス)
Gale, Fred and Marcus Haward（2011）*Global Commodity Governance: State Responses to Sustainable Forest and Fisheries Certification*, London: Palgrave MacMillan.
Giddens, Anthony（1999）*Runaway World: How Globalization is Reshaping Our Lives*, London: Profile Books（=2001, 佐和隆光訳『暴走する世界――グローバリゼーションは何をどう変えるのか』ダイヤモンド社).

Gulbrandsen, Lars H.（2010）*Transnational Environmental Governance: The Emergence and Effects of the Certification of Forests and Fisheries*, Cheltenham and Northampton: Edward Elgar.

Harada, Kazuhiro and Wiyono（2014）"Certification of a Community-based Forest Enterprise for Improving Institutional Management and Household Income: A Case from Southeast Sulawesi, Indonesia," *Small-scale Forestry* 13(1), 47-64.

Jaffee, Daniel（2007）*Brewing Justice: Fair Trade Coffee, Sustainability, and Survival*, Berkeley, Los Angeles and California: University of California Press.

Macqueen, Duncan（2008）"Distinguishing Community Forest Products in the Market: Industrial Demand for a Mechanism That Brings together Forest Certification and Fair Trade," *IIED Small and Medium Forestry Enterprise Series* No.22, Edinburgh: IIED.

Markopoulos, Matthew D.（2003）"The Role of Certification in Community-based Forest Enterprise," Errol Meidinger, Christopher Elliot and Gerhard Oesten eds., *Social and Political Dimensions of Forest Certification*, Forstbuch: Ramagen-Oberwinter, 105-130.

Molnar, Augusta（2003）*Forest Certification and Communities: Looking forward to the Next Decade*, Washington, D.C.: Forest Trends.

Murray, Douglas, Laura T. Raynolds and Peter L. Taylor（2003）*One Cup at a Time: Poverty Alleviation and Fair Trade Coffee in Latin America*, Colorado: Colorado State University.

Nicholls, Alex and Charlotte Opal（2005）*Fair Trade: Market-driven Ethical Consumption*, London: Sage Publications（=2009, 北澤肯訳『フェアトレード——倫理的な消費が経済を変える』岩波書店）.

Polanyi, Karl（2001）*The Great Transformation: The Political and Economic Origins of Our Time*, Boston: Beacon Press（=2009, 野口建彦・栖原学訳『大転換——市場社会の形成と崩壊』東洋経済新報社）.

Slob, Bart（2006）"A Fair Share for Coffee Producers," FLO, IFAT, NEWS! and EFTA eds., *Business Unusual: Successes and Challenges of Fair Trade*, Brussels: Fair Trade Advocacy Office, 121-139（=2008, 北澤肯監訳,「コーヒー生産者へフェアな利益の分配を」FLO, IFAT, NEWS! and EFTA編『これでわかるフェアトレードハンドブック——世界を幸せにするしくみ』合同出版, 175-200）.

Stewart, Jane, Dawn Robinson and Larianna Brown（2003）*Increasing FSC Certification for Small and Low Intensity Managed Forests*, Rome: FAO.（http://www.fao.org/docrep/article/wfc/xii/0984-a5.htm　2016年5月18日アクセス）

Taylor, Peter L.（2005）"In the Market But not of It: Fair Trade Coffee and Forest Stewardship Council Certification as Market-based Social Change," *World Development* 33(1), 129-147.

13章

農園農業
―― マレーシアとインドネシアのゴム農園とアブラヤシ農園

寺内大左

はじめに

　農園農業は東南アジアの生態・社会・経済に大きな影響を与えてきた。本章は東南アジアの農園農業を代表するマレーシアとインドネシアのゴム農園とアブラヤシ農園に関する既存研究を整理し、全体像を把握するとともに、地域研究の今後の課題を検討することを目的としている。[1]

　農園（プランテーション）と聞くと、企業による大規模かつ集約的な農業をイメージしがちだが、経済活動の一分野として定義される農園部門は、作物で定義されている。「食糧作物」に対して「農園作物」と呼ばれる一群の作物群があり、その生産と現地での一次加工までを含めて農園部門と呼んでいる。そのため企業の大規模農園のみならず、小規模農家（以下、小農）の小規模農園（以下、小農農園）も農園農業に含まれる（永田 2016, 16）。

　2012年のマレーシア、インドネシアにおけるゴム農園面積、アブラヤシ農園面積は表13-1に示すとおりである。ゴム生産はマレーシア、インドネシアともに企業農園から始まったが、現在は小農のゴム生産が主役である。ゴム農園に関しては、小農ゴム生産の実態を次節で説明する。アブラヤシ農園開発はマレーシア、インドネシアともに政府の移住・入植事業とセットで実施された歴史を持ち、入植者の農園も存在する。アブラヤシ農園に関しては、次々節において企業農園、入植農園、小農農園に分けてその実態を説明する。

---

1) 本章のゴム農園とはパラゴムノキ（*Hevea brasiliensis*）の農園のことを指し、アブラヤシ農園とはギニアアブラヤシ（*Elaeis guineensis*）の農園のことを指す。

表13-1　2012年のマレーシア、インドネシアのゴム、アブラヤシ農園面積*

(ha)

	マレーシア		インドネシア	
	企業農園	小農農園	企業農園	小農農園
ゴム	65,900（6%）	993,800（94%）	528,283（15%）	2,977,918（85%）
アブラヤシ**	3,091,407（61%）	1,946,552（39%）	5,435,095（57%）	4,137,620（43%）

注1：*マレーシアのアブラヤシ農園の資料は東京大学名誉教授・加納啓良氏から提供していただいた。
　2：**アブラヤシの小農農園には入植事業の入植農園と小農が造成した小農農園の両方を含んでいる。
出所：DSMOP（2015, 131）、MPOB（2013）、DJPKP（2014a, 3）、DJPKP（2014b, 4）より。

I　小農ゴム生産の世界

1910年頃にゴムの価格は急上昇した。半島マレーシアとスマトラ島北部の地元住民は企業のゴム農園からゴムノキの種子を取得し、自らゴム農園を造成した。中国商人、キリスト教布教者、地方政府によってゴムノキの種子が普及され、マレーシア、インドネシアの広い領域で地元住民のゴム生産が行われるようになる（田中 1990, 271-273; Penot 2004, 222）。小農のゴム生産の受容の仕方は、スマトラ島丘陵地帯やボルネオ島などの焼畑民と、半島マレーシアやスマトラ島北部などの水田・畑作耕作民とで異なる。以下、それぞれ説明する。

1　焼畑地域における小農ゴム生産
（1）　焼畑農業に取り込まれるゴムノキ

ゴムノキは焼畑農業の中にうまく組み込まれていった。焼畑民は森林を伐り開き、火入れをしたのち、陸稲や野菜などの食料作物を植えると同時にゴムノキも植栽する。ゴムノキ植栽後の1～2年間、ゴムノキの間で食料作物生産が継続される。ゴムノキが成長し、林床に日射が入りにくくなると食料作物の栽培をやめ、ゴム樹液の採集が開始される5～10年後まで放置される。肥料や農薬を使用する管理は行われない。ゴムノキは焼畑二次林の回復過程で他の樹木と一緒に育つことになる。天然更新した有用樹（果樹や用材樹種など）も管理され、ゴムノキや有用樹と競合する樹木のみが除去され

る。15〜25年間、ゴムの採集を継続することができる。ゴム農園からは果実、用材、薪、薬草、野生動物など、さまざまな林産物が収穫可能である。収穫されたゴムは仲買人に販売される。ゴムノキが老齢になりゴム樹液の生産量が減ると、その老齢ゴム農園で焼畑を行い、ゴム農園を再造成することも可能である（田中 1990, 273; Barlow and Muharminto 1982, 90-91; 寺内他 2010, 250; Gouyon et al. 1993, 186-187, 191-192; Penot 2004, 222-224）。以下、この土地利用方法を焼畑・ゴム生産システムと呼び、多様な有用樹で構成され、労働・資材（肥料、農薬）投入量の低い粗放な生産方法が採用されるゴム農園を伝統的ゴム農園と呼ぶこととする。2001年にインドネシアには約300万haのゴム農園が存在したが、そのうち約250万haが伝統的ゴム農園だと推測されている（Penot 2004, 246）。

(2) ゴム農園開発事業に対する焼畑民の対応

インドネシア政府は1979年からUPP（Unit Pelaksana Proyek：プロジェクト実行組織）方式の小規模農園開発事業（以下、UPP事業）を通して、二次林や荒廃地、上述の伝統的ゴム農園のような小農農園を、単一の農園作物で構成され、労働・資材投入量の高い集約的な生産方法が採用される近代的農園に再生しようとしてきた。輸出用農林作物生産による外貨獲得、地元住民の収入向上、そして、定着農園農業を普及させ、焼畑をやめさせることで森林破壊を抑止することを目的としている。UPP方式のゴム農園開発事業の場合、高収量苗、未収穫期間の肥料と農薬などが無償、もしくはクレジットで提供される。植栽6年後の収穫開始と同時に毎月クレジットを返済するというシステムである。筆者の調査事例をもとに東カリマンタン州西クタイ県の焼畑民の対応を紹介しよう。[2]

焼畑民はゴム農園開発事業を活用し、近代的ゴム農園を造成した。収入が向上し、食料を購入するようになり、焼畑をやめる人が村の半数近くに達した。一方で、半数近い人は焼畑二次林で盛んに焼畑を行い、焼畑跡地に儲かるゴム農園を伝統的な方法で造成した。政府の目的どおりに焼畑が減少する

2）詳しくはTerauchi and Inoue（2011）を参照のこと。

一方で、目的に反して焼畑が増加するようにも作用したのであった。

　焼畑民はUPP事業が終了すると、経済的制約もあり、肥料・農薬を使用しなくなった。また、従来どおりの伝統的な方法でゴム農園を造成するようになった。ただし、ゴムノキを格子状に植栽するようになり、事業の技術指導を部分的に取り込んでいた。興味深いことに、事業を通して造成した近代的ゴム農園の中に果樹やキャッサバなどを植え直す人が出現していた。同様の現象が西カリマンタン州の農園開発事業地でも報告されている（Penot 2004, 235-237）。日常生活の利便を考えると近代的ゴム農園よりもさまざまな林産物を収穫できる伝統的ゴム農園の方が村人に選好されるようである。

　また、ゴム農園の拡大に伴って、特定の人（ゴム仲買人、教師など）が小農からゴム農園を購入し、農園を集積するようになっていた。スマトラ島でも同様の現象が確認されている（Gouyon et al. 1993, 196; 宮本 2006）。

(3)　伝統的ゴム農園の機能と課題

　近代的ゴム農園と比較して、研究者は伝統的ゴム農園に以下のような利点を見出してきた。

　1つ目は、焼畑とゴム生産は統合された土地利用システムであるという点である。焼畑の過程でゴム農園が造成され、特別な資材・労働投下はほとんど必要ない（Penot 2004, 224）。また、ゴム収穫は焼畑労働に従事しない時に断続的に行うことが可能なので労働の競合が少ない（Dove 1993, 139-141）。そして、ゴム未収穫期の数年間は食料生産が可能で、食料生産できない焼畑休閑期の約20年間はゴム生産が可能である。老齢ゴム農園で再び焼畑をする頃には十分な休閑期間に達しており、土壌の肥沃度が保たれる。持続的な土地利用システムであると言える（Terauchi and Inoue 2011, 82）。

　2つ目は、自給経済と市場経済の組み合わせが可能で、市場価格および自然の変化に柔軟に対応できる点である。ゴム価格の低下時には食料生産に従事し、ゴム価格の上昇時にはゴム生産に精を出すという対応がとられてきた（田中 1990, 274）。また、天候不順などで焼畑を失敗した時、ゴム収穫の収入で食料を購入することができる（Dove 1993, 144）。さらに、ゴムは腐食が進まず保存が可能なので、現金の必要時や価格上昇時に保管していたゴムを売

るという柔軟な対応も可能である（市川 2013, 103）。

3つ目は、森林景観、森林生態系の改変が少ない点である。ボルネオ島では焼畑民の伝統的ゴム農園が拡大しても森林景観が維持されている（de Jong 2001）。また、伝統的ゴム農園は森林生態系の機能を保持しており、生物多様性もある程度維持されている（Penot 2004, 225-226; Gouyon et al. 1993, 187-191）。

4つ目は、多様な有用樹で構成されていることが農業経営や生活の安定に寄与する点である。普通農作物の混作の場合と同様に、病虫害や干害に対する感受性の異なる樹木を混栽することは、その危険性の分散につながると考えられている。また、樹木の多層構造が降雨による土壌の流出を防ぎ、落葉落枝の供給が土壌の肥沃度の維持に貢献している（田中 2012, 187-190）。さらに、ゴム農園からの多様な自給・販売用の収穫物は生活の安定に寄与する。

5つ目は、生理・生育特性の異なる植物が混在し、森林の複層構造が造り出されることで、熱帯の豊富な日射エネルギー、土壌水分、栄養分を効率よく吸収することができる点である（田中 2012, 187, 190-191）。近代的ゴム農園ではゴムノキ以外の植物が吸収した日射エネルギー、土壌水分、栄養分は除去され、ゴムの収量増加のために追加的なエネルギー（労働力や肥料・農薬）が投入される。一方、伝統的ゴム農園は、追加的なエネルギー投入はほとんどなく、日射エネルギー、土壌水分、栄養分を吸収した多様な植物を多様な用途で利用する。いわば省エネ農法なのである。

以上の利点を考えると、伝統的ゴム生産は遅れた農業であるという政府の認識は改める必要があるであろう。

一方で、焼畑・ゴム生産システムも問題に直面している。地域社会の市場経済化が強まり、現金収入の必要性が増す一方で（Feintrenie and Levang 2009, 329）、人口増加や移民、企業の進出によって土地の稀少化が進んでいる（Gouyon et al. 1993, 195）。世帯の農園保有面積の減少による収入減少、若齢林のゴム農園転換による労働生産性の低下、農園非保有者の出現といった問題を抱えている状況にある（Gouyon et al. 1993, 195-196）。

2 水田・畑作地域における小農ゴム生産

(1) 半島マレーシアの小農ゴム生産

　半島マレーシア農村地域の地元住民（マレー人）は谷沿いで水田耕作を行い、丘陵地の森林を伐り開き、ゴムノキの純林に近いゴム農園を造成した。屋敷内、集落周辺には自給用の果樹やココヤシの混合樹木園も造成している（Barlow 1978, 228）。農村景観は水田、集落・屋敷林、裏山（ゴム農園）という日本の里山に類似している。多様な土地利用を確保することで、市場価格および自然の変化のリスクに対応していた（Barlow 1978, 225）。

(2) 小農ゴム生産の衰退

　半島マレーシアの小農ゴム生産は、マレーシアのサバ州・サラワク州やインドネシアの小農ゴム生産とは異なる展開を見せた。1950年代にマレーシア政府は安価な合成ゴムとの市場競争に備え、高収量資材（接ぎ木・苗、肥料など）を用いた新規ゴム農園開発事業だけでなく、それらを用いた既存ゴム農園の再植・再生事業も開始した（Barlow 1978, 84-88）。さまざまな政府開発機関を通して事業が進められ、1990年までには半島マレーシアの約80％の小農がゴム農園開発・再生事業に参画し、近代的ゴム農園を造成するに至った（Penot 2004, 247）。

　そして、現在、伝統的農村ではゴム農園や水田の耕作放棄地が広がり、若者の農業離れが進んでいる。この背景には、政府の経済政策と急速な経済発展、マレー人の農業に対する意識が影響している。1971年から始まる新経済政策によって、工業部門の成長が軌道に乗り、若年層を中心にマレー人の都市部における非農業部門での就労が進んだ。マレー農村の年配の親たちは子供たちが農業以外の高所得の職業に就くことを望み、若者も屋外の重労働が必要な農業を嫌う傾向がある。また、マレー人には農業経営を子孫に継承するという意識が存在しない。マレー人にとって、土地は宝飾品や建物と同じ資産の一部であり、慣習法とイスラム法に則り、子供たちに平等に分割相続される。そのため農業経営が成り立たないレベルにまで土地が細分化されている。半島マレーシアの農村地域では、小農の農業そのものが衰退傾向にある（永田 2009, 208-212）。

II アブラヤシ生産の世界

1 企業のアブラヤシ生産の世界

　企業農園の経営においては、安い土地と安い労働力が重要になる。そこで、アブラヤシ農園開発フロンティアの歴史的展開を概観し、農園労働者のリクルート場所の変化を確認することとする。

(1) アブラヤシ農園開発フロンティアの歴史的展開

　マレーシアのアブラヤシ農園は、植民地期から存在する半島マレーシア西海岸の農園企業が1960年代以降から既存のゴム農園をアブラヤシ農園に転換したことで拡大した。続いて、1970年代から政府開発機関であるFELDA（Federal Land Development Authority：連邦土地開発庁）が入植者のための農園開発を半島マレーシア中央部・東海岸で進め、80年代からはサバ州、サラワク州でも開発を進めた。また、80年代、90年代の経済成長の中で民間農園企業もサバ州とサラワク州、さらにインドネシアのスマトラ島とカリマンタンで農園開発を行うようになった（岩佐 2005, 40-49; 永田 2016, 21-26）。マレーシアの代表的な農園企業はフィリピンのミンダナオ島、パプアニューギニア、ベトナムにも進出するようになっている（岩佐 2005, 210）。

　インドネシアのアブラヤシ農園は、植民地期から存在するスマトラ島北部の企業農園が1980年頃からゴムノキなどの既存農園をアブラヤシに転換したことで拡大した（加納 2014, 194）。80年代後半まで国営農園企業が農園開発を主導したが（加納 2014, 197）、インドネシアでも80年代、90年代の経済発展の中で民間農園企業の農園開発が活発化する（永田 2016, 24-26）。この時期、企業の単独農園開発だけでなく、企業農園と入植農園をセットにした政府のPIR（Perusahaan/Perkebunan Inti Rakyat：民衆・中核企業／農園）方式の農園開発事業（以下、PIR事業）も実施された（永田 2016, 32）。農園開発フロンティアはスマトラ島北部からスマトラ島中部、南部、そして、カリマンタンへと移り、さらにスラウェシ、パプアへと外延的に拡大している（永田 2016, 26; 加納 2014, 194-196）。

　農園適地を求める開発の外延的拡大の一方で、すでに広大なアブラヤシ農

園が存在するスマトラ島リアウ州などでは、2000年半ばには農園に適した丘陵地は不足し、農園に不適な山岳地や泥炭湿地林にまで開発が及んでいる状況にある（永田 2016, 32）。また、農園放棄地や非集約的な既存農園を土地生産性向上のために再整備するといった内包（内延）的拡大も確認されるようになっている（Nagata and Arai 2013, 91-92; 永田 2016, 40）。

（2）　農園労働者のリクルート場所の変化

マレーシアの企業農園の労働者はインド人が多かったが、現在、インドネシア人労働者が増加し、企業農園の労働力の60％以上を占めるに至っている。不法就労のインドネシア人もおり、不安定な立場から低賃金かつ従属的な社会関係の中で労働に従事している（Cramb and Curry 2012, 232-233）。さらに、インドネシア人労働者のリクルート費用の増加を受け、バングラデシュやフィリピンのミンダナオ島から労働者をリクルートするようにもなっている（Cramb and Curry 2012, 237; 岩佐 2005, 208）。

マレーシア、インドネシアの農園で働くインドネシア人移住労働者は、ジャワ島の中の人口稠密・貧困地域出身であったり、インドネシア東部の貧困地域出身の人々である（Cramb and Curry 2012, 233）。マレーシアの企業農園で働くインドネシア人は、高い費用と不法就労というリスクを顧みず、インドネシアよりも高い賃金レートを求めて渡航した人々である（Cramb and Curry 2012, 236）。

（3）　企業の大規模アブラヤシ農園開発の功罪

企業農園の拡大によって環境問題が引き起こされてきた。熱帯林がアブラヤシ農園に転換され、地球温暖化の原因である温室効果ガスが放出されている。また、熱帯林で育まれてきた生物の多様性が減少している（Sheil et al. 2009, 21-34）。

また、社会的な問題も報告されてきた。第1に地元住民の慣習地の収奪の問題をあげることができる。企業の開発に反対運動を起こした地元住民が農園企業、警察、軍隊に暴力的に抑圧され、死傷者が出てきた。また、森林資源に依存する地元住民は伝統的な生業、知識、文化、価値観の変化を余儀な

くされている。農薬や搾油工場の廃水によって生活用水が汚染された地域もある。企業農園内の農園労働では、仕事にノルマが課され、ノルマ未達成の場合は減給が課される場合もある。農薬による労働者の健康被害、女性労働者への性的嫌がらせなどの問題も報告されてきた（Marti 2008; 岡本編 2002）。

以上のような問題の一方で、企業農園の拡大によって外貨獲得や雇用拡大が進み、マレーシア、インドネシアの経済成長に大きく貢献している側面もある（岩佐 2005, 38-40; 林田 2007; 加納 2014, 197）。インドネシアではPIR事業のプラズマ農園（次項で詳述）の獲得に期待して地元住民が企業の農園開発を歓迎するようにもなっている（Feintrenie et al. 2010, 389; Rist et al. 2010, 1013）。

2　入植者のアブラヤシ生産の世界

アブラヤシ農園開発関連の入植事業の代表として、マレーシアのFELDA入植事業（主に半島マレーシアの事例）とインドネシアのPIR事業を説明する。

(1)　FELDA入植事業の歴史的展開と入植者の反応[3]

FELDA入植事業は半島マレーシア農村地域のマレー人の貧困解消を目的に1957年から開始された。当初はゴムノキが主要農園作物で、個人分割方式が採用されていた。初期には入植者が自力開墾していたが、1960年代末までにはFELDAの請負業者が土地開墾を実施するようになる。ゴムノキ植栽後に入植者が移住し、入植者が農園の管理・収穫作業を行う。収穫物は全てFELDAの加工工場に出荷し、毎月の出荷量と価格で入植者への支払額が算出される。この時、借入金（入植者の農園造成費用、未収穫期の生計手当てなど）とFELDAから借りた生産資材や輸送費といった諸経費を差し引き、残った金額が手取り金となる。借入金の完済後、入植者は土地証書を取得するという方式である。

1970年頃からアブラヤシが主要作物になった。アブラヤシの果房（実のなった房）は収穫後24時間以内に搾油しなければ、パーム油（実から搾られた油）の質が劣化してしまう。この制約から組織的かつ大規模な生産が必要に

3）　本小項は断りがない限り、岩佐（2005, 96-143, 181-208）から引用している。

なり、ブロック・システム方式が開始された。入植者20〜25人のブロックを編成し、60〜80haの農園で、協働で管理、収穫、出荷を行う。収入はブロック単位で算出され、各個人に平等分配される。借入金返済後の土地所有権は個人にではなく、入植者達の協同組合に与えられるという方式である。

1980年代以降の工業化と都市化の中で、入植者第2世代は都市部で就労するようになった。また、ブロック・システム方式導入によって入植者の生産意欲が低下し始めた。こうして労働力確保と生産性向上のために1985年からシェア・システム方式が開始された。これは入植者の各農作業に定額賃金やボーナスを支払い、入植後最低3年、もしくは総費用返済に相応する年数労働することで4ha相当の農園持分権を賦与し、持分権に応じた配当金を支払うというものである。農園開発コストの完済後には土地証書ではなく、持分権証明書が交付される。

FELDA入植事業の目的は集約的な農園生産を行う自立農家を創出し、貧困を解消することであった。しかし、上述のように入植者の労働と土地の処分権に対する支配を強め、入植者の雇用労働力化と土地所有権付与の中止という当初の目的（自立農家の創出）に反する方向に生産方式を転換してきた。これに対して入植者は協同組合からの脱退、外部業者への収穫物の販売、デモ、ストライキなどを行った。最終的に、1988年にブロック・システム方式とシェア・システム方式は撤廃され、個人分割方式に戻ることになった。

1990年代以降は都市周辺の入植地で、土地証書を取得した入植者が農園を工業団地に転換したり、FELDAから独立するようになった。入植者の子供世代は入植農園での労働を希望しておらず、入植農園と入植者が徐々に減少し始めた。また、インドネシア人が入植農園で労働するようになり、入植者の地主化が進んでいる（Cramb and Curry 2012, 228, 233）。入植者のアブラヤシ生産は衰退している状況にある。

（2） PIR事業の歴史的展開と事業参加農家の反応

PIR事業の目的は農園企業の協力のもとで人口希薄地域（主にスマトラやカリマンタン）に新たな経済圏と集約的な農園生産を行う自立農家を創出することであった。スハルト政権時代（1967〜1998年）は主に人口稠密地域（主

にジャワ）の人々を事業地に移住させていたが、政権崩壊以降は事業地周辺の地元住民の事業参加がメインになっている[4]。

　事業への参加企業は自社の企業農園（以下、中核農園）と搾油工場、そして、事業参加農家のための農園（以下、プラスマ農園）を造成する。プラスマ農園は収穫期に達するまで管理され、収穫期に達した段階で参加農家に2 haずつ分譲される。管理作業は参加農家個人で行われるが、収穫日は農民グループ（約25人／グループ）で合わせ、契約企業の搾油工場に共同出荷する。毎月の出荷量と価格で支払額が算出される。借入金（プラスマ農園造成費用など）返済として30％分が差し引かれ、残った金額が農民集団を束ねる協同組合に支払われる。協同組合で参加農家が借りた生産資材や輸送費といった諸経費を差し引き、残った金額が各参加農家の収穫量に応じて分配される。借入金を完済すると銀行に担保していた土地証書が農家に返還される（河合 2011, 52-53; 寺内 2011a, 44-45）。

　PIR事業は1977年に始まり、海外援助機関の融資金を主に使用し、国営農園企業が主導したPIR-BUN（1981〜1993年）、移住政策とセットになったPIR-TRANS（1986〜1998年）、銀行が協同組合に融資するPIR-KKPA（1995〜1999年）が全国的に実施され、2006年には企業がプラスマ農園を一元管理するPIR-PSM（2006年〜）が考案された（河合 2011, 54）。PIR-PSMは一部の地域で試みられている現状にある。中核農園とプラスマ農園の開発面積の比率はPIR-BUNで2対8、PIR-TRANSで4対6へと変化し、2007年第26号農業大臣規則以降は、PIR事業を採用していない企業も対象に含め、8対2の比率が適用されている。また、PIR-BUN、PIR-TRANS、PIR-KKPAまでは参加農家にプラスマ農園が分譲されていたが、不適切な作業による低生産性という問題に直面することになった。そこでPIR-PSMでは企業がプラスマ農園も管理・収穫し、売り上げを参加農家と分収するという方式が採用されている。参加農家の受取額の30％は借入金の返済にあてられ、完済すると銀行に担保していた土地証書が農家に返還される。参加農家は企業の雇用労働者として

4）　地元住民も参加していることから、PIR事業では「入植者」、「入植農園」ではなく「（事業）参加者／プラスマ農家」、「プラスマ農園」という用語を使用する。

働くこともできる。また、PSM方式か、従来の個人管理方式かの選択も可能である（河合 2011, 61-62）。

以上のようにPIR事業では企業に有利な中核農園とプラスマ農園の比率に変化し、参加農家を農園生産から排除、もしくは参加農家の雇用労働力化の方向へと進みつつある。FELDA入植事業と同様に近代的自立農家の創出という当初の目的から逸れ始めていると言える。

参加農家は収穫物の出荷先が契約企業の搾油工場に特定され、かつ果房収穫後早急に出荷する必要があることから必然的に契約企業に従属・依存することになる（岡本編 2002, 76）。この社会関係に起因して農園企業が参加農家の収穫物を低価格で買い取るなどの農民搾取の問題が生じてきた（加納 2014, 199; 岡本編 2002, 76）。しかし、スハルト政権崩壊（1998年）後の地方分権化・民主化の時代に入り、企業と参加農家の社会関係は変化しつつある。参加農家は借入金返済の一時停止を求めて企業にデモを行うようになったり、地方政治家も企業の意向より民意を優先するようになった（加藤 2013, 87-88）。後述のように、参加農家は契約企業の搾油工場以外に収穫物を出荷するようにもなっている。

（3） 入植事業参加者の経済・社会状況

FELDA入植者も、PIR参加者も、農園生産を通して生計を向上させ、物質的に豊かな生活を送る人が出現している（岩佐 2005, 183-185; Zen et al. 2005; 加藤 2013, 96-99; Feintrenie et al. 2010; Rist et al. 2010; 1019）。

一方で、人々の生活はパーム油の市場価格の変動に影響されるようになった。FELDA入植事業では、価格低下時に入植地からの脱走や農外収入での補填が必要になる事態が生じた（岩佐 2005, 185-189）。また、PIR事業では、80年代、90年代の果房低価格時代において、入植初期におけるアブラヤシ樹木の若齢さと参加農家の非集約的な生産方法に起因する低生産性、困難な食料自給、低収入な状況での30％の借入金返済などが理由でプラスマ農園を売却する事例が生じていた（Zen et al. 2005, 22-23; 加藤 2013, 81-82, 105）。プラスマ農園から十分な収入を獲得できず、借入金返済が困難になる参加農家も存在した（Marti 2008, 73-75）。参加農家の生計向上は協同組合長のリーダー

シップ (Feintrenie et al. 2010, 387)、参加企業の管理能力 (Zen et al. 2005, 23) 次第であるという指摘がある。

また、プラズマ農園が外部の人（農園企業職員や公務員）に購入されていく実態が報告されていたり（加藤 2013, 103-107）、同じ事業参加者の中でもプラズマ農園を売る人と買い集める人がおり、農園所有面積の格差が生じている実態も確認されている[5]。

入植者の社会生活についての研究はほとんど行われていない。出自の異なる入植者たちの社会関係、冠婚葬祭活動、伝統の継承、新たな伝統の創造の実態など検討すべき課題は多い（加藤 2013, 107-108）。

3　地元住民のアブラヤシ生産の世界
(1)　地元社会にアブラヤシ生産が浸透した背景

小農アブラヤシ農園の拡大が著しいのはインドネシアのスマトラ島とカリマンタン、マレーシアのサバ州とサラワク州である。

アブラヤシの果房は収穫後24時間以内に搾油する必要がある。搾油工場が必要になり、規模の経済性が働くことから地元住民が独自にアブラヤシ生産を開始することは困難であると考えられてきた。しかし、企業や公社による農園、搾油工場、道路の開発が進むと、搾油工場にアクセスできる地域の小農は自主的にアブラヤシ農園を造成するようになった。仲買人が出現し、小農の果房を収集し、企業の工場に出荷するようになっている。また、小農も資本を蓄え、果房運搬用のトラックを購入し、独自に出荷するようにもなっている（Cramb and Sujang 2013, 134; 永田 2009, 212-213; 加藤・祖田 2012, 32; 市川 2013, 105-106）。さらに、さまざまな政府事業を通して、生産資材（苗・肥料）の支援や生産技術の提供、さまざまな収穫物の買い取り契約のサポートが行われた（Cramb and Sujang 2013, 136-138; 河合 2011, 68-69）。そして、果房価格の上昇を受け、2000年以降、小農アブラヤシ農園が急激に拡大した。

5）　筆者の2015年2-3月に実施した東カリマンタン州の調査結果に基づく。

(2) 小農アブラヤシ生産の世界

地元社会内での小農のアブラヤシ農園所有面積にはばらつきがある。多くの世帯が数haであるが、数十ha所有する世帯もいる。一方、苗・種の購入資金や土地を準備できない小農は農園を所有できていない（Cramb and Sujang 2013, 143; 市川 2013, 108）。インドネシアではアブラヤシ農園2 ha、マレーシアのサラワク州ではアブラヤシの樹500本で基本的な生活を送れると言われている（河合 2011, 77; 加藤・祖田 2012, 33）。200〜300本のアブラヤシであれば家族労働で十分だが、500本程度になると一時的に農園労働者を雇用する必要が生じる。サラワク州ではインドネシア人労働者を雇用しているアブラヤシ小農もいる（加藤・祖田 2012, 31-32）。

生産資材に関しては、アブラヤシの苗（もしくは種）と肥料が重要である。企業農園が年間15〜21t／haの土地生産性であるのに対して、自力造成の小農農園は年間7〜12t／haと少ない。苗の品質や施肥量が生産性に影響を及ぼす重要要因と考えられている（河合 2011, 78-79, 84; Cramb and Sujang 2013, 145, 149; Zen et al. 2005, 25）。それでもアブラヤシ生産の収益性が高いことから、小農の生計は向上している（河合 2011, 77-78; Feintrenie et al. 2010, 390-395）。

利用可能な土地が豊富に存在する地域では、小農は土地生産性ではなく、労働生産性の高い土地利用を選好すると言われている。その理由は、生産の制約となるのは土地ではなく労働だからである（Feintrenie et al. 2010, 393; Rist et al. 2010, 1016）。ゴム収穫が約4回／週（1回あたり0.5人日／ha）の収穫労働であるのに対してアブラヤシ果房収穫は1回／2週間（1〜2人日／ha）で済むので、アブラヤシ生産の労働生産性は高い。ただし、労働生産性には労働の質的側面が反映されず、土地の整地と道路が整っていない地域ではアブラヤシ果房の重労働な運搬作業が必要になり、ゴム生産の方が選好される可能性があるとも指摘されている（Terauchi and Inoue 2016, 120-121）。

小農はすべての土地をアブラヤシ農園に転換せずに、ゴム農園や休閑地などの土地も保持している。ゴム価格の上昇時にはゴムの収穫を再開したり（Cramb and Sujang 2013, 148）、雨季に生産量が増えるアブラヤシ生産に精を出し、雨季に不向きなゴム生産（ゴムの樹液が収穫容器から流れ出てしまう）を

乾季に行ったり（Feintrenie et al. 2010, 391）、リーマンショック（2008年）の影響でアブラヤシ果房とゴムの価格が低下した時には、休閑地を再整備し、水稲生産を再開している事例が報告されている（Feintrenie et al. 2010, 392）。アブラヤシ生産に従事するかたわら、アブラヤシ生産関連の雇用労働（他人の農園での労働など）や都市の雇用労働にも従事している事例もある（Cramb and Sujang 2013, 147-148; 加藤・祖田 2012, 33）。主要な生計手段はアブラヤシ生産になったが、その他の生計手段も状況に応じて選択されているのである。

（3） 半島マレーシアの小農アブラヤシ生産

　1980年代以降、半島マレーシア農村地域の地元住民も収益性の高さからアブラヤシ農園を造成するようになった。しかし、農園造成資金の調達が困難であったり、十分な保有地がなく、既存の収入源であるココヤシ園、ゴム農園を転用するとアブラヤシ未収穫期間（3～4年）の生活が困難になるという難しさを抱えている。また、都市の雇用機会の増大によって、若者がそもそも農業に魅力を感じていない状況にある。アブラヤシ生産の浸透によって、ある程度耕作放棄地の拡大に歯止めがかかったものの、農業地域として再生までには至っていない。一方で、資本を有する華人や一部のマレー人有力者は、土地を集積し、数十haのアブラヤシ農園でインドネシア人労働者を雇用するという企業的経営を行うようになっている（永田 2009, 213-215）。

III　今後の地域研究の課題

　アブラヤシ農園が拡大しているインドネシア（特に焼畑地域）を念頭に、筆者が必要と考える今後の地域研究の課題を説明する。

1　農村・農業の発展の方向性

　上述のように、焼畑地域では現金収入の必要性が増す一方で、土地の稀少化が進み、収入減少などの問題を抱えている。今後、どのような農村・農業の発展の方向性を考えることができるのだろうか？
　河合・井上（2010）と河合（2011）は、地域発展戦略としてPIR事業を採用

し、大規模な中核（企業）農園・プラズマ農園の開発を通した土地利用・社会システムの「完全な産業化」の道と、改良版のUPP事業を採用し、企業農園を伴わない形で伝統的土地利用の部分的集約化を図る「緩やかな産業化」の道を提示した。そして、両者を比較し、企業への従属や大規模な土地収用とモノカルチャー化を回避し、既存の自然・生業・社会を維持しながら収入向上を図ることができる「緩やかな産業化」を推奨している。

一方、de Jong（1997）は、PIR事業、UPP事業のいずれも採用せず、伝統的な焼畑・農園生産システムを発展させることを提唱している。この方向性に即した具体的な方策として、近代的ゴム生産技術（高収量接ぎ木と集約的な管理）と伝統的ゴム生産技術（低収量の苗と粗放な管理）の中間技術（改良苗と粗放な管理）の開発が提唱されてきた（Gouyon et al. 1993, 198-202; de Jong 1997, 195; Penot 2004, 239-241）。中間技術なら小農にとって資金・労働面での抵抗や失敗リスクが低く、伝統的ゴム農園の有する機能を維持しながら、収入向上を図ることができる。また、効果的なアグロフォレストリー技術（作物・樹木の組み合わせ方や植栽比率、最適労働・資材投下量など）の開発も検討されてきた（Penot 2004, 239-241; Gouyon et al. 1993, 198-202）。Penot（2004, 240-244）は、伝統的ゴム農園における効果的な有用樹の組み合わせは近代的ゴム農園より高い経済性を有すると報告している。このような中間技術、効果的なアグロフォレストリー技術の開発は小農アブラヤシ生産においても検討される価値があるであろう。現場ではアブラヤシ生産と牧畜業のアグロフォレストリーなど、さまざまな取り組みが始まっている状況にある（寺内 2011b, 36-38; Zen et al. 2005, 26-27）。

農村の発展は社会的側面からも検討する必要がある。ゴム農園、アブラヤシ農園が地元社会に拡大していく中で、特定の人、特に外部者や農家外の人による農園の集積が進んでいた。伝統的な先住民社会では民族固有の社会階層が農園所有面積の格差に影響する可能性もある（加藤・祖田 2012, 34）。地域社会における農園所有面積や所得の格差拡大は貧困の悪化などの社会問題として捉えられがちだが（宮本 2006）、地域社会内における富の再分配の実態や格差の社会的承認・非承認の実態も含め、土地の集積、格差拡大の社会的意味を地域住民の視点から明らかにすることが必要であろう。

既存研究はどちらかというと伝統的な農業・社会システムを重視してきた。しかし、高い教育を受けて農業以外の高収入な職業に就くことや都市的な生活を望む小農がいることも事実である（Feintrenie et al. 2010, 395; 市川 2013, 116; 永田 2009, 211）。収入増加による教育レベルの向上によって、都市化（農外就労人口の増加）に向かう農村もあれば（Feintrenie et al. 2010, 395）、若者が都市に流出し、過疎や耕作放棄地が拡大する農村もある（市川 2013, 112-118; 永田 2009, 210-212）。また、都市生活者との関わりの中で農村のアブラヤシ生産が展開している事例もある（加藤・祖田 2012, 34）。都市化、過疎化、農村－都市の関わりも視野に入れたうえで、農村・農業の発展を検討する必要がある。

2　アブラヤシ産業の新たな展開

　アブラヤシ産業に関する今後の重要な研究課題として、(1) 小農のアブラヤシ生産のローカリゼーション、(2) 内発的なアブラヤシ産業の可能性、(3) アブラヤシ産業の複雑化、(4) パーム油認証制度の影響、を説明する。

(1)　小農のアブラヤシ生産のローカリゼーション

　現在、焼畑地域では小農によるアブラヤシ生産が広がっている。ゴムノキが焼畑農業の中に取り込まれて焼畑・ゴム生産システムとなったように、アブラヤシも焼畑農業に取り込まれて焼畑・アブラヤシ生産システムとして実践されているのか、それとも企業農園のミニチュア版（近代的農園）として拡大しているのか、その実態は十分明らかにされていない（田中 2012, 186）。伝統的ゴム農園の機能（第Ⅰ節1の (3)）の実態から明らかなように、この課題は今後の焼畑地域の生態、経済、社会のあり方に関わる重要な課題である。

　アブラヤシ生産のローカリゼーションは農業実践のみならず、地域の流通構造からも検討する必要がある。小農のアブラヤシ生産が拡大したのは、仲買人や果房収集企業の出現によるところが大きい。小農－仲買人・収集企業－搾油工場の取引関係・取引論理の実態、取引ネットワークが出現・消滅、発展・衰退する動態をゴムやその他農林産物の事例との比較の中で解明し、

アブラヤシ生産のローカリゼーションの実態を検討する必要がある。

(2) 内発的なアブラヤシ産業の可能性

スハルト政権時代は地元住民の意向を無視して企業の農園開発が進められた。しかし。スハルト政権崩壊後に民主化が進み、地元住民が企業に意見し、交渉するようになった（永田・新井 2006, 56-57）。NGOの活動も活発化し、先住民の権利侵害と森林破壊の実態を国際社会に告発することで、国際金融機関、農園企業、政府の行動に影響を与えるようになってきている（Anderson 2013）。また、地方分権化も進められ、地方（県）政府が地元住民のための農園開発政策を独自に実施するようになっている（永田・新井 2006, 58-59）。スマトラ島の大部分では、スハルト政権時代に外発的にアブラヤシ産業が導入され、徐々に「土着化」していくプロセスを経たが（Nagata and Arai 2013, 89-91; 永田 2016, 39-40）、地方分権化・民主化以降に農園開発が始まる地域では、地元住民、企業、NGO、地方政府が協働し、住民のニーズを取り込んだ内発的なアブラヤシ産業の展開が可能な状況にある。

住民のニーズに対応した事業立案のためには、まず地域住民の農園開発に対する認識や対応を明らかにする研究が求められる。また、FELDA入植事業、PIR事業に参加した農家の対応や経験を明らかにする研究も事業立案に重要な示唆を提供するであろう。このような視点に基づく既存研究は寺内他（2010）や増田（2009）に限られており、今後の研究蓄積が求められる。

(3) アブラヤシ産業の複雑化

スハルト政権時代は中核農園／プラスマ農園－搾油工場の関係が大部分を占め、組織的かつ計画的な農園生産によって、搾油工場に必要な果房を安定供給できる体制が整っていた。農園では証書付きの苗が使用され、品質の良い果房が24時間以内に搾油工場に供給できる体制にあった。しかし、スハルト政権崩壊以降は、アブラヤシ生産に関与するアクターが多様化し、上述の産業構造が変化しつつある。小農アブラヤシ農園が増加し、自社農園では必要な果房を調達できない民間搾油工場が出現したり、小農の果房を仲買する果房収集企業や小規模な果房仲買人も出現している。借入金を完済したプラ

スマ農家だけでなく、未完済のプラスマ農家も契約企業の搾油工場ではなく、価格のよい果房収集企業に出荷したり、価格は低いが農園で即日換金してくれる果房仲買人に販売するようになっている。また、小農は証書なしのアブラヤシの苗で果房生産を行えていたり、低品質な果房（過熟な果房、未熟な果房、収穫後24時間以上経過した果房）も果房収集企業や仲買人に販売できている（注5参照）。アクターの多様化に伴う産業構造の複雑化と各アクターの生計・経営戦略の実態をより詳細に明らかにし、今後のアブラヤシ産業の展開を的確に捉える必要がある。

(4) パーム油認証制度の影響

世界のパーム油産業関係者は2004年にRSPO（Roundtable on Sustainable Palm Oil：持続可能なパーム油のための円卓会議）を組織し、持続可能な方法で生産されたパーム油を認証するようになった。インドネシア政府も独自にISPO（Indonesian Sustainable Palm Oil：インドネシアの持続可能なパーム油）認証制度を開始している。企業の農園開発と労働者調達のフロンティアは国境を越えて依然として外延的に拡大しているが、環境・社会的影響により配慮した開発、経営が求められるようになってきている。

また、上述のように産業構造が複雑化する中で、プラスマ農家と小農の生産の自由が向上したが、不適切な農業実践による低生産性と環境汚染、小農農園の無秩序な拡大による森林破壊が問題視されるようになってきた。そして、企業農園だけでなく、プラスマ農園と小農農園を対象にしたRSPO/ISPO認証制度も制定されるようになった。RSPO/ISPO認証のパーム油生産を進めたい農園企業は果房提供者であるプラスマ農園や小農農園に認証取得を促すようになっている。

今後、認証制度が企業農園、プラスマ農園、小農農園の経営に与える影響や産業構造に与える影響を明らかにしていく必要がある。

引用・参考文献

市川昌広（2013）「里のモザイク景観と知のゆくえ――アブラヤシ栽培の拡大と都市化の

下で」市川昌広・祖田亮次・内藤大輔編『ボルネオの〈里〉の環境学——変貌する熱帯林と先住民の知』昭和堂, 95-126.

岩佐和幸（2005）『マレーシアにおける農業開発とアグリビジネス——輸出志向型開発の光と影』法律文化社.

岡本幸江編（2002）『アブラヤシ・プランテーション　開発の影——インドネシアとマレーシアで何が起こっているか』日本インドネシアNGOネットワーク（JANNI）.

加藤剛（2013）「商業作物中心の経済は何をもたらしたか——西カリマンタンの地域社会の経験から」『カリマンタン／ボルネオにおけるアブラヤシ農園拡大とその影響——生産システム・地域社会・熱帯林保護』同志社大学人文科学研究所, 52-114.

加藤裕美・祖田亮次（2012）「マレーシア・サラワク州における小農アブラヤシ栽培の動向」『地理学論集』87(2), 26-35.

加納啓良（2014）『『資源大国』東南アジア——世界経済を支える「光と陰」の歴史』洋泉社.

河合真之（2011）『地域発展戦略としての「緩やかな産業化」の可能性——インドネシア共和国東カリマンタン州を事例として』東京大学大学院農学生命科学研究科・博士論文.（http://repository.dl.itc.u-tokyo.ac.jp/dspace/bitstream/2261/52019/1/kawai_ah23.pdf. 2013年9月20日アクセス）

河合真之・井上真（2010）「大規模アブラヤシ農園開発に代わる『緩やかな産業化』の可能性——東カリマンタン州マハカム川中上流域を事例として」『林業経済』63(7), 1-17.

田中耕司（1990）「プランテーション農業と農民農業」高谷好一編『東南アジアの自然』弘文堂, 247-282.

田中耕司（2012）「樹木を組み込んだ耕地利用——作物の時空間配置から熱帯の未来可能性を考える」柳澤雅之・河野泰之・甲山治・神崎護編『地球圏・生命圏の潜在力——熱帯地域社会の生存基盤』京都大学学術出版会, 173-196.

寺内大左（2011a）「東カリマンタンにおけるアブラヤシ生産最前線（1）」『海外の森林と林業』80, 41-46.

寺内大左（2011b）「東カリマンタンにおけるアブラヤシ生産最前線（2）」『海外の森林と林業』81, 36-41.

寺内大左・説田巧・井上真（2010）「ラタン，ゴム，アブラヤシに対する焼畑民の選好——インドネシア・東カリマンタン州ベシ村を事例として」『日本森林学会誌』92(5), 247-254.

永田淳嗣（2009）「半島マレーシアにおける農業の空洞化」春山成子・藤巻正巳・野間晴雄編『東南アジア（朝倉世界地理講座——大地と人間の物語　第3巻）』朝倉書店, 208-215.

永田淳嗣（2016）「インドネシア・リアウ州のアブラヤシ産業の構造変化」『インドネシア・リアウ州のアブラヤシと煙害——グローバル化が促す農園企業・小農の行動とその帰結』同志社大学人文科学研究所, 14-42.

永田淳嗣・新井祥穂（2006）「スマトラ中部・リアウ州における近年の農園開発——研究の背景と方法・論点」『東京大学人文地理学研究』17, 51-60.

林田秀樹（2007）「インドネシアにおけるアブラヤシ農園開発と労働力受容——1990年代

半ば以降の全国的動向と北スマトラ・東カリマンタンの事例から」『社会科学』79, 83-108.

増田和也（2009）「開発と『村の仕事』――スマトラ、プタランガン社会におけるアブラヤシ栽培をめぐって」信田敏宏・真崎克彦編『東南アジア・南アジア 開発の人類学（みんぱく 実践人類学シリーズ6）』明石書店, 229-262.

宮本基杖（2006）「インドネシア・スマトラ島のゴム栽培農村における熱帯林転換と土地所有格差の関係および格差拡大の要因」『日本森林学会誌』88(2), 79-86.

Anderson, Patrick (2013) "Free, Prior, and Informed Consent? Indigenous Peoples and the Palm Oil Boom in Indonesia," Oliver Pye and Jayati Bhattacharya eds., *The Palm Oil Controversy in Southeast Asia: A Transnational Perspective*, Singapore: Institute of Southeast Asian Studies, 244-257.

Barlow, Colin (1978) *The Natural Rubber Industry: Its Development, Technology, and Economy in Malaysia*, Kuala Lumpur: Oxford University Press.

Barlow, Colin and Muharminto (1982) "The Rubber Smallholder Economy," *Bulletin of Indonesia Economic Studies* 18(2), 86-119.

Cramb, Rob A. and George N. Curry (2012) "Oil Palm and Rural Livelihoods in the Asia–Pacific Region: An Overview," *Asia Pacific Viewpoint* 53(3), 223-239.

Cramb, Rob A. and Patrick S. Sujang (2013) "The Mouse Deer and the Crocodile: Oil Palm Smallholders and Livelihood Strategies in Sarawak, Malaysia," *The Journal of Peasant Studies* 40(1), 129-154.

de Jong, Wil (1997) "Developing Swidden Agriculture and the Threat of Biodiversity Loss," *Agriculture, Ecosystems and Environment* 62(2-3), 187-197.

de Jong, Wil (2001) "The Impact of Rubber on the Forest Landscape in Borneo," Arild Angelsen and David Kaimowitz eds. *Agricultural Technologies and Tropical Deforestation*, Wallingford, Oxon, UK: CABI Publishing, 367-381.

Department of Statistics Malaysia, Official Portal (DSMOP) (2015) *Statistics: Time Series Data: Rubber*, Malaysia: Department of Statistics. (https://www.statistics.gov.my/dosm/uploads/files/ 3 _Time%20Series/Malaysia_Time_Series_2015/10Getah.pdf Accessed 1 July 2016)

Direktorat Jenderal Perkebunan, Kementerian Pertanian (DJPKP) (2014a) *Statistik Perkebunan Indonesia :2013-2015 Karet*, Jakarta：Direktorat Jenderal Perkebunan. (http://ditjenbun.pertanian.go.id/tinymcpuk/gambar/file/statistik/2015/KARET%202013%20-2015.pdf Accessed 1 July 2016)

Direktorat Jenderal Perkebunan, Kementerian Pertanian (DJPKP) (2014b) *Statistik Perkebunan Indonesia :2013-2015 Kelapa Sawit*, Jakarta：Direktorat Jenderal Perkebunan. (http://ditjenbun.pertanian.go.id/tinymcpuk/gambar/file/statistik/2015/SAWIT%202013%20-2015.pdf Accessed 1 July 2016)

Dove, Michael R. (1993) "Smallholder Rubber and Swidden Agriculture in Borneo: A Sustainable Adaptation to Ecology and Economy of Tropical Forest," *Economic Botany* 47(2), 136-147.

Feintrenie, Laurène and Patrice Levang (2009) "Sumatra's Rubber Agroforests: Advent, Rise and Fall of a Sustainable Cropping System," *Small-scale Forestry* 8(3), 323-335.

Feintrenie, Laurène, Wan K. Chong and Patrice Levang (2010) "Why Do Farmers Prefer Oil Palm? Lessons Learnt From Bungo District, Indonesia," *Small-scale Forestry* 9(3), 379-396.

Gouyon, Anne, Hubert de Foresta and Patrice Levang (1993) "Does 'Jungle Rubber' Deserve its Name? An Analysis of Rubber Agroforestry Systems in Southeast Sumatra," *Agroforestry Systems* 22(3), 181-206.

Malaysian Palm Oil Board (MPOB) (2013) *Malaysian Oil Palm Statistics 2012*, Bandar Baru Bangi: Economics & Industry Development Division, Malaysian Palm Oil Board.

Marti, Serge (2008) *Losing Ground: The Human Rights Impacts of Oil Palm Plantation Expansion in Indonesia*, London, UK: Friends of the Earth, Edinburgh, UK: Life Mosaic and Bogor: Sawit Watch. (http://www.foei.org/en/resources/publications/pdfs/2008/losingground.pdf/view. Accessed 20 September 2013)

Nagata, Junji and Sachiho W. Arai (2013) "Evolutionary Change in the Oil Palm Plantation Sector in Riau Province, Sumatra," Oliver Pye and Jayati Bhattacharya eds., *The Palm Oil Controversy in Southeast Asia: A Transnational Perspective*, Singapore: Institute of Southeast Asian Studies, 76-96.

Penot, Eric (2004) "From Shifting Agriculture to Sustainable Complex Rubber Agroforestry Systems (Jungle Rubber) in Indonesia: A History of Innovation Processes," Didier Babin ed., *Beyond Tropical Deforestation: From Tropical Deforestation to Forest Cover Dynamics and Forest Development*, Paris: UNESCO and CIRAD, 221-249.

Rist, Lucy, Laurène Feintrenie and Patrice Levang (2010) "The Livelihood Impacts of Oil Palm: Smallholders in Indonesia," *Biodiversity and Conservation* 19(4), 1009-1024.

Sheil, Douglas, Anne Casson, Erik Meijaard, Meine van Noordwijk, Joanne Gaskell, Jacqui Sunderland-Groves, Karah Wertz and Markku Kanninen (2009) *The Impacts and Opportunities of Oil Palm in Southeast Asia: What Do We Know and What Do We Need to Know?*, Occasional Paper No.51, Bogor, Indonesia: CIFOR. (http://www.cifor.org/publications/pdf_files/OccPapers/OP-51.pdf Accessed 20 September 2013)

Terauchi, Daisuke and Makoto Inoue (2011) "Changes in Cultural Ecosystems of a Swidden Society Caused by the Introduction of Rubber Plantations," *TROPICS* 19(2), 67-83.

Terauchi, Daisuke and Makoto Inoue (2016) "Swiddeners' Perception on Monoculture Oil Palm in East Kalimantan, Indonesia," Tapan Kumar Nath and Patrick O' Reilly eds., *Monoculture Farming: Global Practices, Ecological Impact and Benefits/Drawbacks*, New York: Nova Science Publishers, 99-128.

Zen, Zahari, Colin Barlow and Ria Gondowarsito (2005) "Oil Palm in Indonesian Socio-economic Improvement: A Review of Options," *Oil Palm Industry Economic Journal* 6(1), 18-29.

14章

災害対応の地域研究

山本博之

はじめに——社会の流動性と「外助」

　近年、急速な経済開発と都市化によって東南アジア諸国の災害リスクが高まっている。しかも、災害は一国だけの問題ではなく、日本を含む世界の他地域にも影響を及ぼしうる。

　東南アジアを研究するうえで災害対応に着目するのは、東南アジア諸国が経済成長を遂げた結果として災害のリスクが高まり、災害対応が喫緊の課題になっているためだけではない。2004年のスマトラ島沖地震・津波を契機にインドネシア・アチェ州で内戦が終結した経験などを踏まえて、従来着手が困難だった社会の課題に災害対応の枠組みによって対応できることが明らかになり、行政、社会開発、多国間協力、民軍協力などのさまざまな分野で災害対応の枠組みによる取り組みが発展してきている。

　日本は防災・災害対応の先進国であり、東南アジアの災害対応を理解するうえでも、東南アジアの災害対応を向上させるうえでも、日本の防災・災害対応の成果の活用が期待される。ただし、日本と東南アジアでは社会の流動性などの基本条件や諸制度が異なるため、日本の防災・災害対応の経験を東南アジア社会に接合するには工夫が必要となる。

　東南アジア地域研究として災害対応研究を行うことには、東南アジアの災害対応力を向上させる方向と、災害対応を見ることで地域理解を深める方向の2つの意義があり、両者は互いに補完する関係にある。流動性の高さなどの東南アジア社会が持つ特徴は、今後の日本社会が迎える状況と重なりうるもので、東南アジアの災害対応の経験を通じて日本の災害対応を豊かにする

ことも期待される。

　このように、日本では、スマトラ島沖地震・津波を１つの契機として東南アジアを対象とする災害対応研究が発展し、「災害対応の地域研究」という研究分野が立ち上がり、従来の東南アジア地域研究の再考を促している。この背景には、京都大学東南アジア地域研究研究所が制度化してきたような、東南アジア地域研究の学際的・情報学的・方法論的な展開があった。社会科学に特化した欧米での地域研究が、日本ではそれに自然科学と人文科学を掛け合わせた形で模索されてきており、このような地域研究の日本的展開の１つが災害対応の地域研究である。

　他方で、日本以外の国では、東南アジア地域研究と災害対応研究の連携は密接ではない。日本が政府開発援助（ODA）を活用して非伝統的安全保障の領域でASEAN諸国との連携のシステムを構築し、災害対応型システムと社会の構築に寄与しているのに対し、グローバルな（あるいは東南アジアの地域的な）災害対応研究はなお萌芽段階にある。日本の東南アジア地域研究が進めてきた災害対応の地域研究が東南アジア社会との連携をさらに強め、現地語と英語で研究成果を発表することで、災害対応研究の地域間格差の克服が期待される。

　インドネシアの災害対策法が「災害」を地震や台風などの「自然災害」、原発事故や飛行機事故などの「技術災害」、戦争や暴動などの「社会災害」の３つに分けているように、「災い」に地震・津波、火山噴火、台風・水害などの自然災害のほかに戦争、病い、飢えなども含める考え方もある。ただし本章では自然災害を中心に扱い、総合的な社会現象として災害を捉える。

　本章は東南アジア地域研究として災害対応を捉えるものを中心に扱う。関連する山本（2014, 補論）のほか、文化人類学（木村 2005）や人文地理学（祖田 2015）における災害対応研究の動向も参照していただきたい。なお、東南アジアを対象とするものではないが、被災が社会にどのような文化的な影響を及ぼし、社会が文化的にどう対応するのかを扱った研究にホフマン・オリヴァー＝スミス（2006）、社会の側から防災・減災を考えるうえで基本的な概念を整理したものに矢守・渥美編著（2011）がある。

I　東南アジアと災害リスク

1　地域社会の防災力

　災害は自然現象と社会現象が絡み合った総合的な現象である。防災の分野では、例えば自然現象としての「地震」とそれによる被害としての「地震災害」のように、自然現象と災害を区別して捉える（以下、本節の記述は牧（2015）による）。地震でどれだけの被害が発生するかは、地震の強さだけでなく、そこにどれだけの人が住み社会活動が行われているか、そして建物や社会システムに地震に対するどれだけの強さがあるかによって決まる。これを式で示すならば、

　　　災害リスク＝ハザード×曝露量×脆弱性

となる。ハザード（hazard：外力）とは台風、地震、噴火といった自然現象の大きさのこと、曝露量（exposure）とは影響を受ける対象の量のこと、脆弱性（vulnerability）とは自然現象に対する地域ごとの防災力のことである。ハザードは人間のコントロール外にあるため、災害リスクを減らすには曝露量と脆弱性を低くする必要がある。ただし、現実の防災対策として曝露量を減らすことは難しいため、災害リスクを軽減するには脆弱性を減らす（防災力を高める）ことが肝心である。

　曝露量に関して、何をもって被害とするかは物理的現象だけでは決まらず、地域や時代によって異なることに留意する必要がある。大雨で床上浸水すると日本では洪水災害と認識されるが、東南アジアには床上浸水の程度では洪水災害と認識しない地域もある（祖田・目代 2013）。国際的な災害リスクの比較を行う場合、人命と経済についての被害指標のみリスクが評価されることが多いが、地域や時代によって異なり数で数えにくい被害指標をどのように捉え、それをどのようにして他の被害指標と比較可能にするかは、災害対応研究で常に意識すべき課題である。

　脆弱性を減らすことは防災力を高めることだが、両者が自動的に結びつくとは限らない。例えば、日本は基本的に自然災害の被害は発生しない（させない）という前提で社会を作ってきたため、国民の多くは災害について自分

表14-1　世界の自然災害と被害（1985～2014年）

	災害数		死者数		被災者数		被害額	
	件	%	人	%	人	%	百万米ドル	%
アフリカ	2,069	20.1	202,563	10.4	376,889,879	6.4	19,051	0.7
南北アメリカ	2,503	24.3	385,930	19.9	175,459,552	3.0	926,238	36.1
アジア	3,949	38.3	1,171,945	60.3	5,294,962,652	89.7	1,226,204	47.9
ヨーロッパ	1,374	13.3	176,139	9.1	37,593,587	0.6	325,781	12.7
オセアニア	424	4.1	5,757	0.3	20,328,057	0.3	65,116	2.5
合計	10,319	100.0	1,942,334	100.0	5,905,233,727	100.0	2,562,390	100.0

出所：ARDC (2015), Table 5.

で考えて備えることを放棄してしまい、被害が発生することを前提とした備えができなくなっている（牧 2015）。これに対し、アジアでは、自然災害の発生を前提として、それにどう対応するかを発展させてきた社会が少なくない。日本を含むアジアの防災を考えるうえでは、被害抑止に特化するのではなく、レジリエンス（回復力）の強さを活かしたアジアの防災モデルを考える必要がある（川野 2013）。

2　高まるアジアの災害リスク

災害による人的被害と経済的被害に関する1985～2014年の統計（ARDC 2015）を見ると、アジアでは世界の災害の38.3％が発生し、被災者の89.7％、被害額の47.9％を占めている（表14-1）。南北アメリカでは災害の24.3％が起こり、被災者は3.0％、被害額は36.1％である。ヨーロッパでは、災害の13.3％が起こり、被災者は0.6％、被害額は12.7％となっている。南北アメリカとヨーロッパでは人的被害の小ささに比べて被害額が大きいのに対し、アジアでは人的被害の大きさに比べて被害額が小さい。

これは南北アメリカやヨーロッパに比べてアジアでは富の蓄積が進んでいなかったことを反映したものだが、アジア諸国の著しい経済成長と急激な都市化のため、近年のアジアでは都市部を中心に災害リスクが高まっている。

3 越境する東南アジアの災害対応

アジアは経済活動の面で深く繋がっており、アジアのある地域で発生した災害の影響がアジア全域に及びうる。2011年のタイ洪水災害では、タイに工場を置く日本の自動車会社で生産を停止せざるを得なくなり、タイの工場から部品供給を受けているインドネシア、フィリピン、ベトナム、パキスタン、マレーシアの工場でも自動車生産に問題が発生した（玉田他 2013）。日本の企業活動はアジア全域に広がっており、アジアのある国が災害で被害を受けると、その影響は日本を含むアジア全域に拡大しうる。「アジアの災害で日本が止まる」（牧 2015）という事態も起こらないとは言えない。

国境を越えた人の移動の増大も災害対応に新しい展開を与えている。災害対応の知識や経験を共有していない人々が同じ社会に暮らすようになると、災害時にどのような行動を取るかで混乱が生じ、二次災害を招きやすい。2009年の西ジャワ地震では、ジャカルタの高層ビルから避難した人たちで混乱した。地震後、人々は地震への対応についての情報を持ち寄ったが、日本やアメリカなど異なる社会での災害行動の情報を持ち寄ったために議論がさらに混乱した（山本 2014, 4章）。近年ではASEAN諸国で防災教育への取り組みが進められているが、東南アジア域内の、あるいは東南アジアから域外への人の移動が増えている今日、国ごとでなくASEAN大での災害対応の意識・経験や仕組みの共有も必要になっている。

II 災害対応の地域研究

1 創造的復興――「元に戻す」ではない復興

災害を日常が断絶した特殊な時間と見る考え方がある。この考えに立つと、研究対象地域で災害が起こった場合には調査研究を一時中断し、復旧・復興を待って調査研究を再開するということになる。

これに対し、災害対応の地域研究では災害を日常の延長上にあると捉える（山本 2014）。私たちが暮らす社会は潜在的に多くの課題を抱えているが、その課題に気がついていないか、気がついていても他のことを優先しているため、解決を先送りにしているものも多い。災害は、外力によって社会の弱

い部分に大きな被害を生じさせ、潜在的な課題を人々の目に明らかにするとともに、その課題に優先的に対応すべきという共通の了解を形成しやすくする面も持つ。

「元に戻す」という復旧・復興では、被災前の課題を抱えた状態に戻すことになってしまう。そうではなく、被災によって明らかになった社会の課題の解決に取り組み、災害を契機によりよい社会を作るのが「創造的復興」の考え方である。なお、ここで言う「よりよい」の意味は時代や地域や環境によって変化するものであり、被災前と比べて「より大きい」「より強い」「より速い」を意味するとは限らないことに注意しておきたい。

創造的復興には定まった定義がないため、創造的復興を考えるうえでは、その社会が復興・再建についてどのような考え方を持っているかを理解することが大切である。日本では行政主導の都市計画に基づく「既定の復興」（大矢根 2015）として復興が進められるのに対し、海外では国際機関や外国の援助団体が被災地入りして緊急・復興支援の主導権を握ることがある。国際機関や外国の援助団体は国際的な標準を形作り、それに緩やかに縛られる支援事業を進める（柳沢編 2013）。これを「標準の復興」と呼び、分野ごとに分けて復興事業を進めようとする支援団体に対して地元社会の被災者がさまざまな駆け引きを行うことに創造的復興を見ようとする考え方もある（山本 2015）。

災害は社会の潜在的な対立を表出させる（星川 2015）。社会が潜在的に抱える課題が被災を契機に解決した例として、スマトラ島沖地震・津波を契機とするアチェの内戦終結（後述）や、ピナトゥボ火山の噴火を契機とした米軍基地のフィリピンからの撤退（清水 2015）がある。タイのプーケットでは、津波被災を契機に観光客が減ったために「風評被害」への対応がはかられ（柄谷 2010）、観光地として復興を遂げたが、環境保全や防災という被災前からの課題は棚上げされた形となった（市野澤 2015）。ミャンマーでは支援団体と支援対象者の二者関係に基づいて支援が形作られ、支援の新規事業参入に対して閉鎖的であるという課題を抱えていたが、サイクロン被害の救援をきっかけに支援団体間の連携が生まれた（飯國 2015）。また、タイの津波被災地で支援が被災者に十分に行き渡らないことについて、被災前の社会の

課題を踏まえて検討した研究（佐藤 2005; 2007; 2008）がある。

2　社会的流動性――動く被災者、越境する支援

　東南アジア社会の特徴として社会的流動性の高さが挙げられる（Nishi and Yamamoto 2012）。例えば、住居と生業の形態が固定されておらず、改築・転居や転職がしばしば見られることはその現れである。このような社会では、コミュニティの構成員が短期間に入れ替わることを前提にして災害の経験や対応方法を共有・継承する仕組みが大切である。また、貧困や紛争などの要素が混ざるため、災害による被害だけ切り分けた復興という考え方は馴染みにくい。防災研究においても、災害からの回復力を支える条件の1つとして流動性の高さが注目されている（牧 2011）。

　災害時の対応は、自分や家族の身を守る「自助」、隣近所や地域で助け合う「共助」、国や自治体などの公的機関が対応する「公助」の3つから成る（三村 2016）。災害時には公助による迅速な対応には限界があるため、日本では自助とともに共助をどう高めるかが取り組まれている。これに対し、自然環境と深く関わって生活してきた東南アジアの人々は、自然環境に関する知識と対応方法が身についており、災害に対する自助の力が強い。また、東南アジアには、伝統的社会制度の残る地域社会や大家族制、宗教施設を中心とする相互扶助の働きなどの共助がさまざまな形で現在も生きている地域が多い。

　東南アジアの災害対応では、自助・共助・公助に加えて、域外からの支援である「外助」も大きな役割を担いうる。故郷を離れて都市や外国で暮らす家族と緊密な関係が維持されており、共助の延長として「外助」が生じやすい（山本 2014, 8章; 細田 2015）。

3　情報と災害文化――防災と言わない防災

　災害時に現場で求められるものに情報がある。被災者にとっては、具体的な支援を受け取るとともに、災害による失見当を脱し、世界に自らを再定位するために情報が重要である。支援者にとっても、被災地入りすると全体像がわからなくなるため、被災地から一歩引いたところから被災と救援・復興

の情報を提供することが肝心である（山本 2014, 1 章）。

　災害時には、地域研究者により現地情報を収集・翻訳して被災者の状況やニーズを明らかにする試みがなされてきた（山本 2008; 木村 2009; 古市 2013; 山本 2014, 3 章）。災害情報は整理と可視化の方法も重要であり、新聞記事に位置情報を付すことで情報や意見の地理的散らばりを示すこともなされている（渡邉他 2011; 山本 2014, 1 章）。

　災害多発地域に発達した防災の知恵は「災害文化」と呼ばれる（Bangkoff 2003）。防災という特定の目的を持って文化を形作るという文化の捉え方に対しては批判的な見方もあるが（木村 2005; 林 2016）、「災害文化」の考え方の根底にあるのは、自然と真っ向から立ち向かってそれを制圧しようとするのではなく、自然と折り合いをつけつつ、自然がもたらす災いの部分を可能な限り減らそうとする発想である（矢守 2005）。

　矢守克也は、災害文化において重要なこととして、土手の花見を例にとり、当事者が楽しいこと、継続されること、ハードとソフトの両面が兼ね備えられていることを挙げている（矢守 2005）。防災と聞くと身構えてしまいがちだが、防災だと思わないけれど結果として防災になっているのが災害文化である。大きな災害が起こると一時的に人々の災害への関心が高まることがあるが、一時的な興味や知識の高まりだけでは災害文化とはならない。時代や文化を超えて長く継続される物語素材も災害文化の有力なコンテンツとなりうる。また、防災に関する意識や知識を長期にわたって伝えていくには、人が変わっても残るようなハードウェアや制度などの社会的な仕組みの整備も必要である。

　災害文化として石碑、伝承、祭りなどが取り上げられることが多く、スマトラ島沖地震・津波で知られるようになったアチェ州沖のシムル島の「スモンの伝承」などがある（髙藤 2011; 林 2016）。シムル島では、約100年前の津波の経験をもとに、「地震の後に海の水が引いたら丘に逃げろ」という言い伝えがあり、このため2004年の津波ではシムル島の犠牲者が少なかったという。これらに加えて、今後の世界で世代を越えて災害対応の経験を伝えることができるメディアにはどのようなものがあるかを考えることも必要だろう（山本 2014, 8 章）。

災害対応の経験は時が経つと忘れられてしまうものもある。地域住民が語り継いでいない災害対応の歴史を掘り起こして再解釈することも災害対応の地域研究の重要な課題であり、例えばスマトラ島の歴史的な地震・津波とイスラム化の関係に関する学際的な共同研究が行われている（Reid 2016）。

　災害体験は当事者がどのように解釈するかが重要であり、それを伝えるうえでは「物語」が重要な役割を果たしうる。タイ南部のムスリム村落では津波災害をきっかけにイスラム復興運動が拡大し、新たな宗教実践が行われるようになった（小河 2011）。ジャワ島では天変地異に際してスルタンが神旗を巡回させて除災しており、2006年の地震・噴火でも神旗の巡回が話題に上った（深見 2014）。被災の痛みを社会がどのように受け止めたのかは映像作品や小説にも見ることができる（柏村 2011）。また、被災者だけでなく支援者も「物語」を必要としている（山本 2014, 7章）。

Ⅲ　事例研究──スマトラ島沖地震・津波

1　史上最大の援助作戦──津波で内戦が終わった

　2004年12月26日にスマトラ島沖で発生した巨大地震およびそれに伴う大津波は、震源に最も近いインドネシアのアチェ州と北スマトラ州に大きな被害をもたらしただけでなく、インド洋沿岸の20以上の国々に被害を及ぼした。人的被害は、インドネシアだけで見ると死者・行方不明者が17万3,000人、インド洋沿岸諸国全体では22万人に及んだ。本節ではこの津波災害の最大の被災地となったインドネシアのアチェ州を取り上げる。

　アチェは、津波発生時にインドネシア国軍と独立派のあいだの内戦状態にあった。津波被災を契機にインドネシア国軍と独立派が和平合意に至り、30年に及ぶ内戦が終わった。スマトラ島北端に位置するアチェ州は、古くから産品や情報の交換の拠点として栄えていたが、植民地化と国民国家化およびそれに伴う陸上交通の発展の中で、域外との直接交易が難しくなり、交易拠点としての地位を失っていた。域外への経路を独占しようとする国軍と独立派の内戦が激化し、戒厳令によって外部世界から閉ざされた状況が強まっていた。内戦が終わった背景には、被災を契機に域外との関係が再び開かれ、

紛争を支える構造が変化したことがある（西 2014, 2 章）。

　アチェは被災により国内外の多様な人道支援団体の事業地となった。従来は主に支援を受ける側だった中国やアラブ中東諸国も支援事業者となった。インドネシア国内からも多様な援助団体がアチェの復興支援事業に参加し、アチェは国内外の援助団体による人道支援事業の見本市の様相を呈した。

　アチェは人道支援の「実験場」となった。本国では実施されていない先進的な設備や思想が支援の現場に持ち込まれ、教育、住宅、起業支援、情報管理などさまざまな分野で事業が展開された。アチェの例ではないが、2006年ジャワ島中部地震でアメリカに拠点を置く支援団体により提供され、現地では見慣れない設計としたドーム住宅がある（塩崎 2009）。地元社会の事情を踏まえず外部社会の規範に基づいて被災地に持ち込まれたという意味で外部から「押し付けられた」という側面がある一方で（佐伯 2008）、新しい設備や思想が復興過程で現地社会に新しい規範を作っていくという側面もある（西 2014, 9 章）。これらの側面は、被災社会が復興の道のりを歩んでいく過程で社会に位置づけられ、意味づけされていく（Jauhola 2015）。

　その1つの例が住宅再建・再定住である。アチェでは住宅を失った被災者に対して国内外の支援団体が14万棟の復興住宅を供与した。津波が及ばない内陸の丘陵地を造成して復興住宅地にしたものもあり、被災前に面識がなかった人々が同じ復興住宅地に入居して隣人どうしになった例も多く、さまざまな様態の再定住をもたらした（西 2014, 6 章）。被災直後は復興住宅の提供元である支援団体の指示に従って入居しても、しばらくすると復興住宅地を移る人々も出てきて、復興住宅地の構成は再編されていく（フダ他 2014）。

2　ポスコとレラワン——仮設という方法

　アチェでは住居も生業も必ずしも固定されていなかった。被災により住居や生業の流動性はさらに高まり、被災した場所を離れて移住したり生業を変えたりするといった対応が見られた。人道支援団体は「標準の復興」を進めようとし、人道支援団体どうしの調整によって支援地域や支援分野が区切られた。また、支援団体はコミュニティごとの意思決定を重視し、コミュニティの代表を通じてニーズに対応しようとした。これに対し、被災者は出身

村、避難先、親族関係など複数の場で即席の仮設連絡事務所である「ポスコ」を設置し、ネットワークを再編することで被災後の生活再建をはかった（西 2014, 3章）。同様に、ジャワ島中部地震の被災地でも、短期間で仮設として自主的に設置されるポスコが支援格差を防ぎ、地域社会の共同作業による復興に繋がった（本塚・神吉 2011）。

アチェの復旧・復興を支えた原動力の1つが、インドネシア国内の他地域からアチェ支援のためにアチェ入りしたボランティア（インドネシア語で「レラワン」）たちだった。ボランティアたちは、被災した地元政府や地元社会に代わり、遺体の収容、生活物資の配給、仮設住宅の再建などの支援活動に従事した。ここでボランティアとは無給で奉仕する人々という意味ではない。インドネシアは地震・火山大国である一方で、広大な国土を有し、起こりうる災害にあらかじめ土木工学的対応をくまなく施すことは現実的でないため、災害が発生した後の対応が重要となる。スマトラ島沖地震・津波以降もインドネシアではジャワ島中部地震や西スマトラ地震のように大規模な自然災害が相次いだ。スマトラの経験を踏まえて、災害が発生すると国内の他地域から「レラワン」が来て緊急支援や復旧・復興活動を進めるという考え方がインドネシア国内で広く共有されるようになった（西 2014, 7章）。

どの地域でいつ災害が起こっても被害が最小限に収まるようにするという対応と比べると、このような対応は災害発生後の二次的な対応の寄せ集めであり、「仮設の対応」であると言える。ただし、「仮設の対応」を国内で共有することで、広大なインドネシアのどこでいつ発生するかわからない災害に対して、どこで発生しても対応する体制が国全体で作られているとも言える。

3　復興庁と津波博物館——被災・復興の経験を世界に

被災者が住居も生業も移動させ、支援者も事業目標と事業期間に即して入れ替わっていく中で、被災者や事業者が復興事業を円滑に進め、地域全体での復興支援事業の継続性を維持するために重要な役割を果たしたのが情報共有だった。

アチェでは、支援者についての情報と被災者についての情報を集約し、それを公開した。被災直後は国連人道問題調整事務所（UNOCHA）が情報収

集・公開の役割を担い、その後、インドネシア政府により設置された大統領直轄の復興再建庁（BRR）がこの役割を引き継いだ。支援者や被災者がしばしば移動しても、復興再建庁が事業者・支援対象者のリストや活動地域の記録を集約し、地図などを活用して公開することで、事業が行われていない地域を捕捉したり、事業の重複を防いだりすることが可能になった。情報を集約・公開することで事業の透明性や公平性を確保するという手法は、復興再建後のアチェで災害以外の分野でも意識されるようになった（西 2014, 2章）。

アチェでは津波被災後に地震・津波についての知識や災害発生後の行動についての知識の共有・普及の重要性が認識されるようになった。このことは、自分たちの社会の安全性を高めるための防災と結びつけて理解されただけではなかった。スマトラ島沖地震・津波後も、ジャワ島中部地震や東日本大震災のような大規模な地震・津波災害が発生する中で、被災と復興の経験を世界に伝えることがアチェの役割であるという考え方が生まれた。世界に発信しようとしていることは、津波博物館や「世界の国にありがとう」公園に現れている（西 2014, 7章）。

IV 災害対応における研究と実践

1 「人道の扉」が開くとき——異分野・異業種の協働

現地語を習得し現地事情に通じている地域研究者は、研究対象地域が災害に直面したときにどのような関わり方ができるのか。災害を日常の延長上で捉える災害対応の地域研究の立場では、災害時にこそ調査研究を進めるべきであるし、調査研究が緊急・復興支援にとって意義を持ちうると考える。

災害は社会の潜在的な課題を明らかにし、平常時には触れにくい課題でも、災害直後の緊急対応時に外部から関心が向けられるときが介入の機会となりうる。これを「人道の扉」が開くと呼ぶことがある。ただし、緊急対応を経て復興過程に入ると地元社会の論理が強くなり、外部からの介入の機会が閉ざされる。被災直後に被災地を訪れ、被災を契機に明らかになった地域の形を異業種・異分野の専門家にもわかりやすく示すことは、地域研究の専門性を活かす関わり方の1つである（山本 2014, 5章, 6章）。

地域研究者の視点を取り入れることは、人道支援分野の基準で十分に評価できない支援事業の積極的な意義を評価することにもなりうる（山本 2011）。人道支援では分野ごとに区切って復興事業が進められるため、被災地の全体図を示すことも地域研究者の役割の1つである。緊急時には現場の判断が優先される傾向があるが、研究者は世界標準という名の縛りや被災者の目先のニーズに振りまわされない態度をとりうる存在でもある。

なお、従来は日本が東南アジアに支援を与えるという関係だったが、東日本大震災を契機に国際的な緊急人道支援のあり方を見直そうとする声も生まれている（山本 2014, 9 章）。災害時に日本が外国から支援を受けることについて、「途上国は日本を支援できるのか」（山形 2011）、「日本は支援を受け入れるべきか」「援助は断ることができるのか」（佐藤 2011）などの議論も行われている。

2　地域と世界の橋渡し——参与観察と記録・翻訳

地域研究者の専門性によって災害対応に関わる方法の1つとして、現地情報の翻訳と発信がある。外国の災害では主に英語メディアから情報を得ることになるが、英語メディアを通じて得られる情報は英語メディアの関心に沿って取捨選択されたものであり、これに対して現地語メディアには英語メディアに現れない被災地の関心やニーズが現れることもある（山本 2014, 2 章）。

被災地での調査では、調査者は一歩間違えると「火事場泥棒」との批判を受ける可能性がある。それでも、調査者が被災地を訪れ、記録をとりながら人々と語り合い、何ができるかを考えるという形で参与することは、復興や将来の防災に必要なことであり、また、災害を研究する他分野の研究者・実務者に対しても意義のある貢献となりうる（林 2011）。

被災地でのフィールド調査では、通常のフィールド調査よりも配慮が必要になることがある（木村他編 2014）。例えば写真の撮り方でも、見た人の心を動かすため被写体に焦点を当てて顔を撮ろうとする報道写真に対して、人物に焦点を当てすぎず、背景を多く入れることで全体像がわかるような写真の撮り方の工夫も必要になる（山本・西 2015）。

調査研究という形で支援活動を行うこともできる。震災の被災地のある村落で地域研究者が地域住民と一緒に防災情報拠点を開設した試みがある（浜元 2010）。地域に密接なネットワークを持ちつつグローバルなレベルで活動している大学も災害発生時に災害対応の主体となりうる（西 2014, 8 章; 玉置 2014）。

救援復興の専門性を持たずに被災地を訪れることは、「被災地ツーリズム」や「ダークツーリズム」と呼ばれる。「観光」と呼ぶと物見遊山のような印象を与えがちだが、観光は被災地復興における新たな可能性を開きうる（間中 2016）。

地域研究者による被災地調査の意義として、長期にわたる観察が挙げられる。地域研究者は特定の地域と長く関わる傾向が強く、10年、20年と被災地の復興過程に寄り添って調査を続けていくことが可能である（清水 2003; 西 2014; 鈴木 2016）。

3　私たちにできること——専門性と現地感覚

災害が起こると、私たちと地続きの社会で暮らす被災者たちに支援の手を差し伸べたいという気持ちが生じるのは自然なことである。ただし、救命救急の訓練を受けている専門家でもない限り、災害対応の現場、とりわけ被災直後の現場を訪れても足手まといになりかねない。

災害対応の専門性を持たない私たちにとって、目の前で災害による被害を受けている人々に対してできることには、一般的に、ボランティア活動、募金、災害情報の収集・共有などがある。これらに加えて、やや逆説的であるが、自分の専門性を磨いて、目の前の災害ではなく次の災害に備えることも重要な関わり方である。災害は繰り返し起こるため、数年から数十年のうちに再び同様の災害が生じる可能性が高い。そのときにより効果的な関わり方ができるように専門性を磨いておくのである。災害は総合的な社会現象で、緊急・復興の過程ではさまざまな専門性が関わるため、災害時の救援・復興支援とは直接関係ないように見える分野でもかまわない。専門性を磨き、災害対応の意識を持ち、次に来る災害に備えることは、いま起こっている災害に直接対応することではないが、社会の一員として行える災害対応の 1 つで

ある(西 2016)。

専門性とあわせて身につけておくとよいのが現地感覚である。災害時には平常時の仕組みが機能しないことも多いため、被災地で必要な人や物や情報を探すのに手間取ることもある。初めて訪れる場所ではなおさらである。現地感覚を養っておくと、災害発生時に必要な人や物や情報を探り当てるのに少ない手間で済む。現地感覚とは、直接的には現地に足を運んで社会の様子を見ることだが、現地語や英語・中国語などの外国語を身につけることや、その社会の人々がこれまで経験してきた災いとそれへの対応について書物などを通じて理解することも含まれる。東南アジアの人々は、植民地支配、戦争、貧困、病い、政治的抑圧などのさまざまな災いを経験してきた。その対応の経験を学ぶことは東南アジアの災害対応を考えるうえでも参考になる(川喜田・西 2016)。

おわりに——災害対応で繋がる世界

災害は人命や財産を奪い人々に不幸をもたらす出来事だが、災害を乗り越える営みを通じて異なる人々どうしが繋がる側面もある。近隣国どうしで政治経済面では利害が対立する関係にあったとしても、災害対応では協力が可能になることもある。2004年のスマトラ島沖地震・津波で、マレーシアは被災前にインドネシアからの不法入国者を逮捕・送還していたが、被災地であるアチェ州からの不法入国者に対しては本国への送還を猶予し、災害避難民として受け入れた(西 2010)。2008年のミャンマー・サイクロン被災では、ミャンマー政府ははじめ国連・欧米諸国からの支援受け入れを拒否したが、タイが被災地支援を進めるとともに国連・欧米諸国とミャンマーの仲介を行い、国連、ASEAN、ミャンマー政府からなる災害緊急支援の窓口が開設された(岡本 2009; 青木 2009)。

ASEANでは、東南アジア諸国連合防災協定に基づき、ASEAN域内の自然災害や緊急事態への対応の際に加盟国の災害対応機関間の連絡調整を行う地域機関として、2011年にASEAN防災人道支援調整センター(AHAセンター)が設立された(小野 2015)。2013年の台風ハイエン(フィリピン名ヨランダ)

を契機に、ASEAN内で災害救援における多国軍の協力や民軍協力を前提とする考え方が定着しつつある（木場・安富 2015）。

　災害対応は社会全体を巻き込む総動員の様相を呈する。20世紀の「戦争の時代」には、国民どうしの総力戦の競合によって国民ごとに自由と豊かさが追求され、その結果、世界の多くの人々が自己解放を実現した一方で、生まれによって決まる排他的なまとまりに正当性が与えられることにもなった。21世紀の「災害の時代」には、流動性が高まる世界で「外助」を通じた結びつきによって、目前の災害よりも異邦人の方が脅威だと見ることのない社会が可能になるだろうか。災害対応への総動員の高まりを通じてどのような世界が作られていくのかは、「災害の時代」に生きる私たちが日々の参与観察を通じて取り組んでいく課題である。

引用・参考文献
青木（岡部）まき（2009）「タイのミャンマー仲介外交」『アジ研ワールド・トレンド』169, 40-46.
飯國有佳子（2015）「災害が生み出す新たなコミュニティ――サイクロン・ナルギスの事例から」林勲男編著『アジア太平洋諸国の災害復興――人道支援・集落移転・防災と文化』明石書店, 18-55.
市野澤潤平（2015）「プーケットにおける原形復旧の10年――津波を忘却した楽園観光地」（清水・木村 2015, 161-193）.
大矢根淳（2015）「現場で汲み上げられる再生のガバナンス――既定復興を乗り越える実践例から」（清水・木村編著 2015, 51-78）.
岡本郁子（2009）「ミャンマー・サイクロン被災（2008年）――政治化された災害と復興支援」『アジ研ワールド・トレンド』165, 11-14.
小河久志（2011）「宗教実践にみるインド洋津波災害――タイ南部ムスリム村落における津波災害とグローバル化の一断面」『地域研究』11(2), 119-138.
小野高宏（2015）「災害でも止まらない社会へ――コミュニティ・企業・アジア」（牧・山本編著 2015, 203-235）.
柏村彰夫（2011）「ただ悲嘆だけでなく――インドネシア短編小説に描かれた被災者イメージの諸相」『早稲田文学』4, 197-202.
柄谷友香（2010）「タイ南部における被災観光地での復興過程とその課題」（林編著 2010, 127-155）.
川喜田敦子・西芳実編（2016）『歴史としてのレジリエンス――戦争・独立・災害』（災害対応の地域研究4）京都大学学術出版会.
川野健治（2013）「レジリエンス」矢守克也・前川あさ美編『災害・危機と人間』新曜社,

140-148.

木場紗綾・安富淳（2015）「災害救援を通じた東南アジアの軍の組織変容——民軍協力への積極的姿勢の分析」『国際協力論集』23(1), 21-41.

木村周平（2005）「災害の人類学的研究に向けて」『文化人類学』70(3), 399-409.

木村周平・柄谷友香・杉戸信彦編（2014）『災害フィールドワーク論』古今書院.

木村敏明（2009）「地震と神の啓示——西スマトラ地震をめぐる人々の反応」『東北宗教学』5, 19-36.

間中光（2016）「「観光を通じた災害復興」研究に関する基礎的考察——ダークツーリズム論の限界とレジリエンス論からの示唆」『観光学評論』4(1), 19-32.

佐伯奈津子（2008）「グローバル援助の問題と課題——スマトラ沖地震・津波復興援助の現場から」幡谷則子・下川雅嗣編『貧困・開発・紛争——グローバル／ローカルの相互作用』（地域立脚型グローバル・スタディーズ叢書3）上智大学出版, 149-180.

佐藤仁（2005）「スマトラ沖地震による津波災害の教訓と生活復興への方策——タイの事例」『地域安全学会論文集』7, 433-442.

佐藤仁（2007）「財は人を選ぶか——タイ津波被災地にみる稀少財の配分と分配」『国際開発研究』16(1), 83-96.

佐藤仁（2008）「タイ津波被災地のモラル・エコノミー」竹中千春・高橋伸夫・山本信人編『現代アジア研究2　市民社会』慶應義塾大学出版会, 361-378.

佐藤寛（2011）「外国から見た震災——なぜ日本に援助するのか」『アジ研ワールド・トレンド』192, 22-25.

塩崎賢明（2009）『住宅復興とコミュニティ』日本経済評論社.

清水展（2003）『噴火のこだま——ピナトゥボ・アエタの被災と新生をめぐる文化・開発・NGO』九州大学出版会.

清水展（2015）「先住民アエタの誕生と脱米軍基地の実現——大噴火が生んだ新しい人間、新しい社会」（清水・木村編著 2015, 17-50）.

清水展・木村周平編著（2015）『新しい人間、新しい社会——復興の物語を再創造する』（災害対応の地域研究5）京都大学学術出版会.

鈴木祐記（2016）『現代の〈漂海民〉——津波後を生きる海民モーケンの民族誌』めこん.

祖田亮次（2015）「人文地理学における災害研究の動向」『地理学論集』90(2), 16-31.

祖田亮次・目代邦康（2013）「了解可能な物語をつくる——河川災害とつきあうために」市川昌広・祖田亮次・内藤大輔編『ボルネオの〈里〉の環境学——変貌する熱帯林と先住民の知』昭和堂, 55-93.

髙藤洋子（2011）「口承文藝が防災教育に果たす役割の実証的研究——インドネシア・ニアス島における事例調査を通じて」『アゴラ　天理大学地域文化研究センター紀要』8, 37-55.

玉置泰明（2014）「災害と社会——フィリピン台風「ヨランダ」被災地予備報告」『国際関係・比較文化研究』13(1), 115-129.

玉田芳史・船津鶴代・星川圭介編（2013）『タイ2011年大洪水——その記録と教訓』アジア経済研究所.

西芳実（2010）「インドネシアのアチェ紛争とディアスポラ」首藤もと子編『東南・南アジアのディアスポラ』（叢書グローバル・ディアスポラ2）明石書店, 67-86.

西芳実（2014）『災害復興で内戦を乗り越える──スマトラ島沖地震・津波とアチェ紛争』（災害対応の地域研究2）京都大学学術出版会．
西芳実（2016）『被災地に寄り添う社会調査』（情報とフィールド科学4）京都大学学術出版会．
浜元聡子（2010）「震災からの社会的復興支援活動の現場──生態環境の復元とともに」『シーダー』3，17-23．
林勲男編著（2010）『自然災害と復興支援』（みんぱく実践人類学シリーズ9）明石書店．
林勲男（2011）「災害のフィールドワーク」鏡味治也・関根康正・橋本和也・森山工編『フィールドワーカーズ・ハンドブック』世界思想社，244-262．
林勲男（2016）「災害にかかわる在来の知と文化」橋本裕之・林勲男編『災害文化の継承と創造』臨川書店．
深見純生（2014）「ジャワにおける天変地異と王の神格化」『桃山学院大学総合研究所紀要』40(1)，81-100．
フダ，ハイルル・山本直彦・田中麻里・牧紀男（2014）「2004年インド洋大津波後にインドネシア・バンダアチェ市とその近郊に建設された再定住地の居住者履歴と生活再建──パンテリー地区慈済再定住地とヌーフン地区中国再定住地の比較から」『日本建築学会計画系論文集』79 (697)，597-606．
古市剛久（2013）「ミャンマー国サイクロン・ナルギス災害での国際人道支援における情報収集」『季刊地理学』64，91-101．
星川圭介（2015）「水害は不平等に社会を襲う──2011年タイ大洪水」（牧・山本編著2015, 17-50）．
細田尚美（2015）「自然災害のリスクとともに生きる──2013年フィリピン台風災害とサマール島」（牧・山本編著2015, 51-85）．
ホフマン，スザンナ・M ＆アンソニー・オリヴァー=スミス編著，若林佳史訳（2006）『災害の人類学──カタストロフィと文化』明石書店．
牧紀男（2011）「社会の流動性と防災──日本の経験と技術を世界に伝えるために」『地域研究』11(2)，77-91．
牧紀男（2015）「アジアと災害・防災」（牧・山本編著2015, 1-13）．
牧紀男・山本博之編著（2015）『国際協力と防災──つくる・よりそう・きたえる』（災害対応の地域研究3）京都大学学術出版会．
三村悟（2016）「太平洋島嶼国と自然災害──脆弱性とレジリエンス」『アジ研ワールド・トレンド』244，28-31．
本塚智貴・神吉紀世子（2011）「現地復興における集落内仮設災害対応拠点の利用実態に関する調査──ジャワ島中部地震被災地Canden村のPOSKOを事例に」『都市計画論文集』46(3)，907-912．
柳沢香枝編（2013）『大災害に立ち向かう世界と日本──災害と国際協力』佐伯出版．
山形辰史（2011）「震災に投影された国際協力の将来──水平協力の時代へ」『アジ研ワールド・トレンド』192，18-21．
山本信人（2008）「ジャワ島中部地震災害支援からみえてくるもの──日本のソフト・パワーに関する批判的考察」『法学研究　法律・政治・社会』81(3)，1-32．
山本博之（2014）『復興の文化空間学──ビッグデータと人道支援の時代』（災害対応の地

域研究1)京都大学学術出版会.
山本博之(2015)「復興の物語を読み替える――スマトラの「標準の復興」に学ぶ」(清水・木村編著 2015, 79-106).
山本博之・西芳実(2015)「被災地写真のアーカイブ――景観の変化を記録し記憶を紐づける」『建築人』2015年4月号, 24-25.
山本理夏(2011)「スマトラでの学びをハイチへ――緊急人道支援の現場から」『地域研究』11(2), 62-76.
矢守克也(2005)「災害文化」日本応用心理学会編『応用心理学事典』丸善, 588-589.
矢守克也・渥美公秀編著, 近藤誠司・宮本匠著(2011)『防災・減災の人間科学――いのちを支える, 現場に寄り添う』新曜社.
渡邉暁子・中須正・井口隆(2011)「フィリピンの台風被災をめぐる表象と都市貧困層被災者の生活再建――オンドイ台風の事例」『防災科学技術研究所主要災害調査』45, 75-80.

ADRC (Asian Disaster Reduction Center) (2015) *Natural Disaster Data Book 2014: An Analytical Overview*. (http://www.adrc.asia/publications/ databook/DB2014_e.html. 2016年6月27日最終アクセス)
Bankoff, Greg (2003) *Cultures of Disaster: Society and Natural Hazard in the Philippines*, London & New York: Routledge Curzon.
Daly, Patrick, R. Michael Feener and Anthony Reid eds. (2012) *From the Ground Up: Perspectives on Post-Tsunami and Post-Conflict Aceh*, Singapore: Institute of Southeast Asian Studies.
Jauhola, Marjaana (2015) "Scraps of Home: Banda Acehnese Life Narratives Contesting the Reconstruction Discourse of a Post-Tsunami City that is "Built Back Better," *Asian Journal of Social Sciences* 43, 738-759.
Nishi, Yoshimi and Hiroyuki Yamamoto (2012) "Social Flux and Disaster Management: An Essay on the Construction of an Indonesian Model for Disaster Management and Reconstruction," *Journal of Disaster Research* 7(1), 65-74.
Reid, Anthony (2016) "Two Hitherto Unknown Indonesian Tsunamis of the Seventeenth Century: Probabilities and Context," *Journal of Southeast Asian Studies* 47(1), 88-108.

索 引

あ
アカシア　85, 195
赤土　53
アカネ科　56
アクター分析　204
アグタ　78
アグロフォレストリー技術　306
アジア　136
　——稲作圏　26
　——大陸　134, 135
アチェ州　313
アニアニ　120
アブラヤシ　63, 85, 195
　——産業の複雑化　308
　——農園　2, 195
アポリティカルエコロジー　199, 200
アラン　55
安息香　107

い
移住事業　2
イスラム復興運動　321
依存関係　172
遺伝資源　50
移動耕作　54
糸満系漁民　138
稲作　83
イネ　81
イノシシ科（属）　58
イバン　79, 81
イフガオの棚田　50
移民　36
イルカ　60
陰樹　52
インド　56
　——・オーストラリアプレート　49
インドネシア　45, 55, 62, 64, 65, 72, 117, 195, 220, 225-229, 231, 313

インボリューション　117

う
雨蔭　49
ウェーバー線　58, 59
ウォーレシア　57, 58, 133, 136
ウォーレス線　30, 57-60, 66, 134, 136, 137
魚付き林　54
雨温図　47
雨季　25, 45, 47, 48, 55, 65
　——米　127
羽状複葉　53
海のシルクロード　62
運河　115
雲南　36, 39

え
衛星画像　31, 65
エーヤーワディ・デルタ　28, 35, 115
エコラベル　149
エコロジー的近代化　10章
越境　4
エルニーニョ　41
沿岸域　60
塩乾魚　138
沿岸魚　60
塩分濃度　54
遠洋はえなわ　60

お
オウギヤシ　45, 56, 57
王室プログラム　39
オーガニック認証　284
オーストラリア　52, 56, 136
　——区　52
　——大陸　57, 134, 135
オープンアクセス　38
オカボ（陸稲）　33, 99

索引　333

オランウータン　52, 53
温室効果ガス　255

か
外延的拡大　297
海岸部（汀線部）　50
外助　319
外洋域　60
海洋保護区　63
回廊林　55
カカオ　63
科学知　65
格差　121
学際的アプローチ　4
学術論文　7
火山　30, 45, 49, 50
　——弧　49
　——島　45, 49, 50, 61, 64
花序液　56
過疎化　307
家畜化　249
カツオ　60
カニクイザル　53
下部山地雨林　53
ガマ制度　119
紙パルプ産業（企業）　215, 219-224, 227, 229, 232
カム　78
乾季　25, 45, 48, 55, 56
　——米作　127
環境
　——イシュー　219, 231
　——ガバナンス　206
　——収容力　109
　——主義　140
　——正義　209
　——統治性　186
　——保護　91
　——保全措置　36
　——問題　91
慣習的土地利用　38
幹生花　52

乾燥　46, 56
　——性植物　56
　——地　27
　——フタバガキ林　56
　——林　56
干潮帯　54

き
機械化　124
企業農園　297
気候
　——区分　46, 65
　——条件　46
　——変動　46, 63-66
　——変動枠組条約　144
希少種　52
気象庁　47
汽水（域）　54
季節風　134
既定の復興　318
基本的想定　201
休閑　92
　——期間　92
休耕期間　54
休耕林　54
強化植生指数　63
狭義のフィールドワーク　3
供出制度　126
共助　319
強制栽培制度　117
協治　192
共通だが差異ある責任　267
京都大学東南アジア地域研究研究所　314
漁獲漁業　60
居住者の生活の立場　12
漁礁　60
漁労　54, 60
漁撈文化　135, 136
近代化論　200
近代的土地利用　38
近代的農園　293

く

くくり　156, 173
クジャクヤシ　73, 75
クジラ　60
クズ　74
掘削　115
グヌン・キドゥル県　240
クマツヅラ科　54
クラビット　79
クラビット高原　83
グリーン・イシュー　219, 224, 230-232
グリーンウォッシュ　208
グループ認証　276-278
グローバリゼーション　271
グローバル
　——化　41
　——・ガバナンス　272
　——な言説　38
クローブ　62
黒子　13
クロツグ　73, 75
クワ科　56

け

計画栽培制度　126
経済開発　313
ケッペン　46
研究過程への住民参加　12
研究視角　202
減災　314
原生林　100
言説分析　205
現地
　——感覚　327
　——語　325
　——調査　31
権力　202

こ

行為主体性　203
交易　50, 62
工学的適応　34
紅河デルタ　28
広義のフィールドワーク　3
工業的農業　116
工業用地　54
耕作権　126
耕作放棄地　124
鉱山　36
高収量品種　118
公助　319
香辛料　62
降水　24
降水量　48
香木　62
コーチョーコー　184
コーヒーノキ　63
コーラル・トライアングル　143
　——・イニシアチブ　133, 140, 143
コールドチェーン　137
国際協力機構（JICA）　2
国民国家　37
国連気候変動に関する政府間パネル　63
国連気候変動枠組条約　259
国連食糧農業機関　145, 181
国連人道問題調整事務所（UNOCHA）
　323
個人分割方式　299
国家の管理　38
国家の挟み撃ち戦略　10
国家論　170
国境線　37
コミュニティ　277
　——（認証）林　275-277
　——林業　181
ゴム　137
ゴムノキ　63
米　74, 75, 77, 83
コモドオオトカゲ　59
コモド島　59
コモンズ　177
根茎類　61

さ

サーベイ　3
災害　313

索　引　335

　　——対応　313
　　——対応の地域研究　314
　　——の時代　328
　　——文化　320
　　——リスク　313
サイクロン被害　318
最低価格　285
在来知識　38
在来暦法　56
サゴヤシ　45, 59, 72, 76, 83
雑穀　33, 56
雑草　96
砂糖　137
サトウキビ　63, 137
サトウヤシ　56, 57
里山　61
サバナ気候　46-48, 55, 56
サフールランド　57
サブ島　45
サフル陸棚　134, 136
作法　7
サルとしての近代化　170
参加型アクションリサーチ　9
参加型森林管理　12
産業造林　2
サンゴ礁　45, 60, 136, 144
酸性化　65
山地雨林　53

し

シェア・システム方式　300
シェープファイル　46, 49
直播　124
時空間情報　65
資源産業　215, 219, 230, 232
自助　319
市場　272, 273, 288
　　——経済　271
　　——経済化　63
地震　315
枝生花　52
自然資源管理　238
湿潤　46

シハン　80, 81
シムル島　320
社会
　　——・生態システム　237
　　——開発　286
　　——主義　37
　　——的流動性　319
　　——の流動性　313
　　——林業　181
弱者　170
ジャコウネコ　53
ジャワ島　45, 50
　　——中部地震　322
ジャンビ州　195
収益性　122
周縁化　203
住宅再建　322
住民組織　248
私有林　242
主題図　31
主体性　169
主要高木層　52
狩猟　53
　　——採集　71
　　——採集民　71-78, 80-82, 85, 86
小規模漁業者　146, 149
商業化　54
商業伐採　84
少数民族　37
小スンダ列島　55, 56, 60, 65
小農アブラヤシ生産　304
小農ゴム生産　292
消費者　273, 281-283, 287
商品作物　101
上部山地雨林　53
情報　319
情報学　314
照葉樹林文化論　160, 170
常緑熱帯雨林　56
食塩　138, 139
植物群落　51
植民地政府　34
食料　114

食糧　114
　──・人口バランス　27
植林企業　195
除草　96
人為的改変　61
シンガポール　136, 138, 139
　──市場　138
沈香　62, 84
人口圧　39
人工衛星画像　46, 49, 55, 63
人口増加　54, 63, 95
人道支援　322
人道の扉　324
森林
　──火災　1
　──休閑　97
　──組合　276-281
　──群　54
　──減少・劣化　256
　──産物　33, 61, 62, 105
　──消失　195
　──政策　101
　──認証　207
　──認証制度　273-275
　──破壊　91
　──伐採　63
　──保全方針　197

す

水棲生物　54
水田　45, 50, 79
　──農業　50
水路・運河の掘削　115
ズームインとズームアウト　31
スズ　137
ステップ気候　49
スハルト政権　184
スマッ・ブリ　77, 78
スマトラ（島）　45, 48, 52, 55, 75, 195
　──沖地震・津波　313
スマラン　48
すみわけ　53
スモンの伝承　320

スラウェシ島　57, 58, 62
スラッシュ・アンド・マルチ・システム　93
スローロリス　53
スンダ陸棚　30, 136
スンバ島　45, 48, 55, 60

せ

生活環境主義　12
生業　54
政策的含意　10
生産者　273, 281-283, 285-288
　──組合　284-286
政治　202
脆弱性　315
生存競争　168
生態学的欠乏論　200
生態系アプローチ　133, 145, 147
生態史　23
　──区分　32
セーフガード　259
政府開発援助（ODA）　314
生物多様性　54, 63
　──条約　144
生物地理区　52
セイロンオーク　56
世界海洋会議　144
世界商品　137
世界単位論　164
世界文化遺産　50
説明の連鎖　203
セラム島　78, 80
戦争の時代　328
蘚苔類　53
全島民移住　64

そ

創造的復興　318
草地休閑　97
叢林休閑　97
藻類　53
ソーシャルメディア（SNS）　46
ゾミア　166

索引　337

ソロモン諸島　45, 48, 52, 61, 64, 65

た

タイ　75, 77, 114, 123, 220, 224, 225, 228, 229
　——系民族　34
　——洪水災害　317
大規模アブラヤシ農園開発の功罪　298
大航海時代　62
台風　315
台風ハイエン　327
太平洋　56
　——プレート　49
大陸山地区　26
大陸部　114
タウンヤー　181
高い島　50
脱国家　156
多島海　49, 50, 60, 61, 133, 147
棚田　50
多様化　121
多様性　50, 61
タロ島　64
炭素市場　256
炭素貯蔵機能　255

ち

地域研究の領域　5
地域住民主体の森林管理　181
チーク　278-280
チェンマイ県ファイケーオ村　183
地球温暖化　41, 255
地球規模生物多様性情報機構　52
地形　23
地上月気候値気象通報（CLIMAT報）　47
チテメネ・システム　94
チャートチャイ政権　184
チャオプラヤ・デルタ　28, 34, 115
中核農園　301
中間技術　306
昼行性　53
中洋　159
中立性の落とし穴　12

チョイスル州　64
長乾季　241
長期気候変動研究　41
超高木層　52
丁子　78
チョウジノキ　62
潮汐　54
チリメンウロコヤシ　59, 73, 76, 83
沈降　50

つ

通信技術の革新　40
ツーリズム　326
津波博物館　324
ツバメの巣　84
ツル植物　52, 53
　付着性——　52, 53
　木本性——　52

て

泥炭　54
　——湿地　30, 54, 55, 63
　——湿地林　54, 55
低地常緑雨林　51-54
ティモール島　55, 57
出入り　156, 171
デジタル地図　32
デジマノキ　54
テバサン　120
デルタ　24, 115
　——区　28
伝統知　61, 65
伝統的ゴム農園　293
天然資源　155

と

島嶼部　114
トウダイグサ科　56
東南アジア
　——史研究　42
　——大陸部　23, 114
　——地域研究　314
　——島嶼部　29, 114

動物　52
──相　57
トウモロコシ　56
東洋区　52, 56, 66
トゥンパンサリ　181
ドーム状　55
都市化　307, 313
都市中間層　185
土砂採取　247
土地
　──集約化　98
　──森林分配政策　101
　──生産性　76, 98
　──生産力　95
　──被覆（図）　49
　──被覆・土地利用（図）　49
　──紛争　196
　──利用（図）　49
トローリング　60
トロール漁　60, 137, 139, 148
トンキンエゴノキ　108

な

内戦　313
内発的なアブラヤシ産業　308
内包（内延）的拡大　298
ナツメグ　62
ナマコ　62

に

ニア洞窟　82, 83
ニクズク科　62
二酸化炭素　255
西クタイ県　184
二次林　33, 54, 61, 100
日常抵抗論　204
日本　313
ニューギニア（島）　45, 57, 59, 72, 73, 75
ニュージョージア島　45
認証制度　272, 273, 287
認証林　275-280

ぬ

ヌアウル　80

ね

ネオリベラルな保全政策　201
熱帯　46
　──雨林　45, 50, 53, 54, 63
　──雨林気候　46, 48
　──常緑雨林　50
　──モンスーン気候　46-48
　──林　274
　──林トラスト　278, 279
年間降水量　48

の

農園（プランテーション）　291
農園労働者　298
農学的適応　34
農業資本主義　116
農業の集積　306
農耕　54
　──民　71-73, 76-80, 82, 86
農村・農業の発展　305
農村−都市の関わり　307
農多様性　102
農薬　91

は

パーム油認証制度　309
パイオニア種　61
バイオマス（生物量）　55, 63
ハイブリッド・アプローチ　8
ハイブリッド研究者　9
はえなわ　60
バオン　120
破壊的農耕　54
ハクスリー線　57
曝露量　315
ハザード　315
ハタ　60
畑作農耕　45
バタム島　63
伐採　63

伐採・焼却　92
ハヌノオ　79
バビルサ（属）　58, 59
パブリック・ガバナンス　272
ハマザクロ科　54
パラゴム植林　101
パリ協定　266
バリ島　45, 50, 57, 134
パルミラヤシ　45
ハルマヘラ島　59
板根　52, 53

ひ

ヒース林　54
被害　211
被害者の立場　11
東カリマンタン州西クタイ県　184
東日本大震災　325
干潟　136
低い島　50
ヒゲクジラ　60
被災地観光　247
非伝統的安全保障　314
人と自然の相互作用　23
一人学際　8
ピナトゥボ火山　318
白檀（ビャクダン）　56, 62
氷期　58
標準の復興　318
開かれた地元主義　10
ヒルギ科　54
ビルマ　114
　　――式社会主義　126

ふ

ファイケーオ村　183
ファシリテーター　12
フィールド研究　3
フィールド調査　325
フィールドワーク　65, 66
フィリピン　46, 48, 50, 74, 119
プーケット　318
『風土』　159

風評被害　318
フェアトレード　282, 283
　　――コーヒー　283-286
ブタ　53
ブダイ　60
フタバガキ科　52, 55, 56
復旧・復興　318
復興再建庁（BRR）　324
復興住宅　322
フトモモ科　52
プナン　76, 77, 80, 81, 85
フヌサン制度　119
プライベート・ガバナンス　272
ブラウン・イシュー　219, 224, 230-232
プラズマ農園　301
ブラワン　77
プランテーション　55, 61, 63, 85, 137
ブルネイ　54
フローレス島　56
ブロック・システム方式　300
噴火　315
分散型適応型リスクマネジメント　249
文明の海洋史観　162
『文明の生態史観』　157

へ

平原区　27
平行進化　160, 172
ヘイズ　1
ベトナム　114
偏狭なナショナリズム　19
変容力　238

ほ

防災　313
方法論　314
干魚　139
堡礁島　61
ポスコ　323
ポドゾル　54
ボランティア　18, 323
ポリティカルエコロジー（研究）　201, 202

ボルネオ（島）　30, 52, 53, 55, 59, 73, 76-82, 86
盆地　27

ま
前払い金の支払い　285
マカッサル　62
巻き網（漁）　60, 137, 139, 140
マグロ　60
マニラ　48
マニラコーパル　74
マルク諸島　45, 72
マルサスの罠　97
マレーシア　121, 327
マレー半島　30, 74, 77, 78
マレーヒヨケザル　53
マレシア植物区　52
マングローブ（林）　54, 60, 63, 64, 140, 144

み
緑の革命　113
南シナ海　135, 136
ミャンマー　56
　——・サイクロン被災　327
ミューラーテナガザル　53
民軍協力　313
ミンドロ島　79

む
ムクロジ科　56
ムラサキ科　56
ムラピ山　244
ムロアミ漁　138, 139

め
メコンデルタ　28, 34, 115

も
モクマオウ属　54
物語　321
モラルエコノミー論　203
モルッカ諸島　62

モンスーン　25, 48

や
焼かない焼畑　93
焼畑　2, 33, 54, 76, 81, 83, 86, 91
　——休閑地　107
　——・ゴム生産システム　293
　——農業　292
　——民　92
約束草案　267
夜行性　53
ヤムイモ　74-76, 78, 82

ゆ
ユーカリ属　52
優占種　52
ユーラシアプレート　49
ユネスコ　50

よ
養殖池　54
養殖漁業　60
ヨランダ　327

ら
ラオス　75, 78, 79, 261
ラタン　84
ラテライト　53
ラニーニャ　41
ラベル　273, 275, 281, 283

り
リーフエッジ　60
隆起　50
林冠　52-54

る
ルソン島　50, 78

れ
レジデント型研究機構　13
レジデント型研究者　13
レジリエンス　237, 316

索　引

レスポンス（反応）　163
レラワン　323

ろ
労働交換慣行　124
労働生産性　75, 97
ローカリゼーション　307
ローカル・コモンズ　155
ロンボク島　45, 50, 57, 60, 134

わ
ワシントン条約　133, 140
割増金　285, 286

欧文
Agathis dammara　54
agency　203
APP（Asia Pulp & Paper）社　196
Arenga spp.　56
ASEAN　314
ASEAN防災人道支援調整（AHA）センター　327
Borassus　56
Borassus flabellifer　56
BRR　324
Casuarina　54
chain of explanation　203
CIFOR（Center for International Forestry Research）　182
CITES（Convention on International Trade in Endangered Species of Wild Fauna and Flora）　140–143, 148
CSV（カンマ区切り）形式ファイル　47
CTI　144
Dipterocarps　52
Dipterocarpus alatus　56
Ehretia laevis　56
Eucalyptus　52, 59
Eugeissona sp.　59
EVI　63
FAO（Food and Agriculture Organization）　181
FCP（Forest Conservation Policy）　197
FELDA入植事業　299
Ficus　56
FLO（Fair trade International）　283–286
FSC（Forest Stewardship Council）　273–275
gallery forest　55
GHCN（Global Historical Climatology Network）　47
Global Biodiversity Information Facility　52
Gmelina moluccana　61
GPS　60
ICRAF（International Center for Research in Agroforestry）　182
Indonesian Geospatial Porta　49

IPCC　63
JICA　2
Landsat　63
Landsat 8　55
Mallotus philippensis　56
marginalization　203
Metroxylon spp.　59
MODIS　63
Myristica fragrans　62
ODA　314
PIR事業　300
Quantum GIS（QGIS）　46
rain shadow　49
RECOFTC（Regional Community Forestry Training Center for Asia and Pacific）　182
REDD　255
REDDプラス　201, 256, 257
Resilience　237
Santalum album　56
Schleichera oleosa　56
Shapefile　46
Shorea　52, 55
Shorea albida　55
SLIMF（Small and Low Intensity Managed Forests）　276, 279
SNS　46, 65
Syzygium aromaticum　62
Tebang Butuh　243
TFT（The Forest Trust）　197
Timonius timon　56
Transformability　238
UNOCHA　323
UPP（Unit Pelaksana Proyek）事業　293
Well-Being　249

人名

今西錦司　156
片岡千賀之　136
川勝平太　162
高谷好一　28, 33, 164
中尾佐助　160
西村朝日太郎　135
和辻哲郎　159

ボーンカート（P. Boomgaard）　35
ボズラップ（E. Boserup）　97
ブルックフィールド（H. Brookfield）　98
ブッチャー（J. G. Butcher）　133, 137, 139, 146
クリスティー（P. Christie）　148
コンクリン（H. C. Conklin）　92
ダニエルス（C. Daniels）　36
ファビナイ（M. Fabinyi）　146, 149
ハクスリー（T. Huxley）　57, 134
ライデッカー（R. Lydekker）　134
マルサス（T. R. Malthus）　97
ミッチェル（T. Mitchell）　172
スコット（J. Scott）　167
トインビー（A. Toynbee）　159
ウォーレス（A. Wallace）　57, 134

〔執筆者紹介〕

柳澤雅之（やなぎさわ まさゆき）〔1章〕
京都大学東南アジア地域研究研究所准教授。
1967年生まれ。京都大学農学研究科博士課程修了。博士（農学）。
専門分野：生態史研究、ベトナム地域研究。
主要業績：「ベトナムと中国の国境域」（『国境と少数民族』落合雪野編、めこん、2014）、「地域情報学の読み解き——発見のツールとしての時空間表示とテキスト分析」（共著、『地域研究』第16号第2巻、2016）ほか。

古澤拓郎（ふるさわ たくろう）〔2章〕
京都大学大学院アジア・アフリカ地域研究研究科准教授。
1977年生まれ。東京大学大学院医学系研究科博士課程修了。博士（保健学）。
専門分野：東南アジア地域研究、人類生態学。
主要業績：*Living with Biodiversity in an Island Ecosystem: Cultural Adaptation in the Solomon Islands* (Springer, 2016)、『フィールドワーカーのためのGPS・GIS入門』（共編著、古今書院、2011）ほか。

小泉　都（こいずみ みやこ）〔3章〕
京都大学総合博物館所属日本学術振興会特別研究員。
1974年生まれ。京都大学アジア・アフリカ地域研究研究科博士課程修了。博士（地域研究）。
専門分野：生態人類学、民族植物学。
主要業績："Penan Benalui Wild-plant Use, Classification, and Nomenclature"（共著、*Current Anthropology* 48(3), 2007）、"Hunter-Gatherers' Culture, a Major Hindrance to a Settled Agricultural Life: The Case of the Penan Benalui of East Kalimantan"（共著、*Forest, Trees and Livelihood* 21(1), 2012）ほか。

横山　智（よこやま さとし）〔4章〕
名古屋大学大学院環境学研究科教授。
1966年生まれ。筑波大学大学院地球科学研究科博士課程中退。博士（理学）。
専門分野：地理学。
主要業績：『納豆の起源』（NHK出版、2014）、*Integrated Studies of Social and Natural Environmental Transition in Laos*（共編著、Springer、2014）ほか。

岡本郁子（おかもと いくこ）〔5章〕
東洋大学国際地域学部教授。
1967年生まれ。スタンフォード大学大学院食糧研究所修士課程修了。京都大学大学院アジア・アフリカ地域研究研究科にて博士（地域研究）取得。
専門分野：農業・農村経済、ミャンマー地域研究。
主要業績：*Local Societies and Rural Development*（共編著, Edward Elgar, 2014）、*Economic Disparity in Rural Myanmar*（NUSPress, 2009）ほか。

赤嶺　淳（あかみね じゅん）〔6章〕
一橋大学大学院社会学研究科教授。
1967年生まれ。フィリピン大学大学院人文学研究科博士課程修了。Ph.D. in Philippine Studies.
専門分野：海域世界論。
主要業績：『ナマコを歩く――現場から考える生物多様性と文化多様性』（新泉社、2010）、『鯨を生きる――鯨人の個人史・鯨食の同時代史』（吉川弘文館、2017）ほか。

佐藤　仁（さとう じん）〔7章〕
東京大学東洋文化研究所教授、プリンストン大学ウッドロー・ウィルソンスクール客員教授。
1968年生まれ。東京大学大学院総合文化研究科博士課程修了。博士（学術）。
専門分野：資源論。
主要業績：『野蛮から生存の開発論――越境する援助のデザイン』（ミネルヴァ書房、2016）、『「持たざる国」の資源論』（東京大学出版会、2011）ほか。

藤田　渡（ふじた わたる）〔8章〕
大阪府立大学人間社会システム科学研究科准教授。
1971年生まれ。京都大学大学院人間・環境学研究科博士課程修了。博士（人間・環境学）。
専門分野：環境の人類学・社会学、東南アジア地域研究。
主要業績：『森を使い、森を守る――タイの森林保護政策と人々の暮らし』（京都大学学術出版会、2008年）ほか。

笹岡正俊（ささおか まさとし）〔9章〕
北海道大学大学院文学研究科准教授。
1971年生まれ。東京大学大学院農学生命科学研究科博士課程単位取得満期退学。博士（農学）。
専門分野：環境社会学、ポリティカルエコロジー。
主要業績：『資源保全の環境人類学』（単著、コモンズ、2012）、"Suitability of Local Resource Management Practices Based on Supernatural Enforcement Mechanisms in the Local Social-cultural Context"（共著, *Ecology & Society* 17(4), 2012）ほか。

生方史数（うぶかた ふみかず）〔10章〕
岡山大学大学院環境生命科学研究科准教授。
1973年生まれ。京都大学大学院農学研究科博士課程修了。博士（農学）。
専門分野：東南アジア地域研究、国際開発学、資源経済学。
主要業績：『熱帯アジアの人々と森林管理制度――現場からのガバナンス論』（共編著、人文書院、2010）、『歴史のなかの熱帯生存圏――温帯パラダイムを超えて』（共著、京都大学学術出版会、2012）ほか。

内藤大輔（ないとう だいすけ）〔コラム〕

京都大学東南アジア地域研究研究所・機関研究員、国際林業研究センター・アソシエイト。
1978年生まれ。京都大学アジア・アフリカ地域研究研究科博士課程修了。博士（地域研究）。
専門分野：東南アジア地域研究、ポリティカルエコロジー。
主要業績：『国際資源管理認証制度』（編著、東京大学出版会 2016）、『ボルネオの〈里〉の環境学』（編著、昭和堂、2013）、『熱帯アジアの人々と森林管理制度』（編著、人文書院、2010）ほか。

百村帝彦（ひゃくむら きみひこ）〔11章〕

九州大学熱帯農学研究センター准教授。
1965年生まれ。東京大学大学院農学生命科学研究科にて博士（農学）取得。
専門分野：森林政策学。
主要業績："Forest Resources and Actor Relationships: A Study of Changes Caused by Plantations in Lao PDR," *Collaborative Governance of Forests: Towards Sustainable Forest Resource Utilization*（University of Tokyo Press, 2015）、"Financing REDD-plus: A Review of Options and Challenges," Managi, S. ed., *The Economics of Biodiversity and Ecosystem Services*（共著, Routledge, 2012）ほか。

原田一宏（はらだ かずひろ）〔12章〕

名古屋大学大学院生命農学研究科教授。
1968年生まれ。東京大学大学院農学生命科学研究科博士課程修了。博士（農学）。
専門分野：森林政策学、ポリティカルエコロジー、インドネシア地域研究。
主要業績：『熱帯林の紛争管理――保護と利用の対立を超えて』（原人舎、2011）、『講座　アジアの法整備支援　インドネシア』（共著、旬報社、2017刊行予定）ほか。

寺内大左（てらうち だいすけ）〔13章〕

京都大学東南アジア地域研究研究所研究員。
1983年生まれ。東京大学大学院農学生命科学研究科博士課程満期退学。博士（農学）。
専門分野：国際開発農学、インドネシア地域研究、環境社会学。
主要業績：*Monoculture farming: Global practices, ecological impact and benefits/drawbacks*（共著, Nova Science Publishers 2016）、Implication for Designing a REDD+ Program in a Frontier of Oil Palm Plantation Development: Evidence in East Kalimantan, Indonesia（共著, *Open Journal of Forestry*, 4(3), 2014）ほか。

山本博之（やまもと ひろゆき）〔14章〕

京都大学東南アジア地域研究研究所准教授。
1966年生まれ。東京大学大学院総合文化研究科博士課程修了。博士（学術）。
専門分野：東南アジア地域研究。
主要業績：『復興の文化空間学――ビッグデータと人道支援の時代』（京都大学学術出版会、2014）、『脱植民地化とナショナリズム――英領北ボルネオにおける民族形成』（東京大学出版会、2006）ほか。

〈監修〉
山本信人（やまもと のぶと）
慶應義塾大学法学部教授、同メディア・コミュニケーション研究所長。
1963年生まれ。コーネル大学大学院政治学研究科博士課程修了。Ph.D. in Government。
専門分野：東南アジア政治史。
主要業績：*Chinese Indonesians and Regime Change*（共著、Brill, 2011）、『東南アジアからの問いかけ』（編著、慶應義塾大学出版会、2009）ほか。

〈編著〉
井上　真（いのうえ まこと）〔序章〕
東京大学大学院農学生命科学研究科教授、早稲田大学人間科学学術院客員教授。
1960年生まれ。東京大学農学部卒。農学博士。
専門分野：環境社会学、森林ガバナンス論、東南アジア地域研究。
主要業績：*Multi-level Forest Governance in Asia: Concepts, Challenges and the Way Forward*（共編著、SAGE, 2015）、『コモンズの思想を求めて――カリマンタンの森で考える』（岩波書店、2004）ほか。

東南アジア地域研究入門　1　環境

2017年2月28日　初版第1刷発行

監修者―――山本信人
編著者―――井上　真
発行者―――古屋正博
発行所―――慶應義塾大学出版会株式会社
　　　　　　〒108-8346　東京都港区三田2-19-30
　　　　　　TEL　〔編集部〕03-3451-0931
　　　　　　　　　〔営業部〕03-3451-3584〈ご注文〉
　　　　　　　　　〔　〃　〕03-3451-6926
　　　　　　FAX　〔営業部〕03-3451-3122
　　　　　　振替　00190-8-155497
　　　　　　http://www.keio-up.co.jp/
装　丁―――山崎登デザイン事務所
印刷・製本―――株式会社加藤文明社
カバー印刷―――株式会社太平印刷社

©2017 YAMAMOTO Nobuto, INOUE Makoto, YANAGISAWA Masayuki,
　　　 FURUSAWA Takuro, KOIZUMI Miyako, YOKOYAMA Satoshi,
　　　 OKAMOTO Ikuko, AKAMINE Jun, SATO Jin, FUJITA Wataru,
　　　 SASAOKA Masatoshi, UBUKATA Fumikazu, NAITO Daisuke,
　　　 HYAKUMURA Kimihiko, HARADA Kazuhiro, TERAUCHI Daisuke,
　　　 YAMAMOTO Hiroyuki

　　　 Printed in Japan　ISBN 978-4-7664-2394-5

慶應義塾大学出版会

東南アジア地域研究入門〈全3巻〉

東南アジアを本格的に学ぶ方へ、研究ガイドの決定版

各分野の最前線の研究者が、国内外の重要研究を歴史的背景とともに整理し、独自の最近研究から今後の課題を提示する。新たな地域研究の展望をひらくシリーズ、全3巻。

1 環境　山本信人監修／井上真編著
〈人間と自然生態系の関係をさぐる〉

多様な生態系を含む東南アジアの地域社会の変容は、西洋的な単線発展モデルよりも人間と自然生態系との相互作用による地域固有の発展として理解することがふさわしい。本書では、生態史を概観し、人間と自然生態系の関係である「生業」に着目するとともに、近年の重要な論点や現代トピックを整理し、将来の課題を展望する。　　◎3,600円

2 社会　山本信人監修／宮原暁編著
〈社会のなかの「生」を問う〉

行為やモノ、思考や言語をやりとりする際の交換やコミュニケーションのあり方が交錯する東南アジア。人々が生きる日常、そして「社会」の根底にある構造を、「あいだ」という視点から人類学的に問い直し、その多様性の淵源を描き出す。　　◎3,600円

3 政治　山本信人監修・編著
〈独特の政治動態をとらえる〉

「アジアの冷戦」とともにアメリカで発展した政策指向型の東南アジア研究と、諸国家の多様性や国際／地域フェーズの政治力学にも射程を広げてきた日本型の地域研究。両者の再検討と止揚から新たな分析枠組みを提示し、東南アジア地域独自の政治動態を描き出す。　　◎3,600円

表示価格は刊行時の本体価格(税別)です。